U0291684

SURFACE WATER RESOURCES IN GUIZHOU PROVINCE

贵州省地表水资源

贵州省水文水资源局　编著

·北京·

内 容 提 要

本书从水资源数量、水资源质量、水资源开发利用、污染物入河量、水生态状况、水资源综合分析六个方面对贵州省地表水资源特点以及变化趋势进行分析和综合评价。本书使用1956—2016年共61年水文资料系列，资料可靠、调查充分、内容全面、评价合理、成果权威，对贵州省地表水资源研究具有较好的理论与实践指导意义。

本书可供从事水利相关工作的科研技术人员及高校相关专业的师生参考使用。

图书在版编目（CIP）数据

贵州省地表水资源 / 贵州省水文水资源局编著. -- 北京 : 中国水利水电出版社, 2023.8
ISBN 978-7-5226-1325-3

Ⅰ. ①贵… Ⅱ. ①贵… Ⅲ. ①地面水资源－资源评价－贵州 Ⅳ. ①TV211.1

中国国家版本馆CIP数据核字(2023)第134682号

审图号：黔S（2022）008号

书　名	**贵州省地表水资源** GUIZHOU SHENG DIBIAO SHUIZIYUAN
作　者	贵州省水文水资源局　编著
出版发行	中国水利水电出版社 （北京市海淀区玉渊潭南路1号D座　100038） 网址：www.waterpub.com.cn E-mail：sales@mwr.gov.cn 电话：（010）68545888（营销中心）
经　售	北京科水图书销售有限公司 电话：（010）68545874、63202643 全国各地新华书店和相关出版物销售网点
排　版	中国水利水电出版社微机排版中心
印　刷	北京印匠彩色印刷有限公司
规　格	210mm×297mm　16开本　13.5印张　275千字
版　次	2023年8月第1版　2023年8月第1次印刷
印　数	0001—2800册
定　价	**298.00**元

《贵州省地表水资源》编撰委员会

《贵州省地表水资源》编撰组

序

水是万物之母、生存之本、文明之源。习近平总书记强调，水能维持生命，也可以终结生命；水可以兴国富民，也可能衰国害民；所以，兴水利、除水害，古今中外，都是治国大事；我国独特的地理条件和农耕文明决定了治水对中华民族生存发展和国家统一兴盛至关重要；推进中国式现代化，要把水资源问题考虑进去。

贵州省位于祖国的西南部，亿万年前地质运动造就了贵州万重山，副热带季风区的天地絪缊汇聚了贵州千条水。千百年来，各族群众在这里依山而居、傍水而栖、和睦相处，创造出“一山不同族，十里不同风，百里不同俗”的民族文化奇观。风和景明、波澜不惊之日，处处青山如屏、水鸣如琴、村寨如画，让人“望得见山，看得见水，记得住乡愁”。霪雨霏霏、浊浪排空或亢旱千里、溪河断流之时，也考验两岸生民兴水利除水害能力。追溯贵州水利史，现存最早的遗存是兴建于唐代的播雅天池即现在的共青湖水库，这个有着千年历史的工程，如今仍然呈现湖光山色、润泽田园的年轻仪态，揭示了水利之于贵州发展的重大意义。

盛世治水。新中国成立以来，特别是党的十八大以来，贵州水利在“牢记嘱托、感恩奋进”的火热实践中，深入贯彻落实习近平总书记对贵州的重要指示批示精神和对贵州擘画的宏伟发展蓝图，始终以脱贫攻坚和经济社会高质量发展对水利的需求统揽发展大局，深入落实习近平总书记“节水优先、空间均衡、系统治理、两手发力”治水思路，按照国务院批复的《贵州省水利建设生态建设石漠化治理综合规划》，相继启动了水利建设“三大会战”“小康水行动计划”“市州有大型水库、县县有中型水库、乡乡有稳定供水水源”等战略行动，水利投入超过3000亿元，黔中水利枢纽工程建成通水，开工建设以夹岩、马岭、黄家湾、凤山为代表的骨干水源工程400多座，水利工程年供水能力达到126亿立方米，灌溉面积达到2400余万亩，3000多万农村群众实现“饮水不愁”，防汛抗旱、水土保持、绿色水电、江河治理、水利扶贫、水利改革、水生态文明建设等工作全面推进，贵州水利实现了从传统水利向现代水利的重大转变。

大规模的水利建设源于对贵州水资源赋存规律的认识，必须掌握流域或区域水资源的数量、质量及其时空分布特征，开发利用状况和供需发展趋势，制定科学开发、利用、节约、保护、管理水资源规划，才能保证水利建设始终沿着正确的方向前进。同时，大规模的水利建设又对探索水资源赋存规律不断提出新的需求，如何判断在全球气候变化影响加剧、土地利用和城镇化建设等对下垫面的剧烈改变以及水土资源开发利用的影响，如何把握水循环及水文过程发生显著变化下的水资源系统，如何应对水资源短缺、水生态损害、水环境污染等问题，如何以水资源的集约节约利用促进“双碳”战略目标的实现，这些，都推进贵州水资源调查评价工作不断深入，主要成果汇集成为《贵州省地表水资源》一书。

本书全面系统阐述了水文分析计算和水资源开发利用分析计算的基本理论、概念和方法，深入介绍基本资料收集、整理、插补延长和水文系列可靠性、代表性、一致性分析论证，从水资源数量、水资源质量、水资源开发利用、污染物入河量、水生态状况、水资源综合分析六个方面对贵州省地表水资源特点以及变化趋势进行分析和综合评价，科学客观地分析了地表水资源禀赋条件、地表水资源开发的有利条件和不利因素，绘制了地表水资源分析成果图，同时介绍了贵州省喀斯特山区非闭合流域年径流的估算方法，形成了一套较为完整的反映贵州地表水资源状况的成果。

《贵州省地表水资源》资料丰富、系列可靠、调查充分、内容全面、分析合理，对贵州水利工作具有重要的理论与实践指导意义，同时可供从事水利水电相关工作的技术科研人员及高等院校相关专业的师生参考使用。

《贵州省地表水资源》编著者由经验丰富的专业人员组成，编写工作历时两年多，这是一次系统梳理贵州水利人逐梦前行、砥砺奋进成果的艰辛历程，也是一次功在当代、惠及后世的传承弘扬。

衷心希望《贵州省地表水资源》一书在更宽广的领域和更长远的未来发光发热，推动贵州水利走好水安全保障有力、水资源利用高效、水生态改善明显、水环境治理有效的高质量发展之路。

是为序。

2023年1月

前言

水是生命之源、生产之要、生态之基。水资源是基础性自然资源、战略性经济资源，是生态环境的重要控制性要素，也是一个国家综合国力的重要组成部分。

地球上水的储量很大，淡水资源却是有限的，且水资源在地球上的分布很不均匀。我国淡水资源总量为2.8万亿m^3，居世界第6位，但水资源可利用量及人均和亩均的水资源数量极为有限，降水时空分布很不均衡，地区差异性极大，水土资源分布不相匹配，这是我国水资源短缺的基本特点。

贵州省地处我国西南部，位于云贵高原东斜坡地带，省内地形起伏较大，地势西高东低，是典型的喀斯特山区，是全国唯一一个没有平原支撑的省份。贵州省气候属亚热带湿润型季风气候，降水量相对充沛，但受季风活动的影响，降水时空分布不均匀，地形切割大，加上典型的喀斯特地貌，蓄水保水能力差，存在严重的季节性和工程性缺水问题。

随着水资源危机的加剧和水环境质量的不断恶化，水资源短缺已演变成世界备受关注的资源环境问题之一。近年来，受气候变化和人类活动等影响，我国水资源情势呈现出新的变化，水安全面临新老问题交织的严峻形势，对强化水资源管控提出了一系列新的任务要求。为了解贵州喀斯特山区水资源可持续发展的动态变化状况和水资源变化趋势，以及适应现代水资源管理的需要，贵州省水文水资源局提出对《贵州省地表水资源》(1985年印刷成册）成果进行重编。

本书分析所采用的水文资料系列为1956—2016年，共61年。书中没有特别说明的多年平均值均为长系列（1956—2016年）多年平均值。水资源开发利用分析起讫时间为2010—2016年，水资源质量评价现状年为2016年，水能资源、经济社会、水资源开发利用及水资源可利用量等章节均以最近年份的资料为依据进行分析。

本书的地表水资源成果，与1985年的成果相比，在深度、广度和精度方面都有很大程度的提高。但是，由于主观与客观的原因，本书成果仍然存在一些问题。主要问题有：贵州各类水文站网密度虽然满足站网布设要求，新建的中小河流站也较多，但是由于建站时间短，观测资料不全，难以采用；另外，受水利工程兴建的影响，一些水文站迁、撤，造成资料的不连续，有一部分资料要进行内插或外推，对成果精度有一定的影响；随着社会经济的快速发展，河道取用水越来越多，加之水利工程的兴建对水文情势的影响等，河流天然径流的改变较大，分析时虽然进行了径流还原计算，但还原分析工作难度大，对成果精确度有一定的影响；贵州大部分地区都有喀斯特发育，对于喀斯特地区的水资源变化规律及特点缺乏深入研究。对喀斯特地区非闭合流域的年径流计算也仅限于1985年的研究成果，没有再重新调查研究；泥沙监测资料较少，分析代表性较差。

为进一步做好水资源的监测工作，建议进一步加强中小河流和区域代表站的水文监测和比测工作，研究中小河流水资源的变化规律，在空白区域增设一批与雨量站配套的蒸发站，尤其是城市蒸发站；进一步加强中小河流和区域代表站的资料整编工作，使中小河流的水文资料更真实可靠；结合贵州实际情况，加强与气象、地质、高等院校等部门的协作，研究喀斯特山区水资源特点与水资源承载能力。

本书的编写工作历时两年多，资料搜集工作量较大，分析所选用的水文观测资料主要来自水文、气象部门，共分析整理、插补延长资料32000余站年，基础资料分析整理工作要求细致准确，精度要求高。书中的每一张附图，都是在成百上千的成果数据基础上点绘完成的，图与图之间关联性及合理性分析，均进行了反复调整，并经过数次加工得以完成。本书中部分数据合计数由于单位取舍不同而产生的计算误差，未作调整。

本书第1章、第2章由贵州省水文水资源局和贵州省水利水电勘测设计研究院有限公司编写，第3～8章、第12章由贵州省水文水资源局编写，第9～11章由贵州省水利水电勘测设计研究院有限公司编写。本书编写工作得到了贵州省水利水电勘测设计研究院有限公司的大力支持，在此一并致以诚挚的谢意！

作者

2022年10月

目录

第3篇 水资源开发利用及综合评价

绪　论

贵州省位于我国西南部，地处云贵高原的东斜坡，全省面积 176167km²；高原面多遭受破坏，形成山原和山地。全省地势特点是西高东低，自西、中部向北、东、南三面倾斜，构成东西三级阶梯、南北两面斜坡。河流顺地势由西部、中部向北、东、南三方分流，以中部苗岭山脉为分水岭，以北属长江流域，面积 115747km²；以南属珠江流域，面积 60420km²。全省面积约 2/3 以上分布着碳酸盐类岩层，广泛发育着各种类型的喀斯特地貌。由于地下暗河发育，地表径流与地下径流之间的关系复杂化，对中小河流的水文规律影响较大，对大河流的影响相对较小。全省气候温和，雨量丰沛，湿度大，云雾多，日照少。土壤类型多样，主要有黄壤、黄棕壤、红壤、石灰土等，有较明显的水平地带性和垂直地带性。全省土地利用率不高，荒山、荒地多，耕地所占的比重小，林地也少，水土流失以西部地区最为严重。

贵州省水资源丰富，但长期以来工程性缺水问题突出。2013 年贵州省水利建设“三大会战”启动，开展骨干水源工程、引提灌工程和地下水（机井）利用工程建设，突破制约贵州省发展的水利战略瓶颈。截至 2020 年年底，贵州省建有水库工程 2600 余处，引提水工程 5 万余处，地下水（机井）3 万余眼；此外还建成一批雨水集蓄利用工程，2020 年全省供水能力达到 126 亿 m³。

分析选用的水文观测资料主要来自水文、气象部门，降水资料 642 站（包括气象部门 77 站），共 32458 站年，雨量站站网密度为 140～489km²/站，平均为 274km²/站，站点分布均匀，基本上能控制全省降水量的地区分布规律；选用的流量资料 99 处，水文站站网密度为 1205～4888km²/站，水文情势得到有效控制，满足区域代表性要求。

贵州省降水量总的分布趋势是：由东南向西北递减，山区大于河谷地区。多雨中心一般分布在大山体的东南坡面上（迎风坡），少雨区则在大山体的西北坡面（背风坡）及河谷地区。全省多年平均年降水量为 1159.2mm，变化多在 800～1600mm 之间，分布比较明显的三个多雨区和三个少雨区。多雨区主要分布如下：①黔东北多雨区，位于梵净山（武陵山脉南端）的东南面；②黔东南多雨区，位于雷公山（苗岭山脉东端）的东南面；③黔西南多雨区，范围较大，包括南、北盘江及三岔河，因地形破碎，被分割为多个中心，每个中心仍位于当地大山体的东南面。少雨区主要分布如下：①赤水河中游河谷地区；②乌江中游河谷地区；③乌江上游与金沙江分水岭地带。降水量的年内分配以连续最大四个月占全年降水量的百分率和相应发生月份为指标，变化在50%～70%之间，总的趋势是从东北向西南递增；相应发生月份省内大部分地区为5—8月，东部洞庭湖区下游地区为4—7月，西部金沙江区和南北盘江上游地区为6—9月。降水量的多年变化，以C_v值为指标，变化多在0.15～0.22之间，在大山体的南坡C_v值较小，北坡C_v值较大。

贵州省天然径流量为1042亿m^3，省内年径流深分布在200～1100mm之间，最低区在威宁县西部的牛栏江，为200mm左右；最高区在梵净山东坡的锦江、松桃河上游，为1100mm左右，全省平均为591.4mm。径流的年内分配，以连续最大四个月占全年径流量的百分率为指标，变化在55%～74%之间，最小值在㵲阳河，最大值在樟江；相应的出现月份，东北部为4—7月，中部为5—8月，西部为6—9月。径流在年际间变化较大，水文站年径流变差系数C_v在大河控制站一般为0.20，中、小河流则为0.25～0.40。

贵州省多年平均水面蒸发量由西南向东北递减，变化在600～1100mm之间，5—9月多年平均蒸发量占年蒸发量的60%左右，10月至次年4月多年平均蒸发量占年蒸发量的40%左右。干旱指数变化在0.5～1.0之间，总的趋势是由西向东递减。

贵州省石灰岩分布广泛，地表水质具有明显的喀斯特水特征，主要为碳酸盐和重碳酸盐钙型水。省内大多数河流天然水质良好，偏碱性。随着工农业生产的发展，人类活动影响增加，水环境受到较大影响。2016年，贵州省内河流设置监测站点441个，总评价河长为15892.67km，思南以下、柳江、红水河水质状况较好。近年来，随着污水处理设施的建设运行和管网收集率的提高，污水处理率逐步上升，污染物排放浓度逐步下降，入河污染物总量处于缓慢下降态势。

贵州省西部地区河流的含沙量较大，中东部较小。从输沙模数看，西部地区输沙模数比中部和东部大5～10倍。中部的输沙模数一般为100～200t/(km^2·a)，西部地区的输沙模数一般为500～2000t/km^2，东南部的输沙模数只有50～100t/(km^2·a)。从20世纪80年代起，贵州省加强退耕还林还草等措施，尤其是西部地区加强坡改梯、退耕还林及水土保持等工程措施，水土流失得到有效控制，治理成效明显。2000—2016年全省多年平均年输沙量较1956—2000年全省平均输沙量减少1945万t，其中，长江流域减少695万t，珠江流域减少1250万t。

贵州省地表水资源量为1042亿m^3，其中，长江流域为665.6亿m^3，珠江流域为376.2亿m^3。贵州省入境水量为33.87亿m^3，其中，长江流域为7.473亿m^3，珠江流域为26.40亿m^3。贵州省出境水量为1047亿m^3，其中，直接出境水量为821.7亿m^3，流入界河水量为226.1亿m^3。贵州省地表水资源可利用量约为229.6

亿 m^3，地表水资源可利用率为22.0%。河道内生态环境用水量为278.4亿 m^3，下泄洪水量和难以利用水量为533.9亿 m^3。

2000年以来，全省大江大河干流及其主要支流断流主要发生在清水河、猫跳河、黄泥河、北盘江、都柳江等河流，断流河段总长度为18.9km，占断流河流总长度的0.44%，断流主要是上游电站引水发电造成。根据全省大江大河及重要干支流2007—2016年实际径流量与生态需水目标对比分析，除六冲河的洪家渡断面外，各控制断面生态基流、基本生态环境需水量的满足程度均达到90%以上，目标生态环境需水量满足程度均达到75%以上，总体来说全省生态环境需水量得到较好的满足。近年来，贵州省大力协调生态环境用水和生产、生活用水之间矛盾，通过流域和区域水资源调配和统一管理，采取人工调水、补水等措施，使得部分重要湿地水域面积有所恢复，水生态环境得到改善。

2016年，贵州省总用水量为100.2亿 m^3，总耗水量为54.14亿 m^3。全省人均综合用水量为282m^3，万元GDP用水量为85m^3，万元工业增加值用水量为77m^3，亩均耕地灌溉用水量为392m^3，人均城镇生活用水量为44m^3，人均农村居民生活用水量为23m^3，万元GDP用水量、万元工业增加值用水量、亩均耕地灌溉用水量高于全国平均水平，用水效率偏低，人均城镇生活用水量、人均农村居民生活用水量低于全国水平。全省水资源开发利用率为9.4%，开发利用程度偏低。

贵州省水旱灾害特点是“洪涝一条线，干旱一大片”，洪涝历时较短，干旱可持续几十天，干旱发生频次高，受灾范围广，对工农业生产危害较大。按干旱出现时段来分，影响最大的是夏旱，其次是春旱。贵州省夏旱经常发生在东部和中部，春旱则常发生于西部，旱期持续时间在30天左右，重旱年份可达60天以上。从历史上看，有“三年一小旱，十年一大旱”的情况。省内河流为山区雨源型河流，由降水补给河川径流，发生暴雨洪水的频率较高，暴雨一般出现在4—10月，其中以出现在6月为最多；暴雨多发生在夜间，常造成局部地区的山洪暴发和严重的水土流失。贵州省洪灾类型主要包括山洪、河道型洪灾、喀斯特洼地洪灾、城市内涝等，引发洪灾的主要原因是暴雨，插花型的局地暴雨洪水较易发生。

总体来说，贵州省水资源总量较为丰富，但空间分布不均，开发利用程度不高，水资源年际变化大，年内丰枯变化显著。随着全球气候变暖，近60年来贵州省水资源量呈下降趋势，趋势变化不显著。与此同时，随着社会经济的发展，人类活动对流域水循环的影响加剧，用水结构及部分区域水生态环境发生较大变化，水资源系统由单纯的水文系统转变为一个包含社会、经济、水循环、生态等基本功能的复杂系统，因此，构建健康的水循环系统，实现水资源可持续利用对支撑社会经济的长效发展具有重要意义。综上所述，建议如下：①认真贯彻落实“节水优先、空间均衡、系统治理、两手发力”治水思路，全面实施最严格水资源管理制度，不断提升水资源管理和可持续利用水平；②加强水资源综合治理和保护力度，涵养水源，确保全省水资源总量维持稳定；③持续推进点源面源污染综合防治工作，全面提高污水收集率和达标处理率，确保水环境质量持续向好，避免出现大面积或不可逆的水污染事件；④科学合理开发利用水资源，积极推进“贵州智慧水网”建设，加强水资源的综合调配，通过水资源合理配置及精准调度，充分发挥水资源的综合效益；⑤全面落实国家和省节水行动方案，严格执行水资源总量和强度双控要求，大力实施农业节水增效、工业节水减排和城镇节水减损等，杜绝水资源浪费；⑥加强水生态修复与治理，制定河流生态流量（水量）保障方案，确保各控制断面生态基流、基本生态环境需水量能满足目标要求。

第1篇 概况

第1章　自然地理与经济社会

1.1　自然地理

1.1.1　地理位置

贵州省简称“黔”或“贵”，位于我国西南部，介于东经103°36′～109°35′、北纬24°37′～29°13′之间，东毗湖南省，南邻广西壮族自治区，西连云南省，北接四川省和重庆市。全省东西长约595km，南北相距约509km，国土总面积为176167km^2。

1.1.2　地形地貌

贵州省地形整体为高原山地，起伏较大、沟壑发育、山形破碎，总体以山地、丘陵为主，山间平坝零星分布，处于云贵高原第一梯级到第二梯级高原山地向东侧第三梯级丘陵平原过渡的梯级状大斜坡上，是一个高起于四川盆地、广西丘陵和湘西丘陵之上的亚热带喀斯特山区。贵州省境内地势西高东低，自中部向北、东、南三面倾斜，最高海拔为西部乌蒙山区毕节市赫章县珠市乡韭菜坪山顶，高程2901m；最低海拔为东部黔东南苗族侗族自治州黎平县水口河入广西河口，高程148m；平均海拔高程在1100m左右，最大高差2753m。

西部海拔高程1600～2800m的高原面组成第一级梯级，乌蒙山脉横贯其间，是乌江水系与牛栏江-横江水系的分水岭，主峰韭菜坪海拔高程2901m；中部海拔高程1000～1800m的丘原组成第二级梯级，包含以省会城市贵阳为中心的广大地域，苗岭山脉呈东西走向横亘中部偏南，是贵州省长江流域与珠江流域的分水岭，主峰雷公山海拔高程2179m；东部边缘的松桃、玉屏、锦屏等地海拔高程500～800m的丘陵组成第三梯级。

贵州省境内地貌以喀斯特地貌为主，喀斯特面积占全省面积的73%，是世界喀斯特地貌最典型的地区之一。依据地貌形态成因的区域相似性原则，全省共划分为3个一级地貌区和11个二级地貌区。3个一级区为东部山地丘陵区、中部丘原山原山地区和西部高原山地区。东部山地丘陵区分为3个二级区，即黔南中山低山丘陵区、梵净佛顶中山区和黔东北低山丘陵区；中部丘原山原山地区分为 6 个二级区，即黔北山原中山区、黔中丘原盆地区、黔南山原中山低山盆谷区、盘江红水河低山丘陵盆谷区、黔西南丘原中山区和赤水习水中山低山丘陵台地区；西部高原山地区分为 2 个二级区，即大方盘县中山丘原区和威宁高原中山区。

1.1.3 区域地质

1.1.3.1 地层岩性

贵州地层发育齐全，从元古界梵净山群至新生界第四系均有发育，地史历时 10 多亿年的地质演变。

元古界主要分布于玉屏至镇远以南和凯里至三都以东的黔东南区。发育梵净山群、四堡群、下江群、丹洲群、板溪群、震旦系等一系列板岩、变余砂岩、变质岩、变余凝灰岩等。

古生界和中生界广泛分布于黔东北、黔北和黔南地区，有寒武系、奥陶系、志留系、泥盆系、石炭系、二叠系、三叠系、侏罗系、白垩系，岩性主要为白云岩、灰岩及它们的过渡类型；其次为砂页岩，其发育程度和分布情况南、北差异明显。北部古生界寒武系、奥陶系、志留系、二叠系发育，在玉屏、息烽、纳雍、赫章一线普遍缺失泥盆系、石炭系，致使二叠系常覆于下古生界之上；南部以上古生界和中生界为主，泥盆系、石炭系发育良好；黔西南以上古生界及中生界三叠系发育较佳、沉积广厚。上三叠系至侏罗系陆相沉积主要分布于遵义、贵阳、望谟北一线以西。

新生界零星分布，主要出露在一些河谷、盆地和高程 2000m 以上的高原面上，除北部临近四川盆地的赤水一带外，面积一般不大，在西部威宁草海一带的第四系厚度超过 40m。中部和东部较多的第三系红层、第四系多组成小型盆地。

各时代地层在岩相上有明显差异，总体上以海相稳定类型的沉积为主，台地碳酸盐岩组组合分布最广，约占 73%。主要岩类有石灰岩、白云岩、碎屑岩、玄武岩、辉绿岩等。中部、中南部、西部和北部的广大地区广泛出露三叠系、二叠系、石炭系、泥盆系、寒武系石灰岩和白云岩；东南部凯里以东主要分布上元古界前震旦系变余砂岩、板岩、杂砾岩及硅质岩等；南部望谟、册亨一带分布中生界三叠系砂岩、黏土岩、页岩等碎屑岩；北部习水以西一带主要分布中生界侏罗系、三叠系砂岩、泥岩、泥灰岩等岩类；西部盘州至威宁一带零星分布有古生界二叠系玄武岩。

1.1.3.2 地质构造及地震

在 10 多亿年的地质地史演变中，贵州地质构造经历了武陵、雪峰、加里东、华力西-印支和燕山-喜马拉雅等 5 次造山运动，控制了贵州现代构造骨架的形成，各运动的长期性、继承性及形式多样性形成了贵州多种不同形式的构造体系。在众多的构造体系中，起控制作用的主要有 4 条区域性的深大断裂带，分别是松桃-独山深断裂、开阳-平塘隐深断裂、三都-紫云深断裂和黔中深断裂，这些断裂带又派生出许多大小不同、方向各异的断层和裂隙。据《贵州省区域地质志》，贵州省大地构造单元划分为扬子准地台和华南褶皱带2个一级构造单元，以扬子准地台占据主导地位，又分为3个二级构造单元，即黔北台隆、黔南台陷及四川台坳；华南褶皱带仅在东南角分布。

根据中国大地构造分区及构造地震区域划分，贵州省处于湘桂黔地洼中强震区，地震活动水平低，大部分地区以中弱震形式释放能量，破坏性较小。据《中国地震动参数区划图》(GB 18306—2015)，贵州大部分地区地震动加速度反应谱特征周期为0.35s，册亨八度—六枝平寨—七星关阿市一线以西地区地震动加速度反应谱特征周期为0.40～0.45s；地震动峰值加速度以0.05g为主，罗甸罗捆—关岭白云—赫章河镇—威宁黑石—水城野钟—盘州老厂—关岭普利—望谟坝赖—圈及龙里—贵定—福泉条带为0.10g，望谟东部为0.15g。0.5g区域，地震基本烈度多为Ⅵ度，震级多小于5级，构造稳定性好；0.10g～0.15g区域，地震基本烈度为Ⅶ度，震级5～6级，构造稳定性较差。历史上除威宁的西部、北部及盘州局部受到一定地震损失外，贵州大部地区无危害性地震发生。

1.1.3.3 水文地质

贵州省三都—丹寨—凯里—镇远—玉屏一线以东大部地区、兴义—望谟—罗甸以南边界地区、习水—赤水大部地区、长石—茅台条带地区集中出露非可溶岩，其余地区碳酸盐可溶岩广布。地下水类型主要为喀斯特水，占80%以上，是省内最重要的地下水类型，是最具有集中供水意义的地下水；其次为基岩裂隙水，主要作为集中或分散性供水水源；还有少量孔隙水及热矿水。

喀斯特水蓄水、运移空间一般较大，径流途径较远，水量较丰富，但与地表水交替较频繁，动态变化较大，水质易被地表污染源污染。该类地下水枯季地下径流模数一般为2～9L/(s·km^2)，最高可达14L/(s·km^2)，泉水流量一般大于10L/s，地下水水质类型主要为HCO_3-Ca或HCO_3-Mg型。根据喀斯特水所处含水介质的组合类型、水动力条件等可初步划分3类：①溶洞-管道水：指赋存、运移于碳酸盐岩喀斯特洞穴及喀斯特管道中的地下水，多以地下暗河或地下河系的形式出现。该类地下水在岩性上主要赋存于纯碳酸盐岩分布区，在地形地貌上主要分布于河谷斜坡地带。其特点为地下水集中径流，地下河出口流量大，但空间分布极不均匀，动态变化大。全省1130条地下河中有806条地下河发育于纯石灰岩中，占其总数的71.33%。②溶隙-溶洞水：指赋存、运移于碳酸盐岩溶蚀裂隙和溶洞中的地下水，主要赋存在白云岩、不纯灰岩及碳酸盐岩夹碎屑岩岩组中，其水动力条件介于溶洞-管道水和溶孔-溶隙水之间。在地貌上主要分布于较大型的溶蚀台地、剥夷面或河流中上游的宽缓分水岭地带，以贵州第二级台面——黔中贵阳至安顺一带较大面积的溶蚀台地为代表，含水岩组由三叠系白云岩、白云质灰岩互层组成，地下水露头以喀斯特大泉及喀斯特潭为主，钻孔单孔涌水量较大，地下水埋藏浅，富水性较均匀。③溶孔-溶隙水：指赋存于可溶岩溶蚀孔洞、孔隙、溶隙中的地下水，地下水主要以分散状径流于含水层中，并多以分散泉水的形式出露地表，含水层富水性较均匀。这类地下水主要赋存于寒武系中上统白云岩中，主要分布于黔北、黔东北一带，富水盆地（谷地中）成井率极高，单井涌水量多达1000～3000m^3/d，最高单井出水量大于5000m^3/d，常能成为地下水集中开采的水源地，如：遵义市高坪水源地，凯里市、瓮安丁家寨水源地，以及黔东玉屏至铜仁一带等。

基岩裂隙水主要分布在碎屑岩、火山岩、变质岩出露区及古老的白云岩分布区，集中在黔东南大部变质岩地区、梵净-佛顶山区、黔西地区，地下水与地表水水力联系较弱，水量较稳定，水质一般优良。该类地下水枯季地下径流模数一般为1～1.5L/(s·km^2)，局部超过4L/(s·km^2)，地下水露头一般为流量小于1L/s的泉水。地下水化学类型主要为HCO_3－Ca·Mg型，部分为HCO_3－Na型、HCO_3－Na·Mg型。

孔隙水指赋存于第三系、第四系松散堆积物及某些胶结较差（或半胶结）的砂砾岩孔隙中的地下水。如覆盖层较集中的台地、盆地、沟谷，地下水与地表水交替频繁，水量受季节影响较大、不稳定，水质易受地表污染源污染。

热矿水包括天然矿泉水、医疗矿泉水及工业矿水等，贵州省大部地区均有出露，如务川官坝乡池坪温泉、息烽温泉、金沙桂花温泉、石阡温泉、剑河温泉等。热矿水主要出露在上震旦系灯影组及下震旦系清水江组地层内，上震旦系灯影组碳酸盐岩热矿水零星出露于大方、金沙、习水、仁怀、清镇、息烽、开阳、瓮安、福泉及黔东北、黔东南地区；下震旦系清水江组至下奥陶系红花园组碳酸盐岩热矿水广泛出露，尤以北部和东部分布最广，多见于背斜轴部及两翼。上泥盆系望城坡组至下二叠系茅口组碳酸盐岩热矿水零星分布于南半部；赤水、习水的下二叠系至上三叠系还存在热卤水。热矿水多受深大断裂控制，特别在各深大断裂的斜接复合部位，常有热矿水出露地表。热矿水是深层地下水在地表的出露，是一种稀缺水资源。地下水循环深度较大，水温较高。据出露的80多处热矿水水温统计，温度多为25～45℃，务川官坝乡池坪温泉温度可达56.5℃。

贵州山区地下水流向与地表水流向基本一致，关系密切，最终汇合为河川径流，分别汇入长江和珠江。地下水的主要来源是降水，其补给方式有灌入型、渗入型和混合型等3种。降水量多的地区地下水较丰富，反之则较贫乏。

1.1.4 土壤与植被

1.1.4.1 土壤

贵州土壤面积共159100km^2，占全省国土面积的90.3%。土壤种类繁多，分布也较复杂，有明显的水平地带性和垂直地带性。中部及东部广大地区为湿润性常绿阔叶林带，以黄壤为主；西南部为偏干性常绿阔叶林带，以红壤为主；西北部为具有北亚热带成分的常绿阔叶林带，多为黄棕壤。此外，还有受母岩制约的石灰土和紫色土、粗骨土、水稻土、棕壤、潮土、泥炭土、沼泽土、石炭土、石质土、山地草甸土、红黏土、新积土等土类。荒山、荒地多，耕地所占比重小，林地也少，土地利用率不高。对于农业生产而言，可用于农业、林业、牧业的土壤占全省总面积的83.7%。

土壤分布具有不连续性，平均土层厚度在1m以上的仅占所有土壤面积的14%。土层厚度与地面坡度有关，地面坡度平缓区小于8°，土层厚度在1m以上；地面坡度较陡地区大于15°，土层厚度在0.5m以下。有机质层在0.10m左右。

1.1.4.2 植被

贵州植被丰富，具有明显的亚热带性质，组成种类繁多，区系成分复杂。植物区系以热带及亚热带性质的地理成分占明显优势，如泛热带分布、热带亚洲分布、旧世界热带分布等地理成分占较大比重，温带性质的地理成分也不同程度存在。由于地理位置特殊，贵州植被类型多样，既有中国亚热带型的地带性植被常绿阔叶林，又有近热带性质的沟谷季雨林、山地季雨林；既有寒温性亚高山针叶林，又有暖性同地针叶林；既有大面积次生的落叶阔叶林，又有分布极为局限的珍贵落叶林。植被在空间分布上又表现出明显的过渡性，从而使各种植被类型在地理分布上相互重叠、交错，各种植被类型组合变得复杂多样。

截至2016年，贵州省森林面积达1.32亿亩，森林蓄积量为4.25亿m^3，森林覆盖率为52%。

1.1.5 气候及水文

1.1.5.1 气候

贵州气候温暖湿润，属亚热带季风气候区。光照适中，雨热同季，气温变化小，冬暖夏凉，气候宜人。年平均气温在15℃左右，年降水量为800～1600mm，无霜期为270d左右。受大气环流及地形等影响，贵州气候呈多样性，高原山地和深切河谷地带，气候垂直变化非常明显，山上山下冷暖不同，降水情况也有差异，故有“一山有四季，十里不同天”的说法。另外，气候不稳定，灾害性天气种类较多，干旱、秋风、凝冻、冰雹等频度大，对农业生产危害严重。

（1）气温：贵州各地年平均气温等值线介于12～18℃之间，以7月最高，1月最低，最低气温一般不到－10℃，最低值出现在西部威宁，为－15℃（1977年2月9日）；极端最高气温在34℃以上，铜仁出现过42.5℃（1953年8月18日），为全省之冠。

（2）湿度：贵州相对湿度较大，年平均相对湿度除少数地区外，多在80%以上，其中以习水、开阳（均为85%）为最大，罗甸（75%）为最小。在四季中，只有春季和盛夏7月相对湿度较小。10月至次年1月为高湿月份，平均湿度达80%～85%。

（3）日照：贵州处于中国云量分布的高值区，云量多，太阳辐射总量和日照少，形成贵州气候一大特色。全年太阳辐射量最大的地区在西部和西南边缘，呈向东北逐渐递减之势，辐射量以威宁为最高。全年日照时数大体呈南多北少的趋势，日照时数多年平均值介于1000～1800h之间，其中，威宁最多，达1805.4h；最少在务川，为1015h。

（4）蒸发量：以7月最大，1月最小。蒸发量等值线介于600～1200mm之间，分布趋势由西南向东北逐渐递减。以北盘江下游河谷区年蒸发量最大，平均达1000～1200mm。西部高原晴天多、风力强，是蒸发量较大的地带。

（5）干旱指数：干旱指数等值线的分布趋势是自西向东递减，其值多在1.0～0.4。最大值在西部威宁县一带，略大于1；最小值在黔东北，小于0.4；一般地区在0.6～0.8。

（6）降水：贵州降水的水汽主要来自孟加拉湾和南海，两股暖湿气流在贵阳—麻江一带相会，形成丰富降水，但时空分布不均。贵州雨日多，夏季风盛行的夏半年（5—10月）降雨最为集中，占年总降水量的75%以上，夏季（6—8月）尤其突出，多达45%以上；冬季风盛行的冬半年（11月至次年4月）只占15%～30%，特别是冬季（12月至次年2月）最少，仅占6%左右。降雨地区差异大，多年平均年降水量的分布趋势为：由东南向西北递减，山区大于河谷地区，迎风面大于背风面地区。雨季由4月、5月自东向西先后开始，雨量明显增加。夏半年降水强度最大，一般是南部大于北部，多雨区大于少雨区。暴雨一般出现在4—10月，其中，出现在6月的暴雨最多。

1.1.5.2 水文

贵州河流水量靠天然降水补给，多年平均年降水量为1159.2mm，其中长江流域1110.6mm，珠江流域1252.1mm。径流年内分配极不均匀，与降水大致相同，枯水期出现在12月至次年4月，夏旱年份的7—8月在中小河流也出现过短期的最小流量；丰水期出现在5—10月，丰水期占全年总水量的75%～80%。省内各地进入汛期的时间从东部到西部逐渐推后，东部玉屏、锦屏一带4月进入雨季，4—7月降水量占全年的65%左右；中部黔南、黔中、黔北地区5月进入雨季，5—8月降水量占全年的70%左右；西部盘州、威宁一带6月进入雨季，6—9月降水量占全年的70%以上。洪水过程陡涨陡落，峰高量小，历时不长。洪枯水量倍比大。

贵州省境内河流多年平均年径流量为1042亿m^3（径流深591.4mm），其中：长江流域665.6亿m^3（径流深575.0mm），占全省的64.0%；珠江流域376.2亿m^3（径流深622.7mm），占全省的36.0%。贵州省主要河流多年平均含沙量西部地区都在0.5kg/m^3以上，中部以东地区则在0.5kg/m^3以下，含沙量较大的河流有北盘江上游、乌江上游的三岔河以及六冲河、赤水河等河流。

1.2 经济社会

1.2.1 行政区划

2016年年底，贵州省辖贵阳市、六盘水市、遵义市、安顺市、毕节市、铜仁市、黔西南布依族苗族自治州（以下简称“黔西南州”）、黔东南苗族侗族自治州（以下简称“黔东南州”）、黔南布依族苗族自治州（以下简称“黔南州”）9个市（州），88个县（市、区、特区），832个镇、326个乡（其中民族乡193个）、221个街道办事处，14619个社区居民委员会、3769个村民委员会。贵州省行政分区面积详见表1.1。

表1.1 贵州省行政分区面积

分区名称	分区面积/km^2	分区名称	分区面积/km^2
全省	176167	毕节市	26853
贵阳市	8034	铜仁市	18003
六盘水市	9914	黔西南州	16804
遵义市	30762	黔东南州	30337
安顺市	9267	黔南州	26193

1.2.2 人口

2016年，贵州省年末常住人口为3555.00万人。其中，城镇人口1569.53万人，乡村人口1985.47万人，城镇人口占年末常住人口比例为44.15%。人口自然增长率为6.50‰。

1.2.3 地区生产总值及其结构

2016年，贵州省地区生产总值为11776.73亿元，人均地区生产总值为33246元。按产业分，第一产业增加值为1846.19亿元，第二产业增加值为4669.53亿元，第三产业增加值为5261.01亿元。第一产业、第二产业、第三产业增加值占地区生产总值的比例分别为15.7%、39.7%、44.6%。2011—2016年贵州省地区生产总值逐年增加，增长率下降趋于平稳。

1.3 水能资源

1.3.1 水能资源概况

（1）理论蕴藏量。全省水力资源理论蕴藏量10MW以上河流170条，理论蕴藏量年电量为1584.37亿kW·h，平均功率为18086.4MW。

（2）技术可开发量。全省技术可开发量10MW以上河流上，单机容量0.5MW以上的水电站有601座，装机容量为19487.9MW，年发电量为777.99亿kW·h。

（3）经济可开发量。全省经济可开发电站装机容量0.5MW以上的水电站474座，装机容量18980.65MW，占全省技术可开发装机容量的97.4%，年发电量为752.42亿kW·h，占全省技术可开发年电量的96.7%。

1.3.2 水能资源分布特点

（1）水能资源丰富。理论蕴藏量居全国第6位，平均106kW/km^2，为全国的1.5倍。南盘江水系最大，为270kW/km^2；其次是乌江中游、北盘江，为130kW/km^2；沅江、柳江水系属运航里程较多的河流，其值最小，为68kW/km^2；其他水系在75～110kW/km^{2}之间。

（2）分布均衡。大型水电站分布相对集中，中小型水电站分布均衡。经济开发量中，大型（300MW以上）水电站主要分布在乌江、北盘江、南盘江、清水江等几条大河流干流上，资源相对集中，已成规模滚动开发；中型（50～300MW）水电站较均衡地分布在八大水系；小型（0.5～50MW）水电站，全省各河流均有分布。

贵州省地理位置优越，电力输出条件好。在全国资源富集的云、贵、川、藏4省（自治区）中，贵州可开发的水能资源虽仅占4省的10%，但向电力缺口较大的华南地区输电距离最短。

第2章 流域概况与水资源分区

2.1 流域概况

2.1.1 河流

贵州省河流以中部苗岭山脉为分水岭，以北属长江流域，面积为115747km²，约占全省面积的2/3；以南属珠江流域，面积为60420km²，约占全省面积的1/3。河流地处分水岭地带，多属喀斯特山区中小河流，河网密度大，平均每平方千米河长0.56km，东密西疏。河流分别从西部和中部向南、北、东三方呈扇形放射，河道大部迂回曲折。中部地区多数河流上游地势范围开阔，比较平缓；中游束放相间，水流湍急；下游多穿行于峡谷之中，河谷深切，河床狭窄。由于河流多穿行于碳酸盐类岩石地区，部分河床大量透水。有的河流潜入地下，成为伏流；有的河流在岩石断裂的地方，水流直降，形成瀑布，如世界闻名的黄果树瀑布；有的河流由于泄水洞堵塞形成湖泊，俗称“海子”，以威宁草海的面积最大。

流经贵州省的河流中，流域面积50km²及以上的河流1059条，其中，流域面积100km²及以上的河流547条，流域面积300km²及以上的河流167条，流域面积1000km²及以上的河流71条，流域面积10000km²及以上的河流10条。流经贵州省且流域面积50km²及以上的1059条河流中，有123条为跨省界河流；扣除省外的流域面积后，流经贵州省且在省境内流域面积50km²及以上的河流1007条，其中，100km²及以上的河流512条，300km²及以上的河流164条，500km²及以上的河流103条，1000km²及以上的河流62条，3000km²及以上的河流18条，5000km²及以上的河流11条，10000km²及以上的河流6条。贵州省境内流域面积10000km²及以上的河流分别为乌江、清水江、赤水河、北盘江、红水河、柳江。

2.1.2 主要水系

贵州河流共划分为八大水系，分别为：长江流域的牛栏江、横江水系，赤水河、綦江水系，乌江水系，沅江水系；珠江流域的南盘江水系，北盘江水系，红水河水系，柳江水系。

2.1.2.1 牛栏江、横江水系

牛栏江为金沙江右岸一级支流，干流为湖源河流，发源于云南省嵩明县杨林海子，自发源地向西南，折转东北方向，经德泽，于双车坝以下至压坝西流至店子上为滇黔界河。东岸在黔威宁县境，至回龙湾下折西北流至昭通麻耗村注入金沙江。牛栏江流域涉及滇黔两省，流域面积大部分在云南省境内，全流域面积为13185km^2，总河长为439.6km，落差1768m，平均比降4.02‰，其中，贵州境内流域面积2014km^2，河长79km。牛栏江水系发育，主要支流有马过河、西泽河、野牛圈河、硝石河、哈喇河。

横江为金沙江右岸一级支流，发源于贵州威宁县有“高原明珠”之称的草海。源头段称为羊街大河、拖洛河，经云南省昭通市彝良县龙街乡长炉村熊家沟进入云南省境内后称洛泽河，一段为滇黔界河，经彝良县城后在幸福洞进入大关县境内，至青冈为彝良、大关之界河，再经天星镇至岔河与洒渔河相汇，于宜宾边镇对岸注入金沙江。全流域面积为14980km^2，贵州省境内流域面积为2874km^2，河长120km，主要支流有拖洛河。

2.1.2.2 赤水河、綦江水系

赤水河、綦江水系俗称“长江上游干流”，简称“长上干”。

赤水河为长江上游南岸一级支流，发源于云南省镇雄县鱼洞乡大洞口。水源称鱼洞河，自西南向东北流，至镇雄、威信县界折向东流至云、贵、川三省交界处（俗称鸡鸣三省）进川黔边界至贵州省，于茅台镇折转向西北，经太平渡，蜿蜒于元厚，在赤水市向东北折转进四川省合江后注入长江。全流域面积为20440km^2，干流全长445km，总落差1588m，平均比降3.57‰；其中，贵州省境内流域面积为11412km^2，河长299km。赤水河水系发育，呈树枝状分布，贵州省内汇入赤水河的主要支流有二道河、桐梓河、习水河，流域中上游一带植被较差，河流泥沙较多，汛期水色赤黄，故名赤水河。

綦江为长江上游南岸一级支流，习惯上以松坎河为河源。松坎河发源于贵州省桐梓县凉风垭，经松坎至木瓜河口进入重庆市，至赶水以后始称綦江，于江津县顺江场江口注入长江。全流域面积为7020km^2，河长205km，其中贵州境内流域面积2321km^2。河源至赶水为綦江上游段，称松坎河，河长88.7km，贵州境内河长56km，落差620m，比降11.1‰，主要支流有羊磴河。

2.1.2.3 乌江水系

乌江为长江上游右岸的最大支流，是贵州省最大的河流，发源于贵州省西北部乌蒙山东麓的威宁县炉山乡银洞村，上游称三岔河；一级支流六冲河发源于赫章县可乐乡，于化屋基汇合后始称乌江。乌江横穿贵州省中部，到贵州东北部沿河县城后折向西北流进重庆市，经彭水、武隆，向北流至涪陵市汇入长江。

乌江流域西部与横江、牛栏江的分水岭为乌蒙山支脉，南部与红水河及其支流北盘江的分水岭为乌蒙山、苗岭山脉，西北部与赤水河、北部与綦江的分水岭为大娄山脉，东部与沅江水系的分水岭为武陵山脉。

乌江干流全长1037km，流域总面积为87920km^2，分属贵州、云南、湖北、重庆四省（直辖市），其中贵州境内流域面积为66807km^2，河长889km。乌江总落差2123.5m，平均比降2.05‰。乌江支流众多，呈羽状分布，两岸较均匀，共有大的一级支流58条（左岸32条，右岸26条），其中，贵州省境内44条。

乌江干流在化屋基（三岔河和六冲河交汇处）以上为上游，化屋基至思南为中游，思南至涪陵为下游。六冲河是乌江上游段最大支流，流域面积大于1000km^{2}的支流有白甫河和红岩河；乌江中游河段穿越黔中丘陵区，流向东北，多为纵深峡谷，洪枯水位变幅大，区间汇入的支流流域面积在1000km^{2}以上的有8条，其中，右岸有猫跳河、清水河、余庆河、石阡河，左岸有野纪河、偏岩河、湘江、六池河。下游思南至彭水河段流向正北，彭水以下河段折向北西向；河段内虽有潮砥、新滩、龚滩、羊角滩等主要碍航险滩，但大部分河段水流较平稳，区间流域面积大于1000km^{2}的支流有7条：右岸有印江河、甘龙河（渝黔界河）及阿蓬江（濯河、唐岩河、鄂渝界河）、郁江（鄂渝界河），左岸有洪渡河、芙蓉江（黔渝界河）和鸭江（大溪河）等。

2.1.2.4 沅江水系

沅江，又称沅水，是长江流域洞庭湖支流，流经贵州省、湖南省。沅江水系在贵州境内主要河流有清水江、㵲阳河、锦江、松桃河、洪州河（也称洪洲河）。流域地处贵州东部，流域总面积为30250km^2，地势西南高、东北低，高程200～1800m，属低、中山丘陵。

清水江为沅江干流上游，发源于贵州省贵定县昌明镇东部斗篷山南麓轿顶坡。都匀段称剑江，都匀以下称马尾河，至凯里市旁海镇岔河村纳入重安江后称清水江，至白毛寨峦山出贵州省境，于湖南黔城汇入㵲水后称沅江，然后流入洞庭湖。清水江流域总面积为18223km^2，其中，贵州境内流域面积为17145km^2，河长459km，落差1275m，平均比降2.78‰。清水江水系发育，支流众多，呈不对称树枝状分布，主要支流有重安江、巴拉河、南哨河、六洞河、亮江等。

㵲水亦称㵲阳河，是沅江左岸一级支流，发源于贵州瓮安县岚关乡二道崖，经黄平、施秉、镇远至岑巩纳龙江河，至玉屏纳车坝河，于湘黔两省交界处的罗家寨电站流入湖南省境内，至怀化市后折向南流，在洪江市上游汇入沅江。贵州境内流域面积为6474km^2，河长258km，落差454m，比降1.76‰。汇入的主要支流有抬拉河、波动河、杉木河、龙江河、车坝河。

锦江为沅江左岸一级支流辰水的上源，发源于贵州省江口县梵净山，源头由西南流经德旺土家族乡折向南东流，经闵孝镇曲折东流，经江口县双江镇、铜仁市城区，于铜仁市东部漾头镇施滩电站下游约1.5km处出贵州省境进入湖南。贵州境内流域面积为4017km^2，河长168km，落差567m，平均比降3.38‰，主要支流有太平河、小江、谢桥河、瓦屋河、川硐河。

松桃河为沅江支流酉水一级支流花垣河的上游河段，发源于贵州省松桃冷水溪乡陶家沟村北面椅子山，东南流经冷水溪乡，折向东流，经松桃县蓼皋镇曲折北流，经石花沿着贵州、湖南省界北流，至松桃县迓驾镇石头村北约1.5km的省界处进入湖南茶洞镇，再经花垣、宝清汇入酉水，至沅陵注入沅江。贵州境内流域面积为1536km^2，河长88km，落差188m，平均比降2.14‰。

洪州河是沅江右岸一级支流渠水的源流，发源于贵州省黎平县永从乡平脉村地转坡，曲折东偏北流，经潘老寨村、中潮镇、德顺乡，于洪州镇草坪村流水岩入湖南境，经靖县、会同县汇入沅江。贵州境内流域面积为975km^2，河长81km，落差563m，比降6.95‰。

2.1.2.5 南盘江水系

红水河上游称南盘江，发源于云南省沾益县乌蒙山脉马雄山东北一个双层石灰水洞，是珠江干流西江的主流，由北往南流经沾益、曲靖、宜良、开元、至三江口（黄泥河汇口），为黔桂界河，至贵州境内，经仓梗、天生桥、百口蜿蜒东流，至望谟县蔗香双江口与北盘江交汇，称红水河。南盘江流域面积54900km^2，河长936km，总落差1854m，平均比降1.98‰。其中贵州境内流域面积7651km^2，河长263km，落差430m。南盘江流域处于云贵高原东南斜坡地带，地势西北高、东南低，地面高程多在1000～2000m，干流两岸山势雄厚河谷深切500～700m，水面宽100m左右，一般为V形宽谷。本区属侵蚀、溶蚀高中山区，以山地为主，仅兴义、安龙一带为平缓丘陵，有较大田坝。主要支流有黄泥河（滇黔界河）、马别河、白水河、秧坝河等；流域面积大于1000km^2的为黄泥河、马别河。

2.1.2.6 北盘江水系

北盘江为西江上游红水河的最大支流，发源于云南省宣威市龙潭乡范家村乌蒙山脉东麓白马梁子东北坡，东北流经宣威，至双坝河口折向东南流，至盘州都格岔河口汇入支流拖长江，为滇黔界河，汇入支流可渡河后进入贵州省境，乃称北盘江，往东南流经茅口、盘江桥、百层、乐元等地，于望谟县蔗香双江口汇入南盘江后，称红水河。北盘江流域位于贵州西南部，地势西北高，东南低，上游云南境内以高原地貌为主，中游以中山地貌为主，下游以低山地貌为主，区内喀斯特发育，在一些支流上河段明暗交替。北盘江流域面积26538km^2，河长450km，总落差1985m，平均比降4.41‰。其中，贵州省境内流域面积20982km^2，河长352km。全流域山区面积占总面积的85%，丘陵和平原仅占10%和5%。北盘江是贵州省泥沙含量较大的河流，多年平均悬移质含沙量为1.1万t，多年平均年输沙量达1330.9万t。流域内石灰岩分布面广，喀斯特发育，井泉洞穴、喀斯特洼地、地下伏流河段、跌水瀑布较多，全流域有大小瀑布165处。左岸主要支流有可渡河、巴郎河、月亮河、打邦河、红辣河、望谟河，右岸主要支流有拖长江、乌都河、西泌河、麻沙河、大田河、者楼河。其中流域面积在1000km^{2}以上的河流有8条，即左岸可渡河、月亮河、打邦河、红辣河和右岸拖长江、乌都河、麻沙河、大田河。

2.1.2.7 红水河水系

红水河为西江上游河段，主源为南盘江，于贵州省望谟县蔗香双江口纳北盘江后称红水河，至广西石龙纳柳江，流域面积52600km^2，河长659km，总落差254m，平均比降0.39‰。红水河干流在贵州境内为蔗香至八腊段（曹渡河口），为黔桂界河，左岸贵州省境内流域面积15978km^2，河段长106km，落差66m，平均比降0.62‰。红水河流域北高南低，北部以丘陵为主，有宽谷平坝分布；南部以山地为主，间有峡谷及山间盆地。石灰岩广泛分布，喀斯特十分发育，伏流暗河较多。主要支流有蒙江、涟江、坝王河、六硐河、曹渡河等。

2.1.2.8 柳江水系

柳江是红水河的第二大支流，在贵州境内的水系包括都柳江和打狗河两部分，流域面积15809km^2。

都柳江为柳江上源，发源于贵州省独山县拉林、里纳，至独山城南郊折东南流，再转东北流，至三都县往东南流，经两县至长寨河口入广西境，东北流至八洛独洞河口属贵州省，再入广西境。八洛以上称都柳江，流域面积11625km^2，全长330km，落差1176m，平均比降3.56‰，都柳江支流南岸支流较小，北岸较多、较大，均发源于苗岭山脉南麓；流域面积1000km^{2}以上的支流有双江、寨蒿河及其支流平江。

打狗河为柳江一级支流龙江上游，发源于三都县三洞乡石蜡，于涝村以下进入广西，跨独山、三都、荔波等县，流域面积4184km^2，河长139km，落差557m，平均比降5.6‰。流域地势西北高东南低，河源较平缓；龙王洞以下穿行于丘陵区，河流平缓，傍河有荔波盆地；至朝阳后进入深切峡谷，滩险流急。流域内有大面积的喀斯特灰岩山地、峰林谷地、深切峡谷及伏流河段组成的喀斯特地貌，主要支流为樟江。

2.2 水资源分区

2.2.1 分区原则与标准

流域范围内各地区的地形地貌、水文气象特点均有差异，各地区社会经济条件各不相同，对水资源开发利用的要求也有所不同，故需要进行水资源分区。

水资源分区按照全国统一的水资源分区原则进行，以《全国水资源综合规划水资源分区》为基础，对照1980年以来制定的水资源评价分区和水资源利用分区成果进行划分。分区采用区域区划的有关规定和方法，在高级分区中以水资源中地表水的区域自然形成（流域、水系）为主；在低级分区中，考虑供需系统及行政区域，水资源分区与行政区域有机结合，保持行政区域和流域分区的统分性、组合性与完整性，适应水资源评价、供需分析、合理配置、节约保护、综合治理和科学管理等工作的需要。

分区结果要能基本反映水资源及其开发利用条件的地区差别。分区面积大小视经济条件和水资源开发率高低而不同，国民经济发达、供需矛盾突出、需水要求迫切、需水量大、水资源开发利用率高的地区分区范围可适当缩小；经济发展较慢、水资源开发利用率低的地区分区范围可适当加大些，以利于对水资源开发重点地区的研究。

2.2.2 水资源分区

根据以上分区原则和方法，贵州省水资源分区共划分为2个一级区，6个二级区，11个三级区。

贵州省内所属的长江流域分为金沙江石鼓以下、宜宾至宜昌、乌江、洞庭湖水系4个二级区；所属的珠江流域分为南北盘江、红柳江2个二级区。

(1) 金沙江石鼓以下。该二级区划分为1个三级区，即石鼓以下干流，涉及毕节市。

(2) 宜宾至宜昌。该二级区划分为赤水河和宜宾至宜昌干流2个三级区，涉及毕节市、遵义市。

(3) 乌江。该二级区划分为思南以上及思南以下2个三级区，涉及毕节市、六盘水市、安顺市、遵义市、贵阳市、黔南州、黔东南州、铜仁市。

(4) 洞庭湖水系。该二级区划分为沅江浦市镇以上及沅江浦市镇以下2个三级区，涉及黔南州、黔东南州、铜仁市。

(5) 南北盘江。该二级区划分为南盘江及北盘江2个三级区，涉及黔西南州、六盘水市、毕节市、安顺市。

(6) 红柳江。该二级区划分为红水河及柳江2个三级区，涉及黔西南州、安顺市、黔南州、贵阳市、黔东南州。

贵州省水资源分区成果详见表2.1。

表 2.1　　贵州省水资源分区成果

分区级别	分　区　名　称		分区面积/km²
全　省			176167
一级	长江		115747
	珠江		60420
二级	长江	金沙江石鼓以下	4888
		宜宾至宜昌	13802
		乌江	66807
		洞庭湖水系	30250
	珠江	南北盘江	28633
		红柳江	31787
三级	长江	石鼓以下干流	4888
		赤水河	11412
		宜宾至宜昌干流	2390
		思南以上	50592
		思南以下	16215
		沅江浦市镇以上	28714
		沅江浦市镇以下	1536
	珠江	南盘江	7651
		北盘江	20982
		红水河	15978
		柳江	15809

第2篇

水文水资源

第3章 降 水

3.1 基本资料

3.1.1 基本资料收集整理

分析选用的雨量站主要来自水文、气象部门。具体包括贵州水文部门国家水文基本数据库1956—2016年的年、月降水量资料565个站点23991站年降水数据，1956—1979年《水文年鉴》收集气象站1956—1979年73个站点1752站年降水数据以及贵州省气象局收集气象站1980—2016年77个站点2849站年降水数据。

依据历年《水文年鉴》《水文（雨量）站资料整编成果》以及第二次水资源调查评价的年降水量同步系列对国家水文基本数据库资料转储的资料进行校核，对1956年前的水文、气象（候）站资料进行延长，并对缺、漏、错数据进行补充和更正。添加（改正）1636站年的资料共3513条数据，其中1956年前延长905站年资料共2565条数据。

3.1.2 资料选用原则

根据贵州省水文资料积累情况，并考虑系列代表性的要求，统一采用1956—2016年（61年）资料系列进行分析，同时对比1956—1979年（24年）系列水资源分析成果，并根据贵州省站点分布情况以及实测资料情况进行选择。选用的原则如下：

（1）以实测30年以上的站作为基本站。

（2）优先选用水文站及气象站。

（3）选站时尽量采用第二次水资源调查评价时所选的测站。

（4）选用的雨量站布局尽可能均匀，且资料质量、系列长度和站网密度满足降水量分析要求。多雨区和少雨区的中心以及等值线梯度较大地区，尽可能加大选用雨量站的密度，以便更好地掌握降水的地区变化规律。

（5）面上分布比较均匀，在站点较稀的地区，对系列较短的资料也予以保留，并对其进行插补延长处理，经合理性分析后确定采用值。

（6）在气候与自然地理条件相似的情况下，相距不远而资料系列较短又不同步的两个站，为使资料系列增长，将其合并为一个站。

3.1.3 选用站情况

贵州省共选用 642 个雨量站（含 77 个气象站），共计 32458 站年的资料，全省不同系列雨量站年数统计见表 3.1，水资源分区选用雨量站数量及站网密度情况见表 3.2。

表 3.1 不同系列雨量站年数统计

统计系列		站数/个	站年数/站年
1956—2000 年	水文	17	765
	气象	0	0
	小计	17	765
1956—2016 年	水文	284	17324
	气象	73	4453
	小计	357	21777
1980—2016 年	水文	264	9768
	气象	4	148
	小计	268	9916
合计		642	32458

表 3.2 水资源分区选用雨量站数量及站网密度情况

水资源分区	流域面积/km^2	雨量站数量/个	密度/(km^2/站)
全省	176167	642	274
长江	115747	450	257
石鼓以下干流	4888	10	489
赤水河	11412	37	308
宜宾至宜昌干流	2390	6	398
思南以上	50592	226	224
思南以下	16215	43	377
沅江浦市镇以上	28714	117	245
沅江浦市镇以下	1536	11	140
珠江	60420	192	315
南盘江	7651	28	273
北盘江	20982	82	256
红水河	15978	37	432
柳江	15809	45	351

3.1.4 资料的审查

以年、月降水量的特大、特小值及其成因以及2000年以后的资料为审查重点。对年、月降水量的特大、特小值进行审查时，与周边邻近站以及本站历年资料进行对照分析，本站年、月降水量较周边邻近站偏大或偏小50%左右时，列为重点审查对象。这部分资料或仅作参考，或进行插补处理。

3.1.5 降水量资料系列的插补延长

为了减少抽样误差，提高统计参数的精度，根据具体情况进行适当的插补延长。选用雨量站点中实测系列等于或小于61年的站点占多数，大于61年的站点较少，大于80年的站点更少，90年以上的仅有1个站。实测系列不足同步期系列（1956—2000年、1956—2016年、1980—2016年）的，一律进行插补延长（2000年以前缺测的资料，直接采用第二次水资源调查评价的插补成果），使之成为连续的系列。插补延长的方法如下：

（1）个别月降水量缺测的，采用附近各站同月降水量平均值。

（2）非汛期降水量较小，各年变化不大，用同月降水量的多年平均值插补缺测月份。

（3）缺测年或汛期降水量的，采用相关法进行插补延长，建立相关关系时，以点据距相关线的相关误差小于±15%、合格率大于80%的为合格关系，可用来插补延长。

选用雨量站插补延长情况见表3.3，采用相关法插补年降水量共117站647站年，采用附近各站同月降水量平均值插补月降水量26站48站年，采用本站同月降水量多年平均值插补月降水量40站87站年。部分站点采用两种插补延长方法。

表3.3 选用雨量站插补延长情况

站点所属部门	无插补		相关法插补年降水量		采用附近各站同月降水量平均值插补月降水量		本站同月降水量多年平均值插补月降水量	
	站数	站年数	站数	站年数	站数	站年数	站数	站年数
水文	475	27296	65	504	10	22	16	35
气象	17	4380	52	143	16	26	24	52
合计	492	31676	117	647	26	48	40	87

3.2 资料“三性”分析

3.2.1 资料可靠性分析

分析所选用的雨量站建站年份长，资料整编精度较高，各测站降水量资料可靠。

3.2.2 资料一致性分析

分析所选用的雨量站所在流域气候条件和下垫面条件基本稳定，雨量实测资料是在一致条件下产生的，资料的一致性较好。

3.2.3 系列代表性分析

分析所选用的雨量站在各个水资源三级区均有分布，站网密度为 140～489km²/站，站点分布均匀，对降水情势控制能力较强，降水资料经过整编满足精度要求，通过资料审查、插补延长、合理性分析后，所选用的雨量站满足对区域的代表性要求。

3.2.3.1 长系列代表站点

在各水资源分区内选择 65 年以上的长系列站点作为年降水量代表站。在全省范围内选取桐梓、赤水、鸭池河等 57 个长系列站点，大部分站点系列长度 70～80 年，最短系列长度 65 年，最长系列长度 96 年。通过计算不同系列（最长年至 2016 年、1956—2016 年、1980—2016 年）的均值和 C_v 值，点绘年降水量过程线，5 年、10 年滑动平均过程线，差积曲线等方法，分析统计参数的稳定性和丰、枯交替的周期变化。

3.2.3.2 系列稳定性

以 2016 年为起点，逆时序累积计算各长系列代表站不同系列长度的均值 X_n 和变差系数 C_{vn}，以长系列统计参数 X_N、C_{vN} 为准，计算长短系列统计参数的比值 $K_x=\frac{X_n}{X_N}$，$K_{C_v}=\frac{C_{vn}}{C_{vN}}$，分析不同系列的均值和变差系数与长系列的均值与变差系数的关系，同步期系列与多年系列的均值一律采用算术平均值，C_v 值采用经验频率适线值，$C_s=2C_v$。

通过计算，57 个长系列代表站中，有 81%的站 21 年系列满足均值稳定要求，有 81%的站 59 年系列满足 C_v 稳定要求，可知各代表站均值达到稳定的系列年数约为 21 年，变差系数稳定的约为 59 年；对于 1956—2016 年系列，100%的站均值均满足稳定要求，有 84%的站变差系数满足稳定要求，统计参数稳定性较好。

3.2.3.3 不同年型的频次分析

根据《水文基本术语和符号标准》(GB/T 50095—2014)，将长系列统计参数确定的频率曲线按频率小于 12.5%、12.5%～37.5%、37.5%～62.5%、62.5%～87.5%和大于 87.5%的年降水量分别划分为特丰、偏丰、平、偏枯、特枯五种年型，统计其在不同长度系列中出现的频次（%），论证长短系列丰、平、枯段的代表程度，分析同步期系列的偏枯偏丰情况。部分代表站年降水量不同系列长度丰、平、枯年型出现频次详见表 3.4。

表 3.4　部分代表站年降水量不同系列长度丰、平、枯年型出现频次

雨量站名称	系列年数/a	出现频次/%				
		特丰	偏丰	平	偏枯	特枯
威宁（气象）	71	14.1	31.0	22.5	11.3	21.1
	61	13.1	31.1	24.6	9.8	21.3
	37	10.8	29.7	16.2	13.5	29.7
鸭池河	78	9.0	43.6	20.5	7.7	19.2
	61	9.8	42.6	16.4	8.2	23.0
	37	5.4	37.8	21.6	5.4	29.7
织金（气象）	77	14.3	27.3	22.1	24.7	11.7
	61	16.4	31.1	19.7	24.6	8.2
	37	13.5	32.4	18.9	27.0	8.1
沿河	78	12.8	32.1	21.8	17.9	15.4
	61	14.8	27.9	24.6	18.0	14.8
	37	16.2	27.0	21.6	18.9	16.2
桐梓	79	11.4	38.0	21.5	11.4	17.7
	61	13.1	41.0	19.7	9.8	16.4
	37	8.1	43.2	24.3	5.4	18.9
镇远（气象）	75	13.3	37.3	20.0	9.3	20.0
	61	8.2	37.7	21.3	11.5	21.3
	37	8.1	37.8	21.6	10.8	21.6
福泉（气象）	74	10.8	27.0	27.0	18.9	16.2
	61	11.5	19.7	27.9	21.3	19.7
	37	8.1	21.6	27.0	21.6	21.6
兴义（气象）	77	14.3	36.4	20.8	7.8	20.8
	61	16.4	44.3	21.3	8.2	9.8
	37	16.2	45.9	24.3	5.4	8.1
镇宁（气象）	73	13.7	24.7	26.0	20.5	15.1
	61	16.4	27.9	23.0	19.7	13.1
	37	16.2	35.1	16.2	21.6	10.8
郎岱	77	15.6	32.5	20.8	9.1	22.1
	61	18.0	34.4	16.4	8.2	23.0
	37	18.9	29.7	16.2	5.4	29.7
安顺（气象）	73	5.5	39.7	17.8	23.3	13.7
	61	4.9	36.1	18.0	24.6	16.4
	37	2.7	32.4	21.6	21.6	21.6
惠水（气象）	71	11.3	47.9	14.1	5.6	21.1
	61	11.5	47.5	14.8	6.6	19.7
	37	8.1	45.9	21.6	5.4	18.9
独山（气象）	80	12.5	30	21.3	20.0	16.3
	61	11.5	32.8	21.3	18.0	16.4
	37	16.2	24.3	18.9	16.2	24.3
石灰厂	65	15.4	36.9	13.8	12.3	21.5
	61	14.8	37.7	11.5	13.1	23.0
	37	18.9	29.7	10.8	13.5	27.0

23%的站1980—2016年系列五种年型出现频次接近总体频次分布。对比1980—2016年系列与长系列丰、枯年出现频次发现，余庆（气象）、织金（气象）、镇宁（气象）、黄平（气象）、黎平（气象）、望谟（气象）、兴义（气象）7个站1980—2016年系列偏丰，其丰水年出现频次大于长系列；鸭池河、马家桥（原修文电厂）、乌江渡、江界河、把本、石灰厂、赫章（气象）、威宁（气象）、道真（气象）、务川（气象）、毕节（气象）、金沙（气象）、开阳（气象）、瓮安（气象）、安顺（气象）、平坝（气象）、贵阳（气象）、福泉（气象）、丹寨（气象）、册亨（气象）、独山（气象）、荔波（气象）22个站1980—2016年系列偏枯，其枯水年出现频次多于长系列。各代表站1980—2016年特丰年份和偏枯年份出现较少，偏丰年份、平水年份和特枯年份相对较多，丰枯基本平衡。

77%的站1956—2016年系列五种年型出现频次接近总体频次分布。对比1956—2016年系列与长系列丰、枯年出现频次发现，盘州（气象）、大方（气象）、余庆（气象）、织金（气象）、黎平（气象）、晴隆（气象）、贞丰（气象）、望谟（气象）、兴义（气象）、安龙（气象）10个站1956—2016年系列偏丰，其丰水年出现频次多于长系列；镇远（气象）、贵阳（气象）、福泉（气象）3个站1956—2016年系列偏枯，其枯水年出现频次多于长系列。各代表站1956—2016年特丰年份和特枯年份出现较少，偏丰年份、平水年份和特枯年份相对较多，丰枯基本平衡。不同年型的频次分析成果表明，同步期1956—2016年系列的代表性较好。

3.2.3.4 不同年系列时序变化趋势分析

计算和绘制各长系列代表站1980—2016年系列和1956—2016年系列的差积曲线，依据差积曲线变化过程，分析各代表站不同年系列降水量丰、枯变化规律，以及不同年系列的时序变化趋势。当累积距平持续增大时，表明该时段内降水量距平持续为正；当累积距平持续不变，表明该时段距平持续为零即保持平均；当累积距平持续减小时，表明时段内降水量持续为负，据此可较直观而准确地确定降水量年际变化过程。

通过计算和分析，95%的站1980—2016年系列具有比较明显的丰枯变化，其中绝大部分代表站表现降水量年际间的丰、枯交替较频繁。100%的站1956—2016年系列具有比较明显丰枯变化，其中35%的站降水量年际间的丰枯持续时间较长，交替较稳定；65%的站降水量年际间的丰、枯交替较频繁。可见同步期1956—2016年系列具备较好的周期性丰、枯交替变化规律，代表性较好。

代表站年降水模比系数差积曲线详见图3.1和图3.2，代表站年降水量5年及10年滑动平均曲线详见图3.3和图3.4。

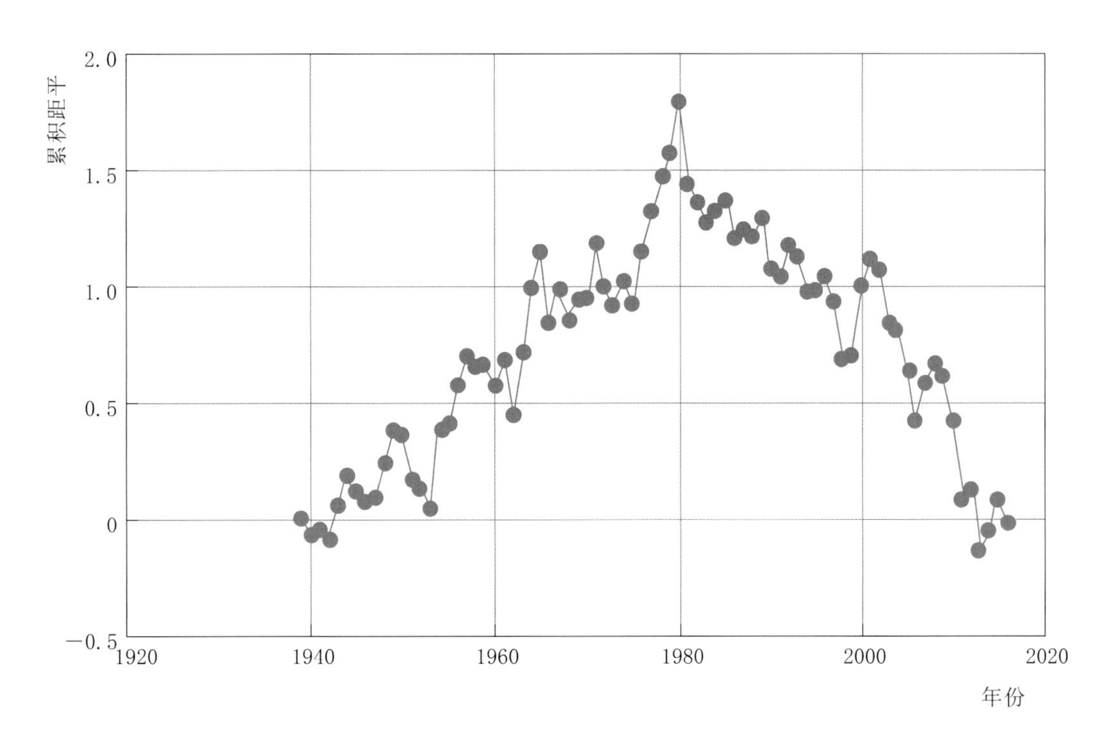

图 3.1 长江流域代表站——鸭池河站年降水模比系数差积曲线

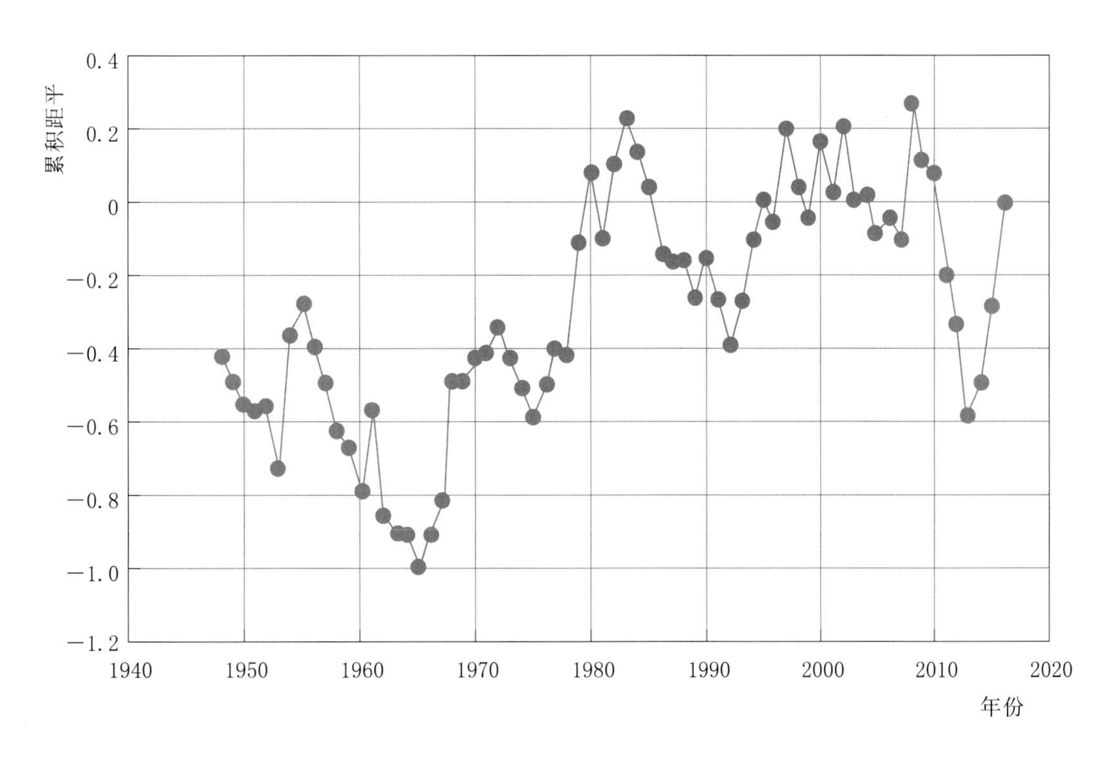

图 3.2 珠江流域代表站——把本站年降水模比系数差积曲线

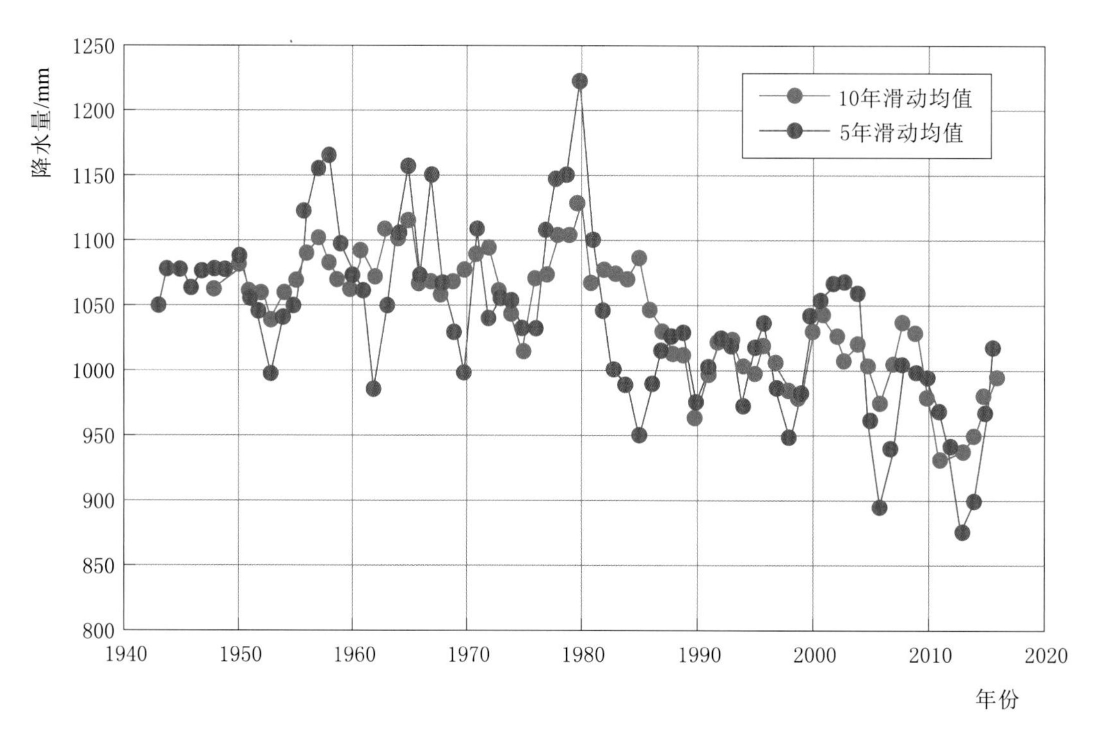

图 3.3　长江流域代表站——鸭池河站
年降水量 5 年及 10 年滑动平均曲线

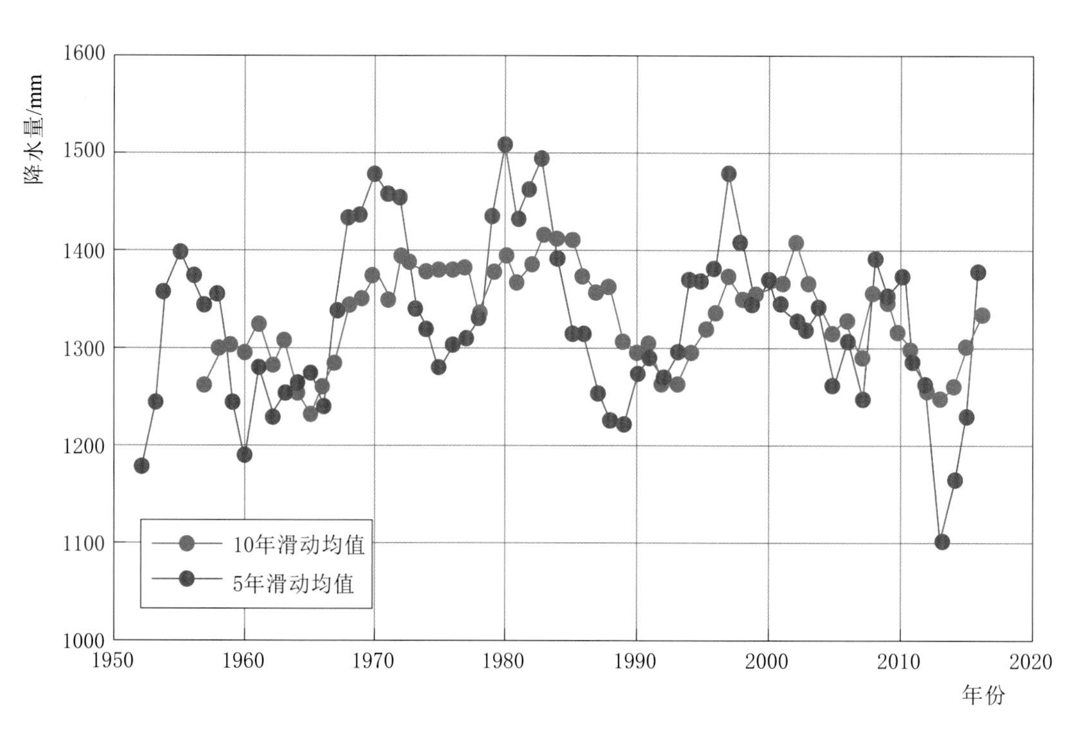

图 3.4　珠江流域代表站——把本站
年降水量 5 年及 10 年滑动平均曲线

3.3 降水量

3.3.1 降水量计算方法

在对单站降水分析的基础上，分析计算各水资源分区和行政分区的1956—2016年降水量系列，分区逐年面降水量的计算是以四级区为基础进行，计算方法采用泰森多边形法，分区多年平均降水量采用逐年降水量计算平均值，并用等雨量线法进行修正。

（1）全省多年平均年降水总量等于其所属的各水资源分区或各地级行政区多年平均年降水总量之和，各水资源分区或各地级行政区多年平均年降水总量等于其所属的更小的水资源分区或行政分区的多年平均年降水总量之和。

（2）全省及其所属的各水资源分区或行政分区不同频率的年降水量计算，首先分别推求其年降水量系列，经频率计算后得到不同频率的年降水量。

（3）逐年面降水量的计算以四级区为基础进行，计算方法采用泰森多边形法并以等雨量线法计算的多年平均年降水量控制进行修正。

3.3.2 分区降水量计算成果

1956—2016年资料系列分析，贵州省多年平均年降水量为1159.2mm，折合年降水总量为2042亿m^3。地级行政区中，1956—2016年资料系列多年平均年降水最大的是六盘水市（1278.5mm），其次是黔西南州（1250.5mm），最小是毕节市（1003.0mm）。贵州省行政分区多年平均年降水情况见图3.5和表3.5。

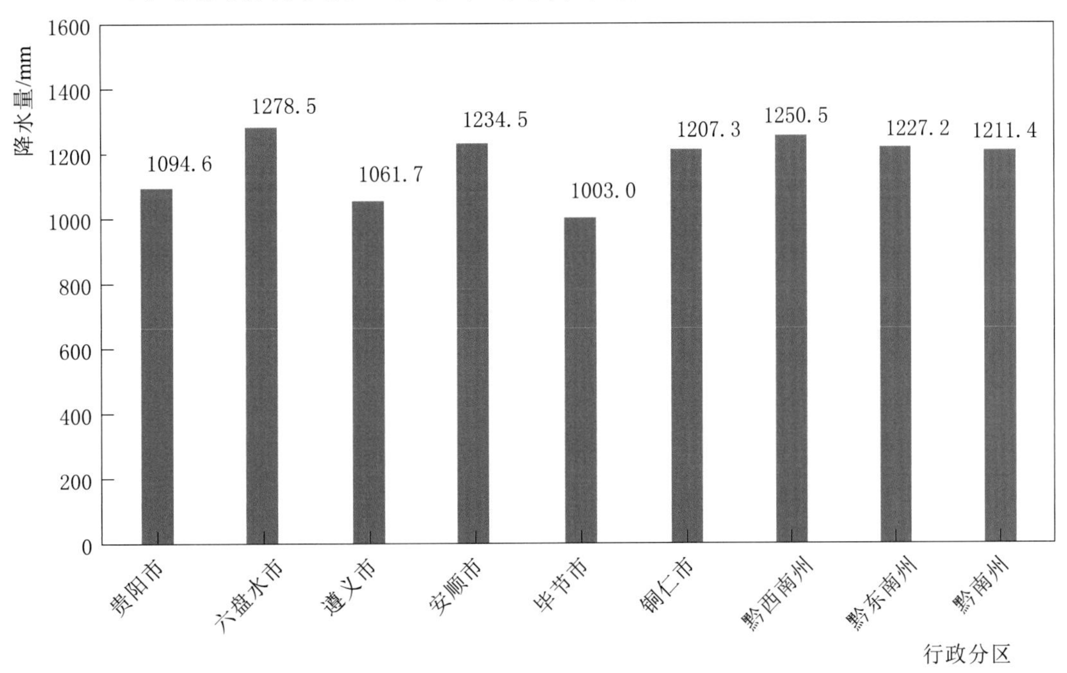

图3.5 贵州省行政分区多年平均年降水量

表 3.5 贵州省行政分区多年平均年降水量统计

行政分区	面积/km²	多年平均值			不同频率降水量/mm				
		降水量/mm	C_v	C_s/C_v	20%	50%	75%	90%	95%
全省	176167	1159.2	0.10	2	1255.4	1155.7	1079.0	1013.3	974.9
贵阳市	8034	1094.6	0.12	2	1203.4	1089.4	1003.4	93.0	887.9
六盘水市	9914	1278.5	0.13	2	1415.8	1271.3	1162.8	1070.6	1017.9
遵义市	30762	1061.7	0.11	2	1158.5	1057.4	980.7	915.0	877.1
安顺市	9267	1234.5	0.15	2	1387.0	1225.2	1105.0	1003.9	946.5
毕节市	26853	1003.0	0.11	2	1094.5	999	926.6	864.5	828.7
铜仁市	18003	1207.3	0.13	2	1337.0	1200.5	1098.1	1011.0	961.3
黔西南州	16804	1250.5	0.14	2	1394.9	1242.3	1128.4	1032.0	977.1
黔东南州	30337	1227.2	0.12	2	1349.6	1221.7	1125.3	1043.0	995.8
黔南州	26193	1211.4	0.12	2	1331.8	1205.6	1110.5	1029.3	982.6

长江流域多年平均年降水量为 1110.6mm，折合年降水总量为 1285 亿 m³；珠江流域多年平均年降水量为 1252.1mm，折合年降水总量为 756.5 亿 m³。水资源三级区中，1956—2016 年资料系列多年平均年降水量最大的是沅江浦市镇以下区 1349.1mm，其次是南盘江区 1321.2mm，最小是石鼓以下干流区 880.6mm。水资源三级区多年平均年降水情况见图 3.6 和表 3.6。

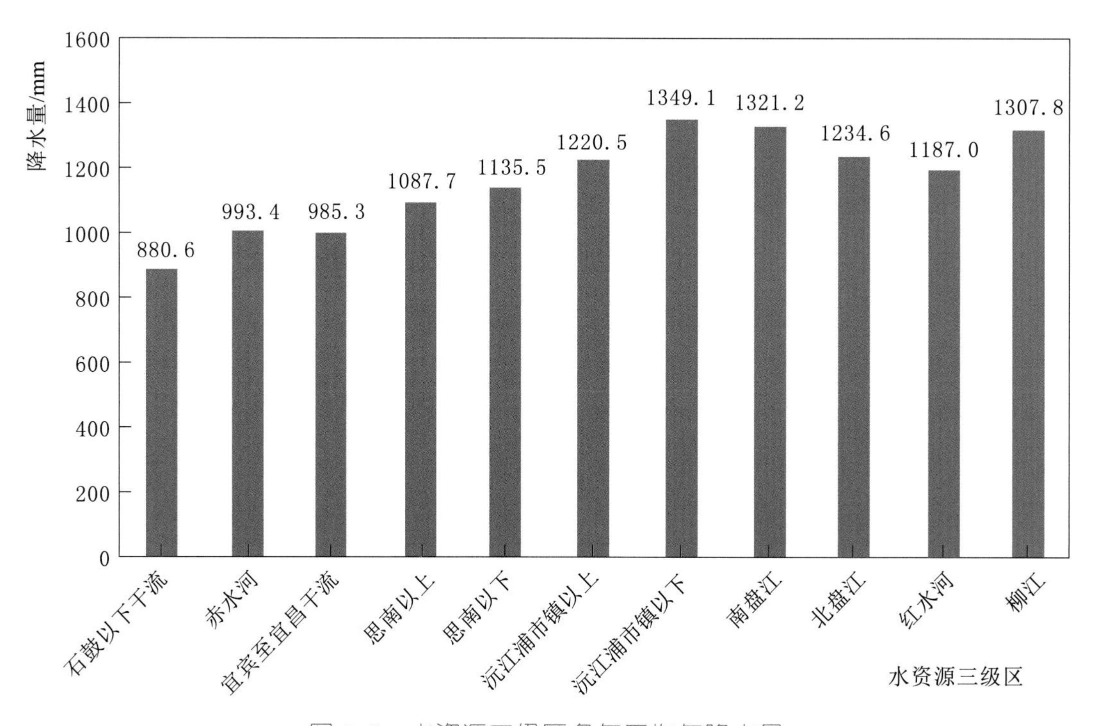

图 3.6 水资源三级区多年平均年降水量

表 3.6　　水资源分区多年平均年降水量统计成果

水资源分区		面积/km²	多年平均值			不同频率年降水量/mm				
			降水量/mm	C_v	C_s/C_v	20%	50%	75%	90%	95%
全　省		176167	1159.2	0.10	2	1255.4	1155.7	1079.0	1013.3	974.9
一级区	长江	115747	1110.6	0.10	2	1202.9	1106.9	1033.9	970.9	934.5
	珠江	60420	1252.1	0.11	2	1376.5	1246.1	1147.8	1063.8	1015.7
二级区	金沙江石鼓以下	4888	880.6	0.15	2	989.4	874.0	788.3	716.1	675.2
	宜宾至宜昌	13802	992.0	0.10	2	1071.4	992.0	922.6	863.0	833.3
	乌江	66807	1099.3	0.10	2	1187.2	1099.3	1022.3	956.4	923.4
	洞庭湖水系	30250	1227.1	0.11	2	1337.5	1227.1	1128.9	1055.3	1018.5
	南北盘江	28633	1257.7	0.13	2	1396	1245.1	1144.5	1056.5	1006.2
	红柳江	31787	1247.1	0.12	2	1371.8	1247.1	1147.3	1060.0	1010.2
三级区	石鼓以下干流	4888	880.6	0.15	2	989.4	874.0	788.3	716.1	675.2
	赤水河	11412	993.4	0.10	2	1075.9	990.1	924.7	868.4	835.9
	宜宾至宜昌干流	2390	985.3	0.14	2	1099.2	978.9	889.1	813.2	769.9
	思南以上	50592	1087.7	0.11	2	1186.9	1083.3	1004.8	937.4	898.6
	思南以下	16215	1135.5	0.13	2	1257.5	1129.1	1032.7	950.9	904.1
	沅江浦市镇以上	28714	1220.5	0.12	2	1342.3	1215.1	1119.2	1037.4	990.4
	沅江浦市镇以下	1536	1349.1	0.15	2	1515.8	1339	1207.7	1097.1	1034.4
	南盘江	7651	1321.2	0.14	2	1473.8	1312.5	1192.2	1090.4	1032.3
	北盘江	20982	1234.6	0.14	2	1377.2	1226.5	1114	1018.9	964.7
	红水河	15978	1187.0	0.13	2	1314.6	1180.3	1079.6	994.1	945.1
	柳江	15809	1307.8	0.13	2	1448.4	1300.5	1189.5	1095.2	1041.3

3.4　降水量时空分布

3.4.1　空间分布

贵州省属北纬温湿季风气候区，多年平均年降水量为 1159.2mm，其中长江流域平均为 1110.6mm，珠江流域平均为 1252.1mm。降水比较丰沛，但降水量时空分布不均匀。

根据绘出的多年平均年降水量等值线图，贵州省多年平均年降水量总的分布趋势是由东南向西北递减，山区大于河谷地区。多雨中心一般分布在大山体的东南坡面（迎风坡），少雨区则分布在大山体的西北坡面（背风坡）及河谷地区。这是由于天气系统容易在大山体附近停滞，而携带水汽的西南季风绕过大山体的东南面时产生气旋性弯曲，增强辐合上升强度，使降水量增加，绕过大地形的西北面时产生反气旋性弯曲，减弱辐合上升强度，使降水量减少。全省多年平均年降水量变化多在800～1600mm 之间，存在着比较明显的三个多雨区和三个少雨区。

3.4.1.1 多雨区主要分布情况

（1）黔东北多雨区：位于梵净山东南面即锦江、松桃河的上游，除个别特枯年份外多年平均年降水量一般都在 1100mm 以上，中心量级超过 1500mm。

（2）黔东南多雨区：位于雷公山东南面，除个别特枯年份外多年平均年降水量一般都在 1100mm 以上，中心量级超过 1500mm。

（3）黔西南多雨区：从南北盘江到三岔河一带，因地形破碎，被分割为多个高值中心，每个中心仍位于当地较大山体的东南面。除个别特枯年份外多年平均年降水量一般都在 1200mm 以上，中心量级均超过 1400mm，其中普安兴仁一带中心量级超过 1600mm。

3.4.1.2 少雨区主要分布

（1）赤水河河谷地区：位于娄山山脉的西北面，多年平均年降水量在 900mm 以下，为省内降水量最小的地区。

（2）乌江中游河谷地区：多年平均年降水量在 1000mm 以下。

（3）乌江上游与金沙江分水岭地带：位于乌蒙山脉的西坡与北坡，赫章县以西，多年平均年降水量在 900mm 以下。

3.4.2 年际变化

年降水量的多年变化可用其 C_v 值来表示，C_v 值大的地区其降水量多年变化大，反之则小。大多数站实测最大年降水量为实测最小值的 1.8～2.5 倍，在 C_v 值高值区，可达到 3 倍以上。全省年降水量 C_v 值变幅在 0.12～0.23 之间，354 个1956—2016 年系列雨量站中 90%的站点年降水量 C_v 值分布于 0.15～0.20 之间。全省 1956—2016 年系列年降水量年际变化比较平缓，在大山体的南坡 C_v 值较小，北坡 C_v 值较大，变幅集中在 0.15～0.20 之间。省内有三个比较明显的 C_v 值高值区，即武陵山脉的西北面，C_v 值达 0.18 以上，中心 C_v 值达 0.22；南北盘江至三岔河一带，出现多个 C_v 值大于 0.2 的高值区，最大中心 C_v 值达 0.22；红柳江至清水江一带，出现多个 C_v 值大于 0.2 的高值区，最大中心 C_v 值达 0.23。

3.4.3 年内分配

在全省范围内，采用 1956—2016 年系列 354 个雨量站资料，计算多年平均汛期降水量（5—9 月）、多年平均连续最大 4 个月以及占全年降水量的比例和相应发生月份的统计，以反映年内降水量的集中程度和相应的发生季节。

降水量年内分配很不均匀。贵州省内大部分地区降水量都集中在汛期 5—9 月，占全年降水量的 60%～80%，连续最大 4 个月降水量占年降水量的 50%～70%。最大月降水量一般多出现在6月，可占全年降水量的30%。1—4月和11—12月是全年降水量较少的时期。尤其是1月、2月降水量特别少，其多年平均值约为多年平均年降水量的1.7%，小于多年平均年降水量1%的年份屡见不鲜，甚至有月降水量为0的记录。

连续最大4个月降水量总的趋势是从西向东递减、从南向北递减。其相应发生月份，省内大部分地区为5—8月，东部洞庭湖区下游地区相应发生月份为4—7月，西部金沙江区和南、北盘江上游地区发生月份为6—9月。东部地区雨季来得早，西部地区雨季来得迟，可相差两个月左右。

典型年降水量月分配的计算选取资料系列较长、质量较好、在地区分布较均匀的47个站点进行，分析了20%、50%、75%、90%、95%等不同频率的典型年。典型年的选取原则是：直接选取实测降水量系列中接近某一频率（20%、50%、75%、90%、95%）设计降水量，不必缩放。如系列中有若干年的实测降水量均与某一设计值接近，选择实测降水资料精度高、近期的年份，并要求其月分配对农业需水较不利的作为典型年。通过对各站点频率典型年份分析，发现枯水年份的地带性规律较好，而丰水年份的规律差，这反映了山区的洪涝规律，暴雨多为局部范围，而干旱是大面积的。

3.4.4 变化规律

根据贵州省61年同步期系列的年降水量累积距平曲线图（见图3.7）和5年滑动平均曲线图（见图3.8）的变化过程可以看出，贵州省年降水量年际间变化存在一定的振动规律，具有明显的丰枯周期。

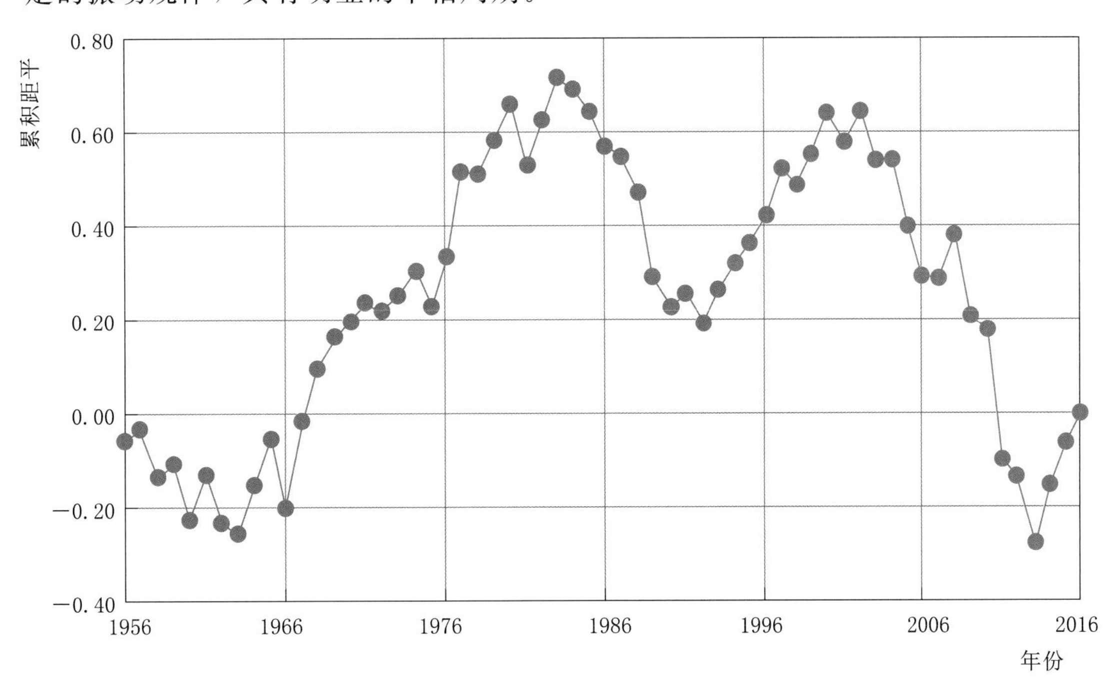

图3.7 贵州省年降水量累积距平曲线

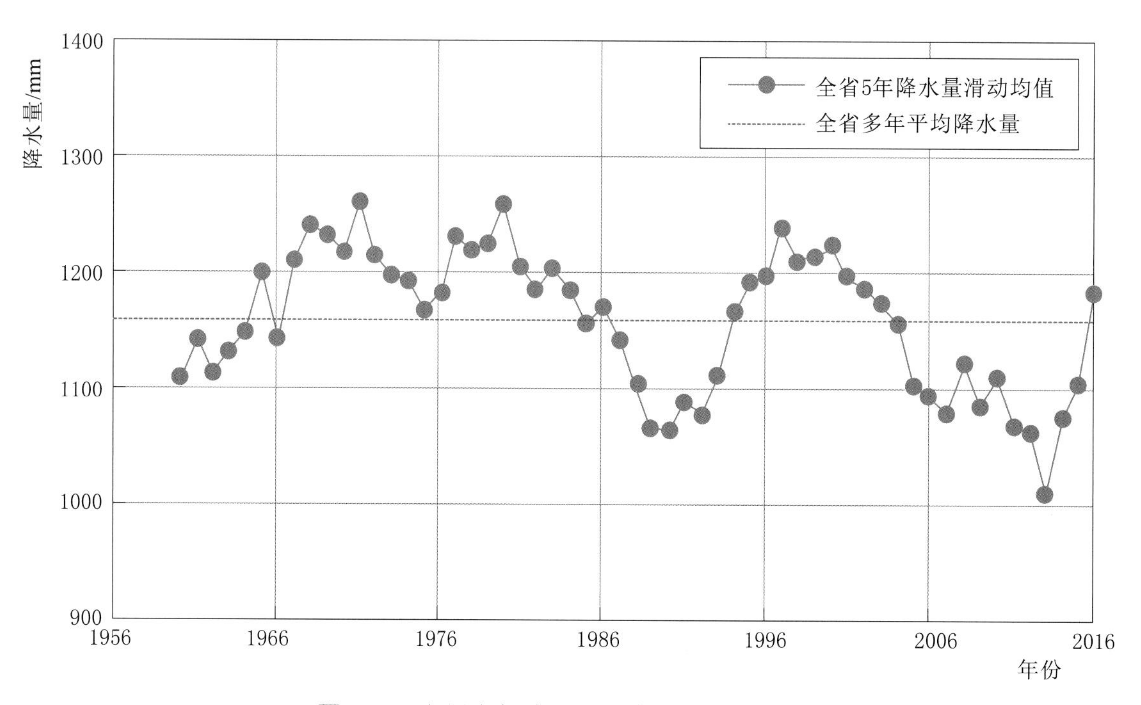

图 3.8　贵州省年降水量 5 年滑动平均曲线

按降水量年际变化过程，贵州省 1956—2016 年降水量序列可分为以下阶段（持续期 5 年以上）：①3 个显著枯水段：1956—1963 年、1984—1992 年、2004—2013 年；②2 个显著丰水段：1964—1984 年、1993—2002 年。长江流域和珠江流域年降水量同步期系列与贵州省变化规律基本一致。随着资料系列的延长，全省多年平均降水量有偏小的趋势，但偏小幅度不大。

第4章 蒸 发

4.1 基本资料

4.1.1 基本资料收集整理

收集了水文部门和气象部门蒸发观测资料。对国家水文基本数据库的水面蒸发资料、第一次水资源调查评价及第二次水资源调查评价的成果，依据历年《水文年鉴》《水文（雨量）资料整编成果》进行校核，对漏、错资料进行人工添加、改正。

由于撤站或迁站，一些站的资料系列不全。把这部分站与其相邻且地理、气候条件相一致的站进行合并，对12个站进行了两站合并成一站的处理，合并站名采用现有站的站名。

对系列长度不足以进行插补延长、又无附近站点与之匹配合并的站作舍弃处理。

经收集整理，贵州省共有水面蒸发观测站点138个，实测资料4882站年，其中，水文部门站点61个，实测资料2058站年；气象部门站点77个，实测资料2824站年。

4.1.2 站点分布

选用站点共138个，平均站点密度1277km^2/站。总体上，贵州省中部站点较密集，南部、东南部、北部、西北部站点较稀疏。水文部门站点因为水文站设置的缘故，一般分布在河流水系上，气象部门站点则主要分布在城市及周边。

4.1.3 蒸发量折算系数

蒸发能力是指充分供水条件下的陆地蒸发量，可近似用E601型蒸发器观测的水面蒸发量代替。水面蒸发量统一采用1980—2016年同步期系列。不同型号蒸发器皿的观测值，采用折算系数统一换算为E601型蒸发器的蒸发量。

水文部门水面蒸发观测2000年以前主要采用E80型、E601型蒸发器，极少数站点采用E20型蒸发器，已进行了不同蒸发器折算系数的分析。2001年以后水文部门水面蒸发观测全部采用E601型蒸发器，不需要进行折算。仅在对2000年以前水文部门资料进行补充、复核修正时使用。各分区E80型蒸发器的折算为E601型蒸发器的折算系数详见表4.1。

表4.1 E80型蒸发器的折算为E601型蒸发器的折算系数

水资源三级区	折算系数分区	综合折算系数
石鼓以下干流	石鼓以下干流	0.86
赤水河	赤水河	0.91
宜宾至宜昌干流	宜宾至宜昌干流	0.91
思南以上	乌江鸭池河以上、乌江鸭池河至思南段以北	0.86
	乌江鸭池河至思南段以南	0.83
思南以下	思南以下	0.86
沅江浦市镇以上	洞庭湖水系（除清水江上游）	0.84
	清水江上游	0.91
沅江浦市镇以下	沅江浦市镇以下	0.84
南盘江	南盘江中上游	0.84
	南盘江中下游	0.89
北盘江	北盘江中上游	0.84
	北盘江盘江桥以下	0.89
红水河	红水河	0.89
柳江	打狗河、都柳江上游	0.89
	都柳江中下游	0.81

气象部门水面蒸发观测2000年以前主要采用小型蒸发器（20cm口径蒸发皿），2000年以后部分站点更换为大型蒸发器（E601型蒸发器），至2016年有35站采用小型蒸发器，42站采用大型蒸发器，但更换时间不统一，18个站点的更换时间在2002年前后，24个站点的更换时间在2014年以后。大、小型蒸发器同步观测资料较少，全省仅有贵阳站1980—2001年和榕江站1998—2001年共22站年资料。

气象部门不同蒸发器对比观测站点少，蒸发量资料折算系数以原折算系数分析成果为基础，结合收集的气象部门资料进行适当调整，详见表4.2。

表4.2 20cm口径蒸发皿折算为E601型蒸发器的折算系数

水资源三级区	折算系数	水资源三级区	折算系数
石鼓以下干流	0.74	沅江浦市镇以下	0.68
赤水河	0.75	南盘江	0.68
宜宾至宜昌干流	0.75	北盘江	0.68
思南以上	0.68	红水河	0.70
思南以下	0.68	柳江	0.69
沅江浦市镇以上	0.68		

4.1.4 资料插补延长

年蒸发量系列的插补延长，采用相关关系法或借用地理气候条件基本一致的邻近站点实测值。对于缺整年数据的年份，只插补延长年蒸发量；年内缺测部分月份的，采用同月蒸发量的历年平均值插补缺测月份，或借用地理气候条件基本一致的邻近站点同月实测值。

经插补延长后，138个站点共有5106站年资料，其中，水文部门61个站点、2257站年资料，气象部门77个站点、2849站年资料。

4.1.5 水面蒸发量及干旱指数统计参数计算方法

单站多年平均水面蒸发量采用算术平均值，C_v 值采用矩法计算。单站干旱指数为多年平均水面蒸发量和多年平均降水量的比值。

4.2 水面蒸发量

4.2.1 空间分布

绘制1980—2016年多年平均水面蒸发量等值线图时，站点数据为绘图的主要依据，同时考虑地形地貌、气候等因素，并参考以往成果。

1980—2016年多年平均水面蒸发等值线图显示，年水面蒸发量由西南向东北递减，变化在600～1100mm之间。贵州省毕节市威宁县西部、黔西南州大部分地区、六盘水市水城区西部、盘州市南部多年平均水面蒸发量在1000mm以上，遵义市中部至东北部、铜仁市除西南部的大部分地区、黔东南州的东北部多年平均水面蒸发量在700mm以下，其余地区为700～1000mm。

4.2.2 年际变化和年内分配

以下坝等54个蒸发站为代表站进行年际变化和年内分配分析。

对54个代表站年蒸发量极值比和 C_v 值的分析显示，代表站年蒸发量极值比范围为1.32～2.32，平均为1.62倍，其中极值比小于1.8的站点有46个，占全部代表站的85%。代表站年蒸发量 C_v 值为0.06～0.23，平均为0.11，C_v 值小于0.15的站点有46个，占全部代表站的85%，整体上看，水面蒸发量年际变化不大，也没有明显的地区差异，与年降水量的年际变化相比小很多。

对54个代表站1980—2016年多年平均逐月蒸发量的分析发现，蒸发量年内分配不均，5—9月多年平均蒸发量占年蒸发量60%左右，10月至次年4月多年平均蒸发量占年蒸发量40%左右。水资源二级区代表站蒸发量年内分配情况见表4.3。

表 4.3　　水资源二级区代表站蒸发量年内分配情况

水资源二级区	5—9 月	10 月至次年 4 月
全省	58.3%	41.7%
金沙江石鼓以下	62.2%	37.8%
宜宾至宜昌	59.0%	41.0%
乌江	59.9%	40.1%
洞庭湖水系	56.8%	43.2%
南北盘江	55.2%	44.8%
红柳江	60.8%	39.2%

多数站点最大两个月 1980—2016 年多年平均蒸发量发生在 7 月、8 月。整体上看，贵州省北部遵义、铜仁 7 月、8 月蒸发量占全年比例最大，超过 30%；东部、南部、中部 7 月、8 月蒸发量占全年的 25%～30%，西部高寒地区 7 月、8 月蒸发量占比最小，在省的最西至西南端，最大两个月多年平均蒸发量则发生在 4 月、5 月，占全年的 20%～25%，如图 4.1～图 4.4 所示。

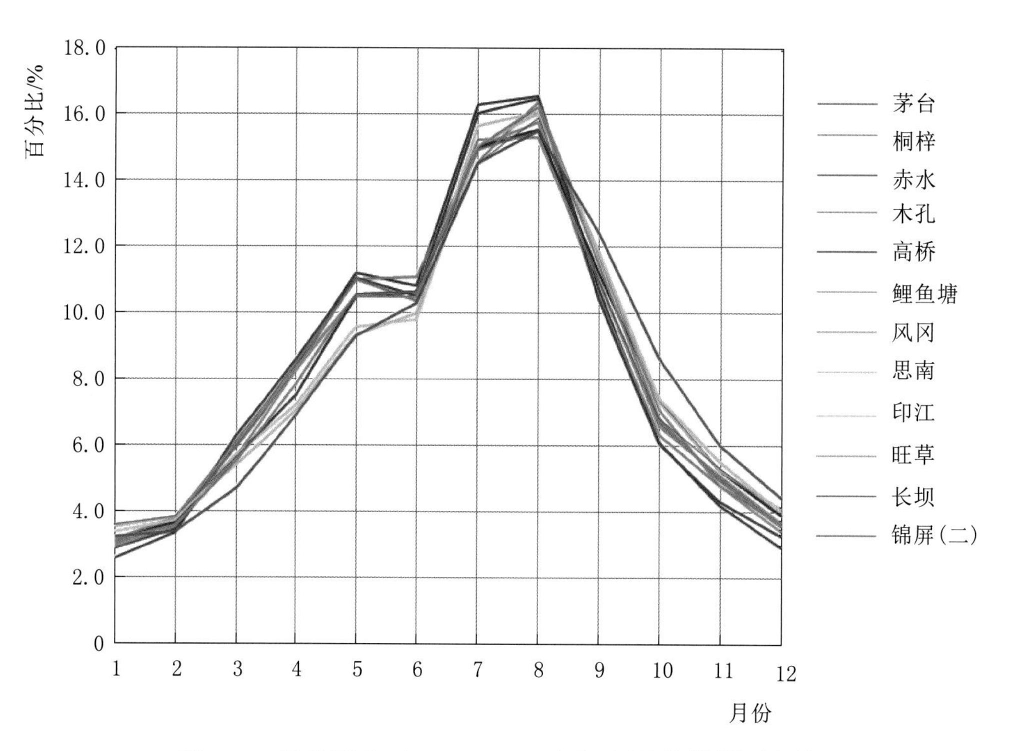

图 4.1　多年平均（1980—2016 年）逐月蒸发量过程线
（最大两个月发生于 7 月、8 月，占全年的 30%以上）

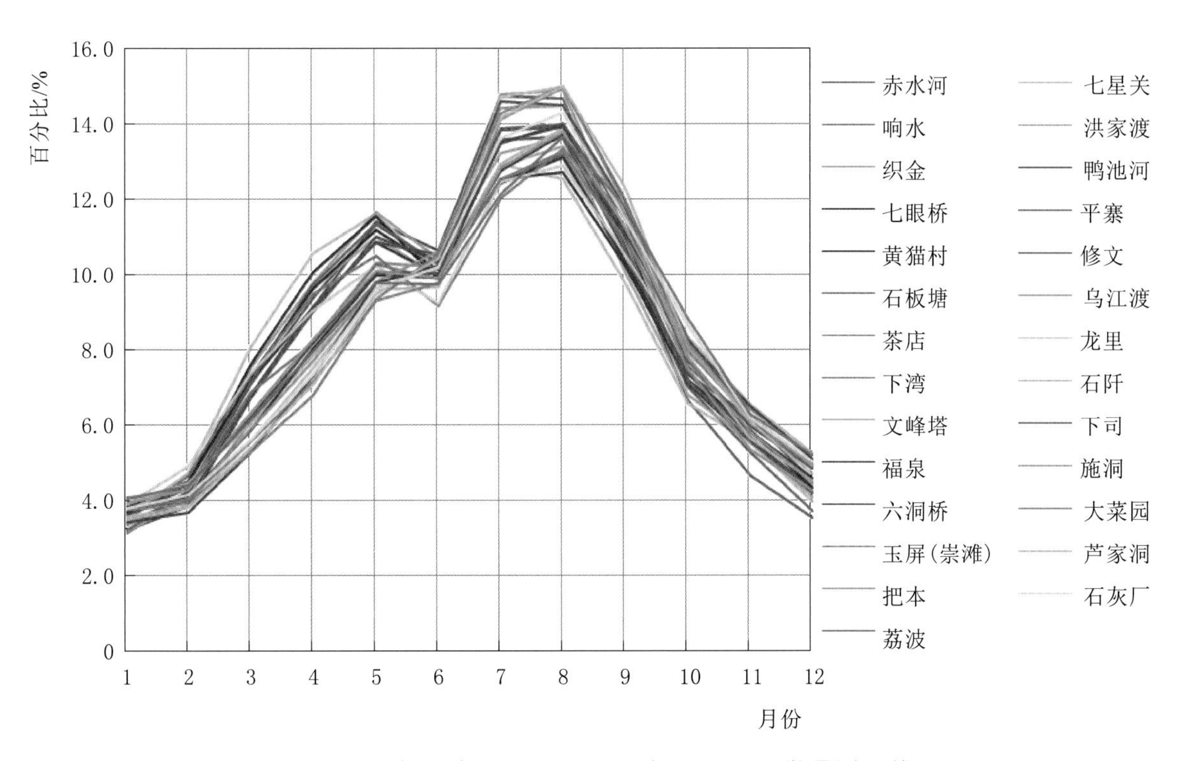

图4.2 多年平均（1980—2016年）逐月蒸发量过程线
（最大两个月发生于7月、8月，占全年的25%～30%）

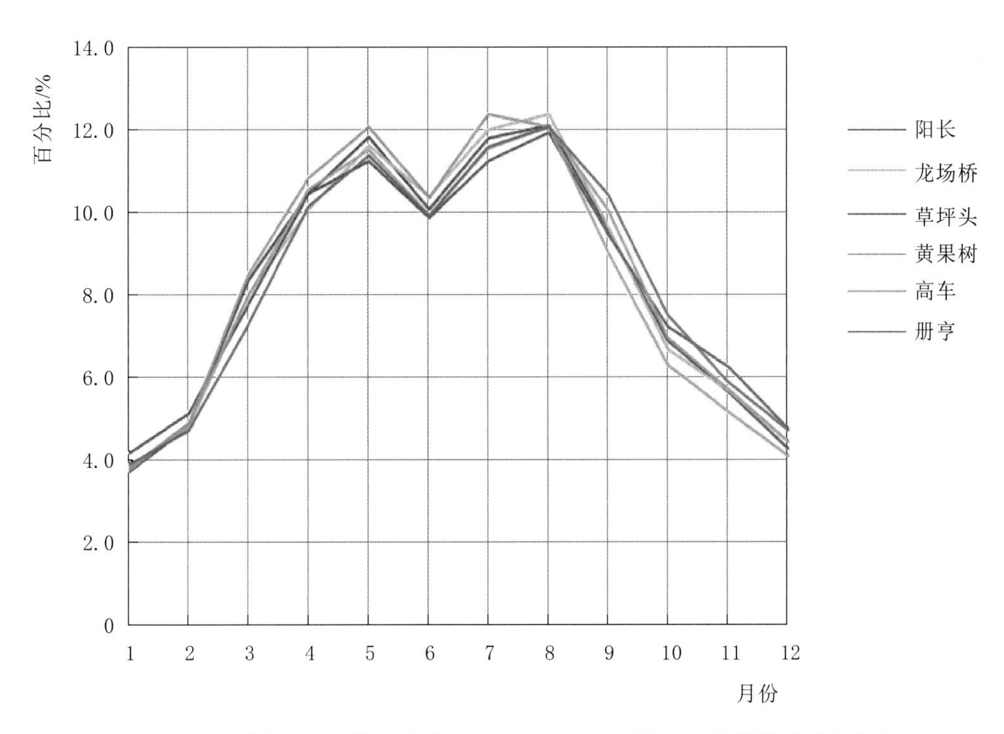

图4.3 多年平均（1980—2016年）逐月蒸发量过程线
（最大两个月发生于7月、8月，占全年比例低于25%）

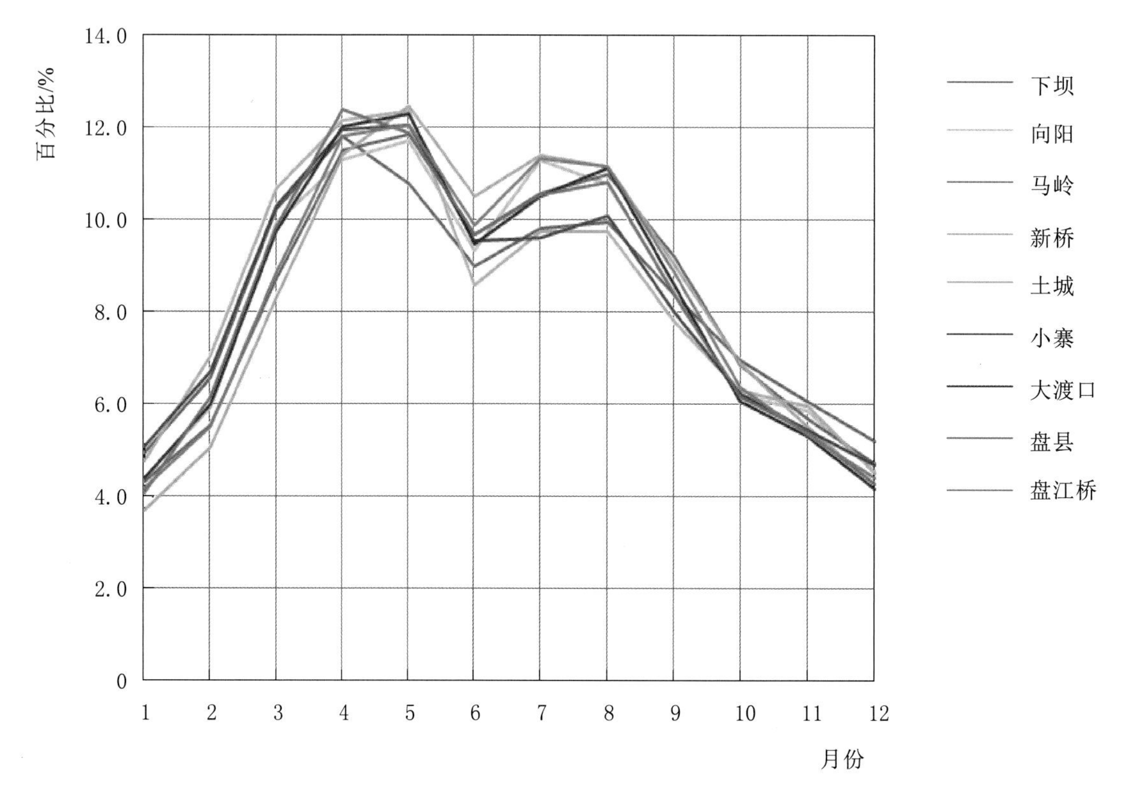

图4.4 多年平均（1980—2016年）逐月蒸发量过程线
（最大两个月发生于4月、5月，占全年的20%～25%）

4.3 干旱指数

4.3.1 计算方法

干旱指数（r）是反映气候干湿程度的指标，用年水面蒸发量与年降水量的比值表示，即r=多年平均水面蒸发量/多年平均降水量。当$r>1$，说明蒸发能力大于降水量，气候偏于干旱；当$r<1$，说明降水量超过蒸发能力，气候偏于湿润。

1980—2016年多年平均年干旱指数等值线图，综合考虑单站多年平均年干旱指数、同步期系列多年平均年降水量等值线与年水面蒸发量等值线交叉点干旱指数，以及经纬度网格点干旱指数进行绘制。

4.3.2 分布规律

1980—2016年多年平均年干旱指数等值线的分布与水面蒸发等值线图的分布基本相似，总的趋势是由西向东递减。干旱指数大于1的区域分布在贵州省西北部威宁县的大部分区域以及西南部北盘江下游贞丰县河谷区小片区域；干旱指数小于0.5的区域零星分布于贵州省的东北部江口县东北部至松桃县中部区域、东南部的雷山县、榕江县、剑河县及台江县交界处、锦屏县中部到黎平县北部，以及织金县中部小片区域；其余大部地区的干旱指数为0.5～1.0。

贵州省单站多年平均年干旱指数最大的为位于威宁的小寨站（1.18），最小的为位于锦屏的锦屏（四）站（0.49）。

4.3.3 变化趋势

4.3.3.1 水面蒸发量变化趋势

选用站点1980—2016年平均年水面蒸发量变化幅度小，基本平稳。从年水面蒸发量变化趋势图（见图4.5）看，2001年以后最大、最小年水面蒸发量都低于2000年以前，整体趋势是略为减小的；在量值上，2001—2016年平均年水面蒸发量比1980—2000年平均年水面蒸发量偏小1.5%左右。

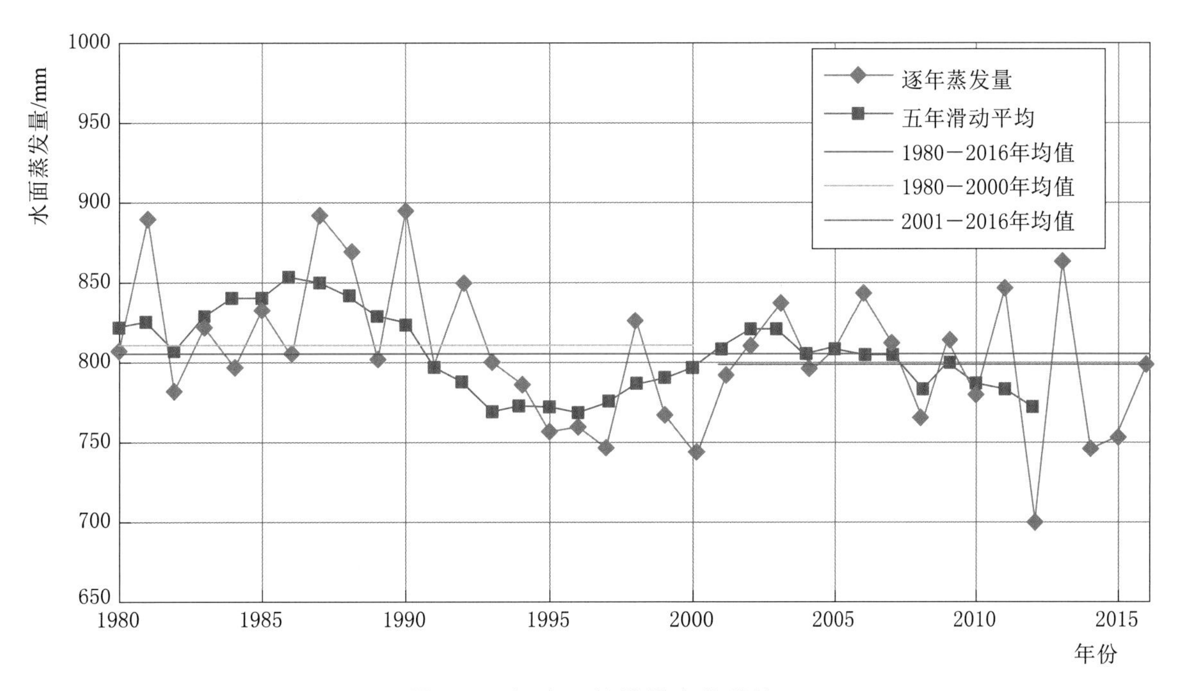

图4.5 年水面蒸发量变化趋势

多年平均年水面蒸发量在地区分布和量级上都呈现由西南向东北递减的趋势。

4.3.3.2 干旱指数变化趋势

干旱指数自西部向东部递减，分析结果表明，高值区（$r>1$）和低值区（$r<0.5$）的区域与2000年前分析成果相比都有所缩减，干旱指数更加趋于均匀。

第5章 径 流

5.1 基本资料

5.1.1 基本资料收集整理

收集的水文部门水文观测资料，包含了月年平均流量、月年平均径流量、年平均径流模数、年平均径流深、集水面积等数据。原始数据来源于以下的资料和成果：

（1）国家水文基本数据库、《水文年鉴》、《贵州省历年水文特征值统计资料（截至1979年）》、《水文资料整编成果》（截至2016年）以及水文站考证资料等。

（2）《水文图集》《水文手册》《贵州省流域特征值量算成果》等第一次水资源调查评价成果底稿以及有关水文分析计算成果。

（3）第二次水资源调查评价成果。依据历年《水文年鉴》《水文资料整编成果》等进行校核，对漏、错资料进行人工添加、改正。

共收集整理了99个水文站3928站年的实测月、年径流资料，其中，1956—1979年共有1254站年资料，1980—2000年共有1540站年资料，2000—2016年共有1134站年资料。共插补了99个水文站1679站年的年径流资料，其中，1956—1979年有690站年，1980—2000年有539站年，2000—2016年有450站年。

5.1.2 资料选用原则

根据水文站点分布情况以及实测资料情况来选用站点，选用站点的原则如下：

（1）凡观测资料符合规范规定，且观测资料系列较长的水文站，包括符合流量测验精度规范的国家基本水文站、专用水文站和委托站，均可作为选用水文站。

（2）大江大河及其主要支流的控制站、水资源三级区及中等河流的代表站、水利工程节点站为必选站。

（3）当选用水文站的河川径流量系列有缺测或系列长度不足时，进行插补或延长，经合理性分析后确定采用值。

分析选用了99个水文站，其中80个水文站年径流量起讫时间为1956—2016年，

19个水文站年径流量起讫时间为1980—2016年，站网密度为1205～4888km²/站，贵州省水文站不同系列选用站点情况见表5.1，水资源分区选用水文站数量及站网密度情况见表5.2。

表5.1　　　　水文站不同系列选用站点情况

站点起讫时间	站点数	站　　名
1956—2016	80	赤水河、茅台、赤水、二郎坝、桐梓、松坎（三）、鸭池河（三）、乌江渡（三）、江界河、思南、向阳（二）、阳长、龙场桥、徐家渡、周家洞、七星关、洪家渡、徐花屯、对江、织金、平寨、黄猫村（二）、七眼桥、狮子石、老郎寨、麦翁（二）、石板塘、平桥、石牛口、湄潭（二）、鲤鱼塘、长河坝（三）、湘江（龙溪桥）、营盘（二）、洞头、贵阳（三）、下湾、余庆（三）、石阡（二）、官坝、沙坝（江滨）、旺草、银水寺、长坝、正安、五家院子、施洞、锦屏（四）、文峰塔、下司（二）、湾水、南花（三）、南哨、六洞桥、皂角屯、大菜园（二）、玉屏（崇滩）、岑巩、芦家洞、两河口、松桃（三）、天生桥（椏杈）、蔗香、岔江、马岭（三）、大渡口、盘江桥（三）、这洞、土城（二）、小寨、草坪头（二）、高车、大田河（二）、惠水（二）、八茂、平湖、把本（二）、石灰厂、寨蒿、荔波
1980—2016	19	下坝、瓜仲河、响水、修文、木孔、观音阁、九节滩、高桥、龙里、凤冈、印江、福泉、旧州、新桥、盘县、天生桥、巴铃、黄果树、册亨

表5.2　　　　水资源分区选用水文站数量及站网密度情况

水资源分区		面积/km²	水文站数量/个	密度/(km²/站)
全省		176167	99	1779
长江流域	合计	115747	74	1564
	石鼓以下干流	4888	1	4888
	赤水河	11412	5	2282
	宜宾至宜昌干流	2390	1	2390
	思南以上	50592	42	1205
	思南以下	16215	8	2027
	沅江浦市镇以上	28714	16	1795
	沅江浦市镇以下	1536	1	1536
珠江流域	合计	60420	25	2417
	南盘江	7651	5	1530
	北盘江	20982	12	1749
	红水河	15978	4	3995
	柳江	15809	4	3952

在选用的水文站点中，蔗香站于2007年1月迁往上游支流望谟河为望谟站、这洞站2004年12月迁往黄泥河为岔江站，蔗香站和这洞站撤站后的年径流量采用流域年平均面雨量插补延长至2016年；八茂站于2003年1月上迁至雷公滩为平里河站和雷公滩站，八茂站撤站后的年径流量采用雷公滩站插补延长至2016年；洞头站

于2006年1月迁到支流鱼梁河禾丰站，洞头站撤站后的年径流量采用下湾站插补延长至2016年。插补延长后仍作为选用的水文站。

共收集实测资料3928站年。37个站实测资料长度大于50年，18个站实测资料长度为41～50年，17个站实测资料长度为31～40年，8个站实测资料长度为21～30年，11个站实测资料长度为11～20年，8个站实测资料长度小于10年。

5.1.3 资料审查

水文资料分析全面审查了1956—2016年径流资料，对2001—2016年径流资料、出现大洪水及枯水等特殊水情年份的资料作重点分析论证。

5.1.3.1 考证资料的审查

审查水文站的基本情况，弄清水文站的沿革、迁移、变更、撤销、断面控制条件及测验方法、测验精度、简测法流速系数（含浮标系数）、测站位置、未整编推流的资料年份及原因，测验或整编过程中的特殊问题等，审查上下游河道整治、溃堤、分洪、改道、堵口等情况，并了解流域内人类活动的情况。

5.1.3.2 水位资料的审查

审查水位观测情况，了解河道有无冲淤，水准点和水尺零点高程有无变迁，施测断面有无变动或水尺被冲、水位观测中断等情况。

5.1.3.3 流量资料的审查

审查流量测验情况，包括测站水文特性及测站控制条件的变化，测验手段的变更、仪器及人员的变动，测验方法及流量系数分析和采用情况。

审查流量资料的整编情况，分析历年水位流量关系线的变化趋势，检查水位流量关系线是否系统偏大或偏小并查找原因。对水位流量关系线高水延长超过30%、低水延长超过10%的年份，分析水位流量关系线的高、低水延长的合理性。重点审查发生大洪水等特殊水情年份水位流量关系的确定与外延情况。

5.1.3.4 综合合理性审查

点绘各水文站逐年实测年径流量过程线，对径流量突出偏大、偏小的年份和系统偏差的连续年份进行分析修正。

（1）绘制干支流、上下游各水文站逐年径流量过程线图，用水量平衡原理检查各站径流量的合理性。

（2）逐年点绘全省各水文站逐年年径流量与集水面积关系图，检查年径流量随集水面积变化的趋势。

（3）绘制流域逐年平均年降水深与年径流深关系图，检查各站逐年径流深的合理性。

通过以上各项审查，采用观测可靠、整编合理的资料，筛选存在问题的资料并加以修正，对个别偏离一般规律的年份，从气象因素和自然地理因素找原因，论证其适用条件和范围；属测验整编上有问题，又能修改的，修正其不合理的部分；暂时无法修改的，仍保留原数据供参考。

5.2 资料的插补延长

5.2.1 插补延长站点情况

插补延长资料1679站年。53个站插补延长资料小于10年，18个站插补延长资料为10～20年，4个站插补延长资料为20～30年，7个站插补延长资料30～40年，7个站插补延长资料40～50年，10个站插补延长资料大于50年。插补延长资料大于30年的站，因撤站或改成水位站导致流量资料缺少。站点插补延长年份较长的站仅作参考或不用。水文站实测资料系列情况见表5.3。

表5.3 水文站实测资料系列情况

实测资料长度	站数	站名
>50年	37	赤水河、茅台、赤水、二郎坝、鸭池河（三）、乌江渡（三）、洞头、江界河、思南、阳长、洪家渡、黄猫村（二）、麦翁（二）、石板塘、鲤鱼塘、下湾、石阡（二）、长坝、施洞、锦屏（四）、下司（二）、湾水、六洞桥、玉屏（崇滩）、岑巩、芦家洞、松桃（三）、天生桥（椏杈）、马岭（三）、大渡口、小寨、草坪头（二）、高车、惠水（二）、把本（二）、石灰厂、荔波
41～50年	18	松坎（三）、向阳（二）、龙场桥、徐花屯、七眼桥、湘江、余庆（三）、沙坝（江滨）、旺草、五家院子、南哨、大菜园（二）、盘江桥（三）、这洞、土城（二）、大田河（二）、八茂、平湖
31～40年	17	七星关、响水、织金、木孔、观音阁、九节滩、龙里、凤冈、印江、福泉、旧州、新桥、盘县、天生桥、巴铃、黄果树、册亨
21～30年	8	对江、石牛口、长河坝（三）、高桥、贵阳（三）、文峰塔、南花（三）、蔗香
11～20年	11	下坝、桐梓、徐家渡、瓜仲河、狮子石、修文、湄潭（二）、银水寺、皂角屯、岔江、寨蒿
<10年	8	周家洞、平寨、老郎寨、平桥、营盘（二）、官坝、正安、两河口

5.2.2 插补延长方法

1956—1979年缺测的流量资料，采用第一次水资源调查评价插补的成果；1980—2000年缺测的流量资料，采用第二次水资源调查评价插补的成果；2001—2016年流量资料的插补方法是在第二次水资源调查评价插补成果的基础上进行插补。

5.2.2.1 利用水位流量关系插补

对于只有水位资料而流量资料缺测的水文站，分析历年水位流量关系是否稳定，若比较稳定或有一定变化规律，借用相邻年份的水位流量关系曲线，由水位资料推算出缺测年份的逐日平均流量，再计算月、年平均流量；或者用相邻年份的资料建立月平均水位与月平均流量的关系线，由月平均水位直接推出月平均流量，再计算年平均流量，共插补了 159 站年的径流资料。

5.2.2.2 利用径流相关资料插补

（1）与上下游站年径流的相关插补。在需插补站的上游或下游选择实测年径流资料较完整的测站作参证站，建立年径流相关关系，相关线一般为通过原点的直线。

（2）与邻近流域站年径流的相关插补。当需插补站的上游或下游无测站时，选择自然地理条件相似的邻近流域中实测年径流资料较完整的测站作为参证站，建立年径流相关关系，相关线一般为通过原点的直线。共插补了 1138 站年的径流资料。

（3）利用流域平均年降水量与年径流的相关插补。建立流域内面平均年降水深与年径流深的相关关系，相关线在中部以上为接近 45°的直线，下部略向径流深一边弯曲，即平水年到丰水年的陆面蒸发量比较稳定，在枯水年份则随着年降水量的减少而略为减少。共插补了 382 站年的径流资料。

5.3 年径流的还原计算

5.3.1 还原计算方法

为使河川径流计算成果具有一致性，能基本上反映天然来水情况，且可采用数理统计方法进行分析计算，测站以上受水利工程或取用水户取用水等影响损耗或增加的水量须进行还原计算。还原计算包括工业、农业和生活耗水量，生态耗水量，水库蓄水变量，水库水面蒸发量增量，跨流域（或跨水文站断面）引水量，水库渗漏水量，梯田拦蓄地面径流量等。主要对工业、农业和生活耗水量、生态耗水量进行还原计算，其他各项对水文站年径流的影响很小，忽略不计。由于受资料条件的限制，要还原到完全天然情况比较困难，仅对用水、耗水进行初步还原。为了与第一次水资源调查评价成果衔接，还原计算起始年为受人类活动影响较小的 1956 年。

1956—1979 年的还原计算采用第一次水资源调查评价成果。第二次水资源调查评价主要对 1980—2000 年各分区、水文站资料进行逐年还原计算。还原计算采用调查和分析相结合的方法，由社会经济指标和相应的用水定额、耗水率分别估算出各项还原水量。其中 1995 年、2000 年还原量采用贵州省水利水电勘测设计研究院编制的《贵州省水资源开发利用现状》典型年调查的各项耗水量，1980—1994 年、1996—1999 年采用内插方法得出。2001—2016 年水文站还原计算采用逐年《贵州省水资源公报》成果。

5.3.2 还原水量

1956—1979 多年平均还原水量为 12.52 亿 m^3，其中，长江流域为 9.66 亿 m^3，珠江流域为 2.86 亿 m^3。

分析成果中贵州省总还原水量 1995 年为 37.16 亿 m^3，2000 年为 38.19 亿 m^3，2016 年为 50.25 亿 m^3。1956—2000 年多年平均值为 22.05 亿 m^3；1956—2016 多年平均值为 28.23 亿 m^3。各项还原水量分析如下。

（1）工业耗水量。工业耗水量分为一般工业耗水量和火电耗水量，包括输水损失和生产过程中的蒸发损失量、产品带走的水量、厂区生活耗水量等。贵州省工业耗水量 1995 年为 1.730 亿 m^3，2000 年为 2.480 亿 m^3，2016 年为 6.420 亿 m^3，1956—2000 年多年平均为 1.030 亿 m^3，1956—2016 年多年平均为 2.456 亿 m^3。

（2）农业耗水量。农业耗水量包括农田灌溉、林牧渔耗水量，其中农田灌溉耗水量分为水田、水浇地和菜地耗水量，包括作物蒸腾、棵间蒸散发、渠系水面蒸发和浸润损失等水量。贵州省农业耗水量 1995 年为 28.92 亿 m^3，2000 年为 27.79 亿 m^3，2016 年为 31.04 亿 m^3，1956—2000 年多年平均为 17.43 亿 m^3，1956—2016 年多年平均为 19.97 亿 m^3。

（3）生活耗水量。生活耗水量分为城镇生活耗水量和农村生活耗水量，包括输水损失以及居民家庭和公共用水消耗的水量。第一次水资源调查评价只对非农业人口在 10 万以上的城市作还原计算，本次对城镇生活和农村生活耗水量进行全口径还原。贵州省生活耗水量 1995 年为 6.510 亿 m^3，2000 年为 7.920 亿 m^3，2016 年为 12.10 亿 m^3，1956—2000 年多年平均为 3.700 亿 m^3，1956—2016 年多年平均为 5.392 亿 m^3。

（4）生态耗水量。生态耗水量还原分析计算结果：2016 年为 0.6900 亿 m^3，2001—2016 年多年平均为 0.4142 亿 m^3。

（5）跨流域引水量。贵州属于山区，在 2016 年前没有较大的跨流域引水工程。

特征年份及不同时段多年平均还原水量分析成果见表 5.4。

表 5.4　特征年份及不同时段多年平均还原水量分析成果　单位：亿 m^3

年　份	农业还原水量	工业还原水量	生活还原水量	生态还原水量	合计
1995	28.92	1.730	6.510		37.16
2000	27.79	2.480	7.920		38.19
2016	31.04	6.420	12.10	0.6900	50.25
多年平均	19.97	2.456	5.392	0.4142	28.23

5.4 资料系列代表性分析

选用的水文站在各个水资源三级区均有分布，站网密度为 1205～4888km^2/站，水文情势得到有效控制，水文资料经过整编满足精度要求，通过资料审查、插补延长、合理性分析后，所选用的水文测站满足代表性要求。

对选用的 99 个水文站作系列代表性分析，计算各站 1956—2016 年、1956—1979 年、1956—2000 年、1980—2000 年、2001—2016 年 5 个系列多年平均年径流深均值、C_v 值，从均值、C_v 差异变化的计算成果来说明资料的代表性。

5.4.1 同步期多年平均年径流深均值代表性分析

1956—1979 年，有 19 个水文站尚未建站，无年径流深资料，80 个水文站有年径流深资料。用 1956—1979 年多年平均年径流深与 1956—2016 年多年平均年径流深差值变幅作比较，13 个水文站差值小于－5.0％，占比为 16.3％；66 个水文站差值变幅在±5.0％之间，占比为 82.5％；1 个水文站差值大于 5.0％，占比为 1.3％。

1956—2000 年，99 个水文站有均值资料。用 1956—2000 年多年平均年径流深与 1956—2016 年多年平均年径流深差值变幅作比较，87 个水文站年径流深差值变幅在－5.0％～5.0％之间，占比为 87.9％；12 个水文站年径流深差值大于 5.0％，占比为 12.1％。

2001—2016 年，99 个水文站有年径流深资料。用 2001—2016 年多年平均年径流深与 1956—2016 年多年平均年径流深差值变幅作比较；69 个水文站差值小于－5.0％，占比为 69.7％；29 个水文站差值变幅在－5.0％～5.0％之间，占比为 29.3％；1 个水文站差值大于 5.0％，占比为 1.0％。

1956—1979 年系列、1956—2000 年系列与 1956—2016 年系列多年平均年径流深比较，72.7％以上的水文站差值变幅在－5.0％～5.0％之间，只有 2001—2016 年系列与 1956—2016 年系列多年平均年径流深比较，69.7％的水文站差值小于－5.0％。由此可见，1956—2016 年水文站系列资料具有代表性。

5.4.2 同步期多年平均年径流深 C_v 值代表性分析

贵州省 99 个水文站 1956—2016 年年径流 C_v 在 0.20～0.39 之间，1956—2000 年年径流 C_v 在 0.19～0.38 之间，2001—2016 年年径流 C_v 在 0.19～0.45 之间。

99 个水文站 1956—2016 年年径流 C_v 与 1956—2000 年年径流 C_v 的差值在－0.05～0.04 之间。其中 9 个水文站 1956—2016 年年径流 C_v 较 1956—2000 年年径流 C_v 相差值大于±0.03，90 个水文站 1956—2016 年年径流 C_v 较 1956—2000 年年径流 C_v 相差值在－0.03～0.03 之间。通过以上分析可知，年径流量系列的长度对其代表性和统计参数的稳定性均有所影响。从总体情况看，各种长度系列的均值和 C_v 值相对最长系列的变化幅度随着系列的加长而减小，即随着系列长度的不断增加其系列的均值和 C_v 逐渐趋于稳定。系列长度为 30 年以上的年径流量资料系列具有较好的代表性。

5.4.3 年径流量模比系数和模比系数的差量累积曲线

分别计算和绘制水文站控制代表站年径流量模比系数和模比系数的差量累积曲线，详见图5.1～图5.5。

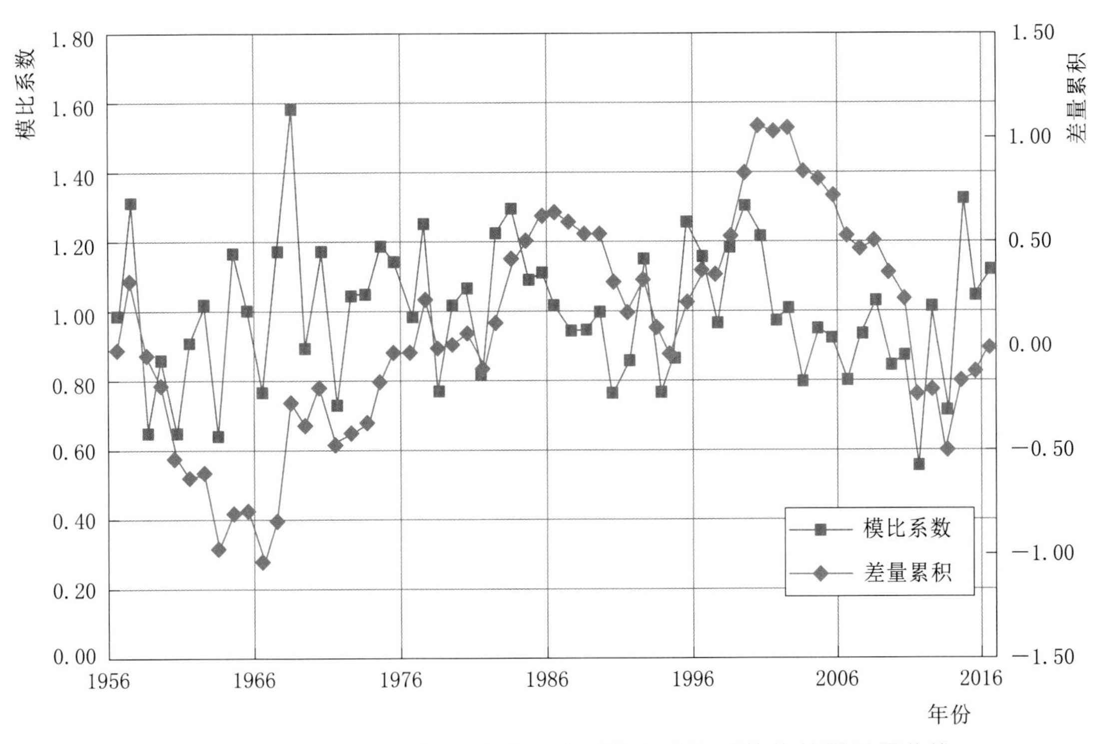

图5.1 赤水河赤水站年径流量模比系数和模比系数的差量累积曲线

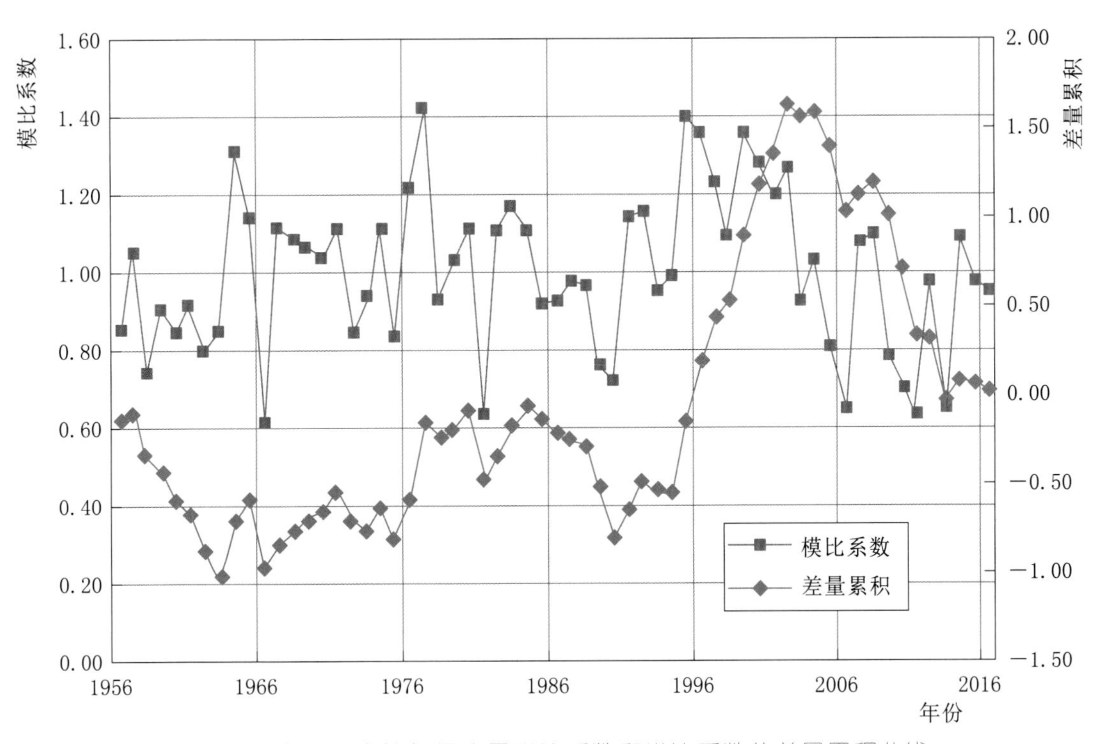

图5.2 乌江思南站年径流量模比系数和模比系数的差量累积曲线

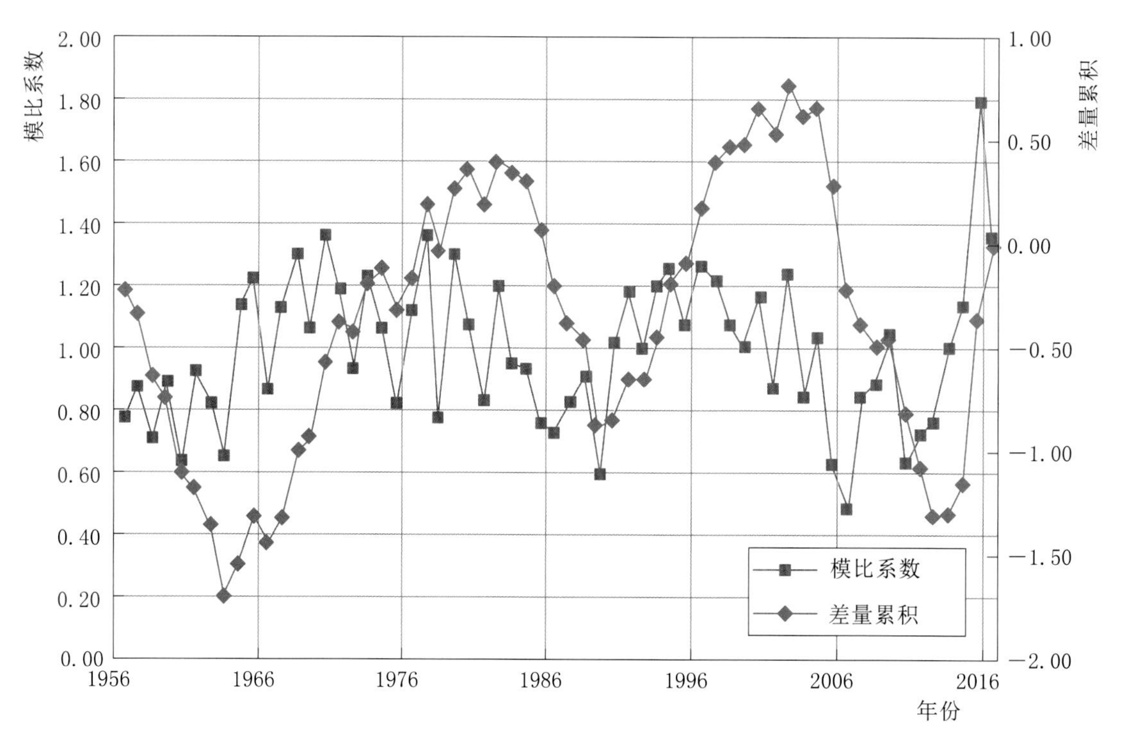

图5.3　清水江锦屏（四）站年径流量模比系数和模比系数的差量累积曲线

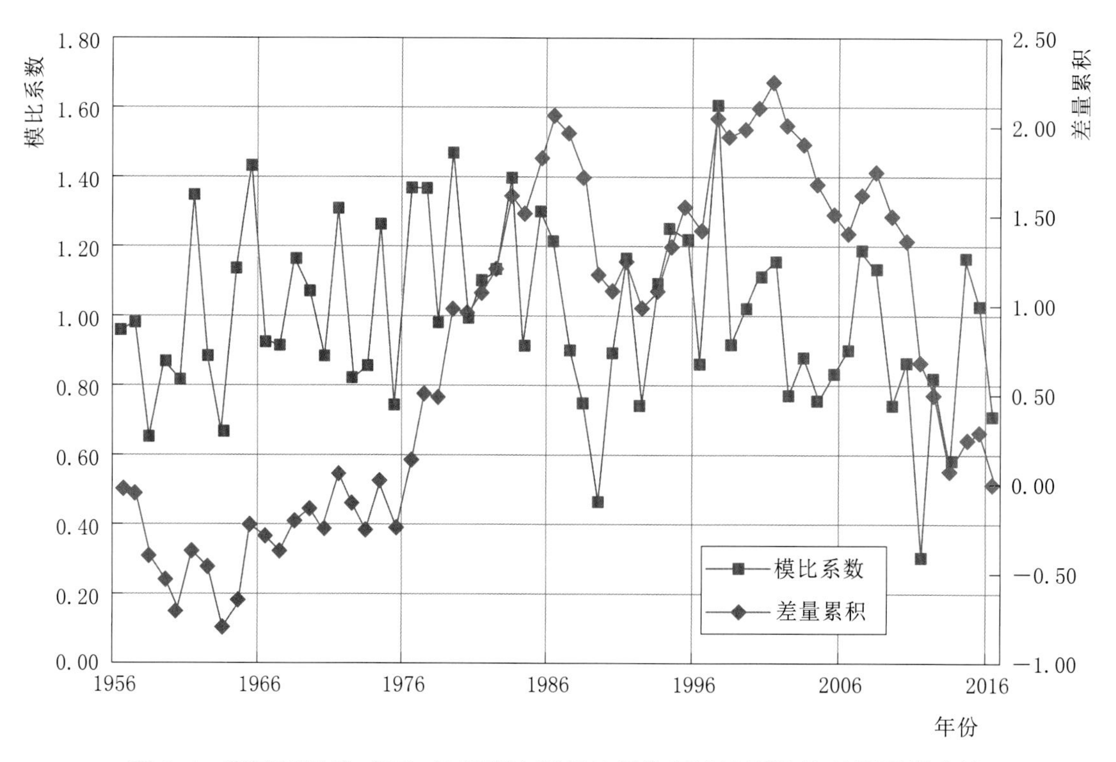

图5.4　马别河马岭（三）站年径流量模比系数和模比系数的差量累积曲线

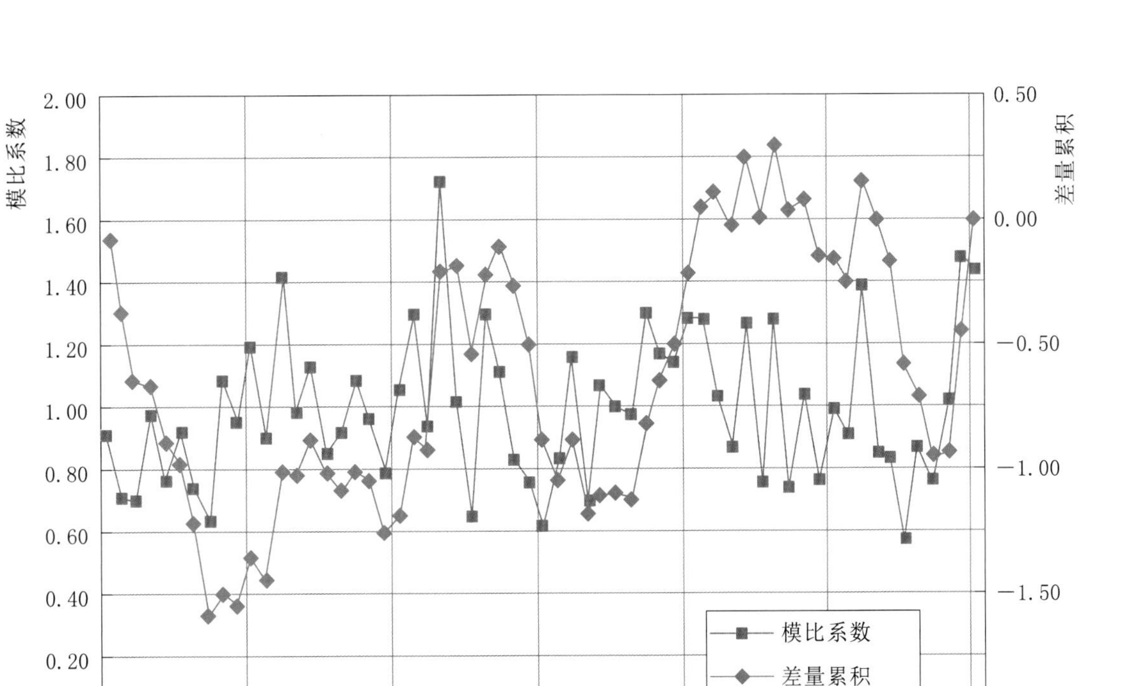

图5.5 都柳江石灰厂站年径流量模比系数和模比系数的差量累积曲线

由年径流量模比系数和模比系数的差量累积曲线看，当模比系数稳定的时间较短时，在年径流量模比系数的差量累积线上则表现为一种多峰式的过程，说明其年径流量年际间的丰、枯变化较频繁，但变幅不大；当模比系数稳定的时间较长时，在年径流量模比系数的差量累积曲线上则表现为一种单峰式的上升或下降过程，说明其年径流量年际间的丰、枯变化时间持续较长，变幅较大。

自2016年起，向前计算不同时段（10年、20年、30年、40年、45年、61年）的年径流量均值及C_v值。统计年数越长，年径流量均值变幅越小，越趋于稳定；1980年以前的年径流量与2000年以前的系列相比，各站在长、短系列的C_v值变化不大。对于大部分水文站来说，年径流量系列越长，C_v值略有减小。

通过以上分析，各控制站年径流量系列1956—2016年具有较好的代表性。

从年径流量模比系数和差量累积曲线可以看出，年径流量的变化有丰枯交替变化的规律。与降水量相应，基本上各代表站1956—1963年属枯水段，1964—1970年属丰水段，1970—1975年属枯水段，1975—1983年属丰水段，1984—1989年属枯水段，1990—2000年属丰水段，2001—2016年属枯水段。亦即贵州省多数地方20世纪50年代末至60年代初出现了连续的偏枯水期，60年代至80年代末期一般为丰枯交替出现，90年代多数地方出现连续偏丰水期，21世纪前10年多数地方出现连续偏枯水期。

5.5 统计参数

5.5.1 统计参数分析

5.5.1.1 喀斯特非闭合流域经验公式

第一次水资源调查评价成果《贵州省地表水资源》(1985年5月)中，对还原计算需进行“细算”的站，按天然年径流系列进行统计参数计算；对“简算”的站，则按实测年径流系列计算统计参数，在年径流均值上加上平均还原水量，C_v 保持不变。计算统计参数时，均值取算术平均值，$C_s=2C_v$。C_v 值由电算优选，并通过人工适线，对 C_v 调整修正。对明显的喀斯特非闭合流域，使用时按附录A的方法对参数进行修改，并建立了年径流变差系数 C_{vy} 的经验公式。

$$C_{vy}=\frac{rC_{vx}}{\alpha^{n}+m\lg F}$$

式中：C_{vx} 为年降水量的变差系数；α 为年径流系数；r、n、m 为地区性经验系数；F 为集水面积。

各站的 C_{vy}、C_{vx}、α、F 为已知，经反复试算，率定出经验系数 r、n、m。全省的 $n=0.70$，$m=0.047$，r 采用贵州省年径流变差系数 C_{vy} 经验公式参数 r 分布图(见附录C的图C.15)，南、北盘江上游和乌江的三岔河、六冲河上游地区，以及乌江下游的右岸和洞庭湖区(清水江下游除外)，$r=1.10$；其余地区(即省的中部、南部、北部)，$r=1.30$。经检查，按允许误差为10%，合格率为86%。经验公式适用于集水面积为100～5000km²，当 $F<100\text{km}^2$，按 $F=100\text{km}^2$ 使用。

5.5.1.2 经验频率适线法

采用算术平均法计算均值，适线时不作调整。C_v 值计算先采用矩法计算，再用适线法调整确定，$C_s=2C_v$。系列中如出现特大、特小值时，不作处理，采用矩法初步估算，然后经适线、分析比较及地区综合后采用。

适线时经验频率采用数学期望公式 $P=m/(n+1)\times100\%$ 计算，频率曲线采用皮尔逊Ⅲ型，适线时照顾大部分点据，并侧重考虑平、枯水年的点据趋势定线，对突出点据仅作适当考虑。

5.5.2 统计参数成果

贵州省多年平均径流深变差系数 C_v 值为0.20，其中长江流域 C_v 值为0.17，珠江流域 C_v 值为0.20。

贵州省9个地级行政区中，多年平均径流深变差系数 C_v 值安顺市、黔西南州为0.25，六盘水市为0.24，贵阳市为0.23，黔东南州为0.22，遵义市、毕节市、铜仁市、黔南州为0.20。

5.5.3 典型年选择

选择代表站各典型年时，要求所选择的典型年其月分配对农业需水和径流调节较为不利，原则如下：

（1）典型年的天然年径流量与各频率（20%、50%、75%、90%、95%）设计天然年径流量接近。如系列中有多年的天然年径流量均接近某一设计值，选择资料精度高、近期的年份作为典型年。

（2）典型年5—8月径流量占年径流量的百分比，偏丰年（20%）较大，平水年（50%）的百分率与多年平均情况差不多，偏枯年（75%）较小，特枯年（95%）最小。

5.5.4 喀斯特山区非闭合流域的年径流特征

贵州省广泛发育着各种类型的喀斯特地貌，由于地下暗河的发育，往往造成地表水分水线与地下水分水线不一致。在喀斯特山区很难找到绝对闭合流域，多数是基本闭合的，少数是非闭合的。在非闭合流域，本流域（指地表集水面积）内降水所形成的径流 $Y_{本}$ 与河川中实际存在的径流 $Y_{实}$ 是不等的，其差值即流域之间的水量交换值 Δu，$Y_{实}=Y_{本}\pm\Delta u$。经初步分析，Δu 值的变化与年径流的关系不密切，即在丰、平、枯水年份之间 Δu 的差别不大。对于多年平均值 $\overline{Y}_{实}=\overline{Y}_{本}\pm\Delta u$，有水量补入的盈水流域，$Y_{实}>Y_{本}$；有水量给出的亏水流域，$Y_{实}<Y_{本}$。计算 C_v 时，若 Δu 可视为不随年径流变化的，则每年的年径流都要加上（或减去）相同的 Δu 值，故本流域径流系列的均方差 $\delta_{本}$ 与实测系列的 $\delta_{实}$ 相符，$C_{v实}=\dfrac{\delta}{\overline{Y}_{实}}=\dfrac{\overline{Y}_{本}}{\overline{Y}_{实}}\cdot C_{v本}$。在盈水流域，$C_{v实}<C_{v本}$，在亏水流域，$C_{v实}>C_{v本}$。实际上，$\Delta u$ 较大时，它与年径流略成微弱的正比关系，$C_{v实}$ 的取值应介于 $C_{v本}$ 与公式计算的 $C_{v实}$ 之间，接近公式计算值。水文站资料得到的是 $Y_{实}$，而在编制年径流等值线图探讨水平衡三要素之间的关系时，需要用的是 $Y_{本}$，工程上又需要设计流域的 $Y_{实}$，这就需要解决好两个问题：一是把各水文站的 $Y_{实}$ 变成 $Y_{本}$；二是把各设计流域查等值线图得到的 $Y_{本}$ 变成 $Y_{实}$。

解决问题的关键在正确确定 Δu，而 Δu 值的计算只有采用水文调查与等值线图相结合的方法才能得到比较满意的结果。详见附录B《贵州省喀斯特山区非闭合流域年径流的估算方法》。

5.6 径流量

5.6.1 计算方法

先进行单站年径流量特征值的地区分布、年径流的年内分配和多年变化分析研究，对控制站以上地区受到人类活动影响的部分进行还原计算。在对单站径流分析计算的基础上，按全国水资源综合规划分区，分析计算 1956—2016 年三级区套地市级、县级行政区逐年天然年径流系列。

以水资源三级区计算成果为依据，对计算单元三级区套地市级、县级行政区的径流量成果进行了平差计算，将平差后的成果作为三级区套地市级、县级行政区计算单元的最终成果。三级区径流量依据区内主要控制站点天然径流量进行计算，未控区采用面积比缩放、移用径流系数等方法进行计算。天然径流量系列的计算方法主要有 3 种。

（1）水文比拟法。如分区内河流上下游自然条件相近，并有一个或多个代表性较好的水文站，能控制该分区 70％以上的集水面积时，则根据这些控制站逐年天然年径流，按面积比进行放大求得全区的年径流系列。如控制站所控制面积较小、或控制站上下游降水量相差较大、其他条件相近时，可按上下游面平均降水量和面积之比，加权计算全区的年径流系列。

（2）降水径流相关关系法。如测站所控制的分区面积很小，或当分区是若干独立水系组成，并且仅个别水系有测站时，可通过本分区或邻近地区的水文资料，建立基本符合本分区的降水径流关系，再根据分区内的历年降水量推求分区的年径流系列。

（3）年径流深等值线图法。如分区内无控制站并缺少降水资料时，可借助邻近分区同步期年径流系列，从同步期平均年径流深等值线图上分别量算本分区与邻近分区年径流量并求其比值，再用此比值乘以邻近分区同步期年径流系列，作为本分区的年径流系列。

5.6.2 年径流计算成果

全省多年平均径流量为 1042 亿 m^3（径流深 591.4mm），其中长江流域多年平均径流量为 665.6 亿 m^3（径流深 575.0mm）；珠江流域多年平均径流量为 376.2 亿 m^3（径流深 622.7mm）。贵州省水资源分区多年平均径流量计算成果详见 5.5，行政分区多年平均径流量详见表 5.6。

表 5.5 水资源分区多年平均径流量计算成果

分区级别	水资源分区名称	面积/km²	径流量/亿 m³	径流深/mm	径流量 C_v 值
全省		176167	1042	591.4	0.20
一级区	长江	115747	665.6	575.0	0.17
	珠江	60420	376.2	622.7	0.20
二级区	金沙江石鼓以下	4888	18.56	379.6	0.25
	宜宾至宜昌	13802	69.36	502.6	0.20
	乌江	66807	376.0	562.9	0.19
	洞庭湖水系	30250	201.6	666.6	0.20
	南北盘江	28633	171.0	597.2	0.25
	红柳江	31787	205.3	645.7	0.22
三级区	石鼓以下干流	4888	18.56	379.6	0.25
	赤水河	11412	55.09	482.7	0.20
	宜宾至宜昌干流	2390	14.28	597.5	0.23
	思南以上	50592	274.1	541.7	0.20
	思南以下	16215	102.0	628.9	0.23
	沅江浦市镇以上	28714	187.3	652.2	0.21
	沅江浦市镇以下	1536	14.36	935.2	0.22
	南盘江	7651	49.84	651.4	0.26
	北盘江	20982	121.2	577.5	0.26
	红水河	15978	96.14	601.7	0.23
	柳江	15809	109.1	690.1	0.23

表 5.6 行政分区多年平均径流量成果

行政分区	面积/km²	径流量/亿 m³	径流深/mm	径流量 C_v 值
全省	176167	1042	591.4	0.20
贵阳市	8034	41.17	512.5	0.23
六盘水市	9914	67.43	680.1	0.24
遵义市	30762	168.3	547.0	0.20
安顺市	9267	55.72	601.4	0.25
毕节市	26853	129.3	481.6	0.20
铜仁市	18003	127.2	706.7	0.20
黔西南州	16804	95.52	568.4	0.25
黔东南州	30337	191.4	630.9	0.22
黔南州	26193	165.8	632.8	0.20

5.7 年径流的地区分布

5.7.1 年径流深等值线图的绘制

5.7.1.1 测站选用原则

年径流深等值线图的绘制是以中等流域面积的区域水文代表站资料为主要依据，选取集水面积在300～5000km^{2}范围之内的测站，在站点稀少地区适当放宽，采用一些区间点据（区间集水面积与上游测站集水面积基本一致）。尽量选用第二次水资源调查评价时所选测站，在不好控制等值线走势、且没有测站（包括新设测站）、或者原有的测站已撤销的区域，适当增加或调整选用站点。

选用站点按其资料精度、系列长短等区分为主要站点、一般站点、参考站点三类，选用站点分类统计见表5.7。

表5.7 年径流深等值线图绘制选用站点分类统计

站点分类	分类条件	站数
主要站点	资料可靠，实测资料系列≥40年，延长后达61年	22
一般站点	资料可靠，还原水量成果合理，实测资料系列30年以上，延长后达61年，集水面积超过不大	7
参考站点	还原水量精度差，或实测系列<30年，集水面积超过较多而采用区间径流深（具备其中一条者，即为参考站点）	39

5.7.1.2 径流深影响因素分析

径流深的分布一般受以下因素的影响：

（1）降水是河川径流的基本补给来源，降水量的分布基本上决定了径流深的分布。

（2）山脉的迎风坡为径流高值区，背风坡径流深显著减少。

（3）流域高程影响。在同一地区随着流域高程的增加，气温降低，蒸发量损失减小，在一定高程范围内径流深加大。一般说来山区径流量大，平原区径流量小。

（4）包气带的土壤特性及其厚度对产流有影响。如砂土下渗能力大于黏土，包气带厚的地方降水量的损失量大于薄的地方。石质山区有利于产流。

（5）高原沼泽湖区多处于山间盆地，一般降水比周围山地小，加之供水充分，蒸发量损失大，径流量一般较小。

在绘制年径流深等值线之前，选代表流域点绘年径流深-年降水深、年径流深-流域平均高程、年径流深-年径流系数等关系，并结合地形、地貌、地质条件，对点据进行分类。通过分析，了解影响本地区年径流深分布的主要影响因素，供勾绘等值线图时参考。

5.7.1.3 年径流深等值线的绘制

将选用测站和区间的年径流深点据点绘于相应集水面积内的重心处。按以下方法确定点据位置：

（1）集水面积内自然地理条件较一致、高程变化不大时，点据位置在集水面积的形心处。

（2）集水面积内高程变化较大、径流深分布不均时，借助降水量等值线图选定点据位置。

（3）上游及两侧山区湿润，中部河谷干旱，避免将点据点于河谷处。

（4）区间点据点绘于区间面积的形心处，当区间面积内降水分布明显不均匀时，根据降水量分布情况，适当调整点据位置。

（5）一条河流，上下游及其支流设2～3个以上的测站，其区间值分段计算，按区间点绘，不将各站计算的“本站径流深”点绘于“本站集水面积”的重心处。

年径流深均值等值线线距：径流深50～200mm时，线距为50mm；径流深大于200mm时，线距为100mm。以主要站点和一般站点作为控制站，并适当考虑参考站点勾绘等值线，既考虑各测站的数据，又不拘泥于个别点据，避免造成等值线过于曲折或产生许多小中心；并结合自然地理情况、地形变化、气候条件以及降水量的分布规律，先绘制主线，大体确定主线的分布和走向，然后再绘其他线条。等值线跨越大山脉时，适当迂回，避免横穿主山体；跨越大河流时，避免斜交；等值线的马鞍形区，特别注意等值线的分布及数值的合理性。

由于贵州属湿润地区，大部分地区为山地和丘陵，湖泊、盆坝水网地区范围较小，资料短缺，绘图时尽量选用受其他因素影响（如喀斯特非闭合流域）较小的水文站点据控制等值线线值，对于无资料地区，参考降水量等值线分布及数值，选用适当的径流系数来计算，并与第二次水资源调查评价所绘等值线进行对照分析，绘制年径流深等值线图。

5.7.1.4 年径流深等值线图的合理性检查

（1）水平方向的水量平衡检查。由等值线图上量算得的各水文站、区间、水资源分区的年径流深与其计算径流深相比较，相对误差在5%以内的视为合格。

单站的水量平衡检查：对贵州省99个水文站进行检查，有71站差值变幅在－5%～5%之间，合格率为71.7%；有28站差值变幅在－5%～5%之外，4个站受明显的喀斯特区非闭合流域影响、11个站测验资料的精度较差、4个站省外集水面积较大、9个站集水面积小于300km²。

区间（上下游水文站或水文站至省界）的水量平衡检查：按所选99个水文站资料将全省划分为56个区间，有25个区间误差为－5%～5%。

水资源分区的水量平衡检查：全省2个一级区、6个二级区、11个三级区均合格。

（2）降水量与径流深等值线图比较。将降水量与径流深等值线图重叠在一起，确保其主线走向一致，高低值区对应。

（3）垂直方向的水量平衡检查。在全省范围内，均匀布设 415 个网格点，读出各网格点上的年降水量、年径流深及年陆地蒸发量三个要素值。各网格点上的年降水量减去年陆地蒸发量所得到的年径流深，与读图的年径流深之间的误差均小于 50mm，全部合格。

5.7.2 年径流地区分布特点

贵州省年平均径流深的趋势是东多西少，南多北少，由东南向西北递减，山区大于河谷地区；山脉的迎风坡大于背风坡；在同一地区随着流域高程的增加，气温降低，蒸发损失减小，在一定高程范围内径流有增加的趋势。平均年径流深随着资料系列的变化有所不同，但差值很小，变幅不大，总体分布范围相对稳定。

全省平均年径流深为 591.4mm，其中长江流域为 575.0mm，珠江流域为 622.7mm。各地年径流深分布为 200～1100mm，大部分地区年径流深为 500～700mm。年径流深最低区分布在威宁县西部的牛栏江流域，为 200mm 左右。年径流深最高区分布在梵净山东坡的锦江、松桃河上游，为 1100mm 左右。全省有 6 处高值区和 4 处低值区。

5.7.2.1 年径流深大于 800mm 的高值区分布

（1）梵净山东坡铜仁市锦江至松桃县一带。

（2）雷公山地区雷山县一带。

（3）都匀市西北部。

（4）三岔河中游地区。

（5）黔西南州马别河上游的老厂附近。

（6）兴义市的敬南附近。

5.7.2.2 年径流深小于 400mm 的低值区分布

（1）威宁、赫章一带，包括六冲河上游、横江中游、牛栏江、可渡河等。

（2）赤水河中游地区，包括毕节、金沙、仁怀、习水四个县市沿赤水河干流两岸地区。

（3）乌江中游地区，包括金沙、息烽、遵义、瓮安、余庆五个县沿乌江干流两岸地区，北岸的范围比南岸宽。

（4）南、北盘江下游与红水河河谷地区，涉及贞丰县、册亨县、安龙县一带河谷两岸。

5.8 径流的年内分配及多年变化

5.8.1 径流的年内分配

全省径流量在年内分配极不均匀，汛期径流量占全年径流量的比重较大。计算

25个代表站多年平均汛期径流量和多年平均连续最大四个月径流量占全年径流量的百分率。多年平均汛期径流量占全年径流量百分率在62%～80%之间，最小值在㵲阳河的玉屏（崇滩）站，为62%；最大值在樟江的荔波站，为80%。多年平均连续最大四个月径流量占全年径流量百分率在55%～74%之间，最小值在㵲阳河的大菜园站，为55%；最大值在樟江的荔波站，为74%。最大四个月径流相应出现的月份，贵州省的东北部地区为4—7月，中部地区为5—8月，西部、北部地区一般为6—9月。最小月径流相应出现的月份，贵州省的东部地区为1—3月，西部地区为2—4月。此分布规律与降水量的基本相似。

典型年的年径流月分配计算时，要求所选择的典型年其月分配对农业需水和径流调节较为不利，故选择典型年的条件为：典型年的天然年径流量要接近规定保证率的年径流量。如系列中有多年的天然年径流量均接近某一设计值，选择资料精度高、近期的年份作为典型年；典型年5—8月径流量占年径流量的百分比与多年平均情况比较，平水年（50%）的百分率应与多年平均情况接近，偏丰年（20%）的偏大，偏枯年（75%）的偏小，特枯年（95%）的更小。

从地区分布看，枯水年份同一地区多数站所选择的年份基本相同，丰水年所选的年份差别较大，与贵州“洪涝一条线，干旱一大片”的规律基本相符。

5.8.2 径流的年际变化

贵州省年径流量在年际间变化较大，在多年变化中有丰水年组和枯水年组交替出现的现象。水文站年径流变差系数 C_v 在大河控制站一般为0.20，省内大部分地区的 C_v 在0.20～0.30之间，中、小河流则在0.25～0.40之间，西部边缘地区（威宁县以西）和中部安顺市平坝区（七眼桥站）为最大，在0.38以上。实测最大年径流与最小年径流之比，多数站为2～3倍，少数站可达3倍以上。年径流多年变化中连丰、连枯出现情况，与年降水量相同。

第6章 泥 沙

6.1 基本资料

泥沙监测站点变化较大，缺测多，精度差，导致泥沙资料系列不连续，因此根据已有成果分时段进行分析。

6.1.1 1956—1979年资料采用情况

1956—1979年为第一次水资源调查评价时段，先后有悬移质泥沙测验的水文站共47站592站年，其中系列最长的25年，最短的只有1年，半数以上测站的泥沙资料系列不连续。泥沙资料不作处理，但缺测月份的，则分别进行插补。缺测枯水季节月份，采用历年算术平均值插补，缺测汛期1～3个月，则按月流量-月输沙率关系插补。有些站迁移不远的，可合并成为一个站的资料。有些站资料精度太差系列又短的就舍弃。因此，共整理出38站509站年的资料。由于贵州省西部地区泥沙较重，站点稀少，所以又借用了云南省6个站75站年的泥沙资料分析西部河流含沙量的地区分布。泥沙资料不考虑还原计算，直接计算其实测系列的均值。泥沙资料的多年变化大，而各站的实测资料系列又不同步，故以实测系列在10年以上的均值作为分析的主要依据；5～9年的作为一般站点，在站点稀少地区，5年以下的资料也作参考使用。

6.1.2 1956—2000年资料采用情况

1956—2000年为第二次水资源调查评价时段，在1956—1979年的泥沙资料分析成果基础上，选取站点时优先选取相同的站点，增加必要的站点。站点增加至42站，分析整理882站年的资料。同样以实测系列在10年以上的均值作为分析的主要依据；5～9年的作为一般站点，在站点稀少地区，5年以下的资料也作参考使用。

选择代表站对不同时段进行对比分析，对比分析1979年前与1979年后至2000年前多年平均输沙量和输沙模数。分析选用代表站有沅江浦市镇以上重安江湾水水文站、赤水河赤水水文站、北盘江大渡口水文站、南盘江马岭水文站、都柳江把本水文站、思南以上六冲河洪家渡水文站、思南以上三岔河阳长（牛吃水）水文站、思南以上清水河洞头水文站、思南以下芙蓉江长坝水文站共9个代表站。按时段统计分析主要河流多年平均含沙量、输沙量和输沙模数。

6.1.3 水资源公报资料采用情况

2001—2016年泥沙资料直接采用《贵州省水资源公报》逐年分析成果。《贵州省水资源公报》分析选用代表站有石鼓以下干流赤水河水文站、赤水水文站，乌江区六冲河洪家渡水文站（二）、三岔河阳长（牛吃水）水文站、鸭池河水文站、乌江干流思南水文站、沅江浦市镇以上重安江湾水水文站，沅江浦市镇以下芦家洞水文站，北盘江大渡口水文站，南盘江马岭水文站，红水河雷公滩水文站，以及柳江荔波水文站共12个代表站。

贵州省内主要河流有赤水河、乌江、洞庭湖区各河流及南、北盘江、红水河、都柳江等，对于这些河流的输沙量，只能根据其控制站资料进行描述。

6.2 主要河流含沙量

6.2.1 含沙量的分布

贵州省内主要河流有赤水河、乌江、洞庭湖区各河流，南、北盘江，红水河，都柳江等，对这些河流的含沙量，仅根据其控制站资料进行分析描述。

1956—1979年期间，贵州省内主要河流历年最大含沙量：西部地区都在50kg/m^{3}以上，以赤水河站126kg/m^{3}为最大；中部地区一般都在30kg/m^{3}以下，以荔波站0.98kg/m^{3}为最小。多年平均含沙量：西部地区都在1kg/m^{3}以上，以大渡口站2.61kg/m^{3}最大；中部以东地区则在0.5kg/m^{3}以下，以荔波站0.069kg/m^{3}最小。

1980—2000年期间，贵州省内主要河流历年最大含沙量、西部地区除天生桥（桠杈）、马岭两站含沙量介于20～30kg/m^{3}外，其余各站均在50kg/m^{3}以上，以大渡口站219kg/m^{3}为最大；中部以东地区一般为20kg/m^3，以荔波站4.35kg/m^{3}为最小。多年平均含沙量：西部地区都在0.5kg/m^{3}以上，以大渡口站2.95kg/m^{3}为最大；中部以东地区则都在0.5kg/m^{3}以下，以荔波站0.097kg/m^{3}为最小。

2001—2016年，贵州省内主要河流历年最大含沙量：除中部以西地区赤水河、大渡口两站含沙量少数年份在1～2kg/m^{3}外，其余各站多数年份均在1kg/m^{3}以下，以赤水河站2.12kg/m^{3}为最大，以荔波站、芦家洞站0.10kg/m^{3}为最小。多年平均含沙量：西部地区多在0.5～0.9kg/m^{3}之间，以三岔河阳长站0.867kg/m^{3}为最大；中部以东地区均在0.50kg/m^{3}以下，以芦家洞站0.106kg/m^{3}为最小。

6.2.2 含沙量分布特征

贵州河流含沙量主要来自流域面上泥沙侵蚀，它与暴雨强度、地形、土壤、植被、地质以及土地利用情况（水田与旱地所占的比例等）有关，每年的雨季即是河流泥沙的产沙季节，一般说来，每年的第一、二次暴雨洪水或久旱后的暴雨洪水含沙量较大。

含沙量较大的河流有金沙江石鼓以下、北盘江上游，乌江上游的三岔河与六冲河、赤水河等河流。含沙量较小的河流有乌江中游的支流湘江与洛旺河（清水河），洞庭湖区的清水江、㵲阳河与锦江，西江区的打狗河（樟江）与都柳江。

含沙量的年内变化，一般都是5—9月的含沙量较大，10月至次年4月的含沙量较小，最大月平均含沙量多数河流出现在5月、6月，最小月平均含沙量多数河流出现在1月、2月。

6.3 悬移质输沙量

6.3.1 悬移质输沙量的估算

采用水文比拟法估算全省悬移质输沙量。

1956—2000年，全省多年平均悬移质输沙量为7113万t，其中，长江流域为4244万t，占全省多年平均悬移质输沙量的59.7%；珠江流域为2869万t，占全省多年平均悬移质输沙量的40.3%。

2001—2016年，全省多年平均悬移质输沙量为5168万t，其中，长江流域为3549万t，占全省多年平均悬移质输沙量的68.7%；珠江流域为1619万t，占全省多年平均悬移质输沙量的31.3%。

2000年前与2000年后分析成果比较，全省减少输沙量1945万t，长江流域减少695万t，珠江流域减少1250万t。

6.3.2 悬移质输沙量的变化趋势

赤水河、乌江上游支流六冲河、乌江下游支流芙蓉江的河流多年平均输沙量及多年平均输沙模数减小；而乌江上游三岔河、乌江中游清水河，重安江，北盘江，南盘江，都柳江多年平均输沙量及多年平均输沙模数都有增加的趋势，其中位于贵州省西部的三岔河阳长（牛吃水）站、西南部的南盘江马岭站增加较大。

长江流域主要河流不同时期输沙量，20世纪50年代与60年代差别不大；70年代与60年代相比都有增加，其中，贵州省中部以西地区的年输沙量有明显的增加；80年代与70年代相比，三岔河增加较大，而其他河流都有所减少；90年代与80年代相比，省西部地区六冲河明显减小，三岔河有减小趋势，清水河、重安江有显著增加，赤水河和芙蓉江增加不大；2000年以后至2016年与20世纪90年代相比，赤水河明显减小，其余河流多有不同程度增加。

珠江流域主要河流不同时期输沙量，20世纪50年代与60年代差别不大；70年代与60年代相比都有增加，其中，贵州省中部以西地区的年输沙量有明显的增加；80年代与70年代相比，西部地区北盘江略有增加，其他河流年输沙量都有所减少；90年代与80年代相比，省西部地区北盘江有减小趋势，南盘江、红水河和都柳江有显著增加；2000年以后至2016年与20世纪90年代相比南盘江略显减小，其余河流增加明显。

20世纪70年代贵州省中部以西地区森林植被遭破坏和大面积陡坡开荒，导致水土流失严重，河流输沙量明显增加；到80年代，全省加强退耕还林还草等水土保持措施，大大减少水土流失；90年代在西部地区六冲河、三岔河和北盘江等流域加强了坡改梯、退耕还林和水土保持等工程措施，并取得明显成效，水土流失得到有效控制。

1980年以来，贵州省水利水电工程建设速度较快，水库数量增加，拦蓄水量明显。经分析计算，1982—1994年红旗水库总淤沙量为95.89万t，1980—2000年乌江渡水库总淤沙量为33797万t，1994—2000年东风水库总淤沙量为11715万t，2000年后每年有1000万～2000万t的泥沙淤积在普定、东风、乌江渡等几座大型水库中。

西部河流多年平均输沙量减少幅度为10%～20%，东部河流多年平均输沙量减少幅度仅在5%以下或平稳。大多数河流年内5—9月输沙量占全年输沙量的90%以上，输沙量最大月多发生在6—7月。

6.3.3 输沙模数

贵州省西部地区的输沙模数，比中部地区和东部地区明显偏大5～10倍，中部地区的输沙模数一般为100～200t/km^2，西部地区一般为500～2000t/km^2，贵州省东南角的输沙模数只有50～100t/km^2。这是因为贵州省中部地区地势较平坦，水田较多及下垫面因素不利于产沙，所以输沙模数较小；西部地区山高坡陡、土壤薄、极易发生水土流失，气温较高，田少土多，陡坡垦荒较多，植被差，造成输沙模数较大；东部地区植被较好，田多土少，流域坡面植被覆盖良好，地面径流的破坏作用较弱，侵蚀程度较小，因而输沙模数最小。

1956—2000年多年平均悬移质输沙模数为404t/km^2，长江流域为367t/km^2，珠江流域为475t/km^2。

2001—2016年多年平均悬移质输沙模数为293t/km^2，长江流域为307t/km^2，珠江流域为268t/km^2。

2000年前与2000年后分析成果比较，贵州省多年平均悬移质输沙模数减少111t/km^2，长江流域减少60t/km^2，珠江流域减少207t/km^2。

贵州省内多年平均输沙模数自西向东递减，多年平均输沙模数与2000年前比较，西部地区流域多年平均输沙模数减少幅度为10%～20%，东部地区流域多年平均输沙模数减少幅度在5%以下。

第7章　地表水资源量

7.1　地表水资源量分析计算

水资源量的分析计算仅分析至流域三级区和行政分区市（州）级。统计分析了1956—2016年资料系列多年平均地表水资源总量。

贵州省多年平均地表水资源总量为1042亿m^3，其中，长江流域665.6亿m^3，珠江流域376.2亿m^3。

7.1.1　水资源分区地表水资源量

贵州流域分2个一级区，即长江流域和珠江流域。全省多年平均地表水资源量为1042亿m^3（径流深591.4mm），其中长江流域665.6亿m^3（径流深575.0mm），占全省的64.0%；珠江流域376.2亿m^3（径流深622.7mm），占全省的36.0%。

全省共6个二级区，多年平均地表水资源量最大的是乌江（376.0亿m^3），占全省地表水资源量的36.1%；最小的是金沙江石鼓以下（18.56亿m^3），占全省地表水资源量的1.78%。多年平均地表水资源径流深最大的是洞庭湖水系（666.6mm），最小的是金沙江石鼓以下（379.6mm）。

全省共11个水资源三级区，多年平均地表水资源量最大的是思南以上(274.1亿m^3)，占全省地表水资源量的26.3%；最小的是宜宾至宜昌干流（14.28亿m^3），占全省地表水资源量的1.37%。多年平均地表水资源量径流深最大的是沅江浦市镇以下（935.2mm），最小的是石鼓以下干流（379.6mm）。贵州省水资源分区多年平均地表水资源量见表7.1。

7.1.2　行政分区地表水资源量

贵州省共9个地级行政区，多年平均地表水资源量最大的是黔东南州（191.4亿m^3），占全省地表水资源量的18.4%；最小的是贵阳市（41.17亿m^3），占全省地表水资源量的4.0%。多年平均地表水资源量径流深最大的是铜仁市（706.7mm），最小的是毕节市（481.6mm）。贵州省行政分区多年平均地表水资源量见表7.2。

表 7.1 水资源分区多年平均地表水资源量

级别	名称	面积/km²	水资源量/亿 m³	径流深/mm
一级区	长江	115747	665.6	575.0
	珠江	60420	376.2	622.7
二级区	金沙江石鼓以下	4888	18.56	379.6
	宜宾至宜昌	13802	69.36	502.6
	乌江	66807	376.0	562.9
	洞庭湖水系	30250	201.6	666.6
	南北盘江	28633	171.0	597.2
	红柳江	31787	205.3	645.7
三级区	石鼓以下干流	4888	18.56	379.6
	赤水河	11412	55.09	482.7
	宜宾至宜昌干流	2390	14.28	597.5
	思南以上	50592	274.1	541.7
	思南以下	16215	102.0	628.9
	沅江浦市镇以上	28714	187.3	652.2
	沅江浦市镇以下	1536	14.36	935.2
	南盘江	7651	49.84	651.4
	北盘江	20982	121.2	577.5
	红水河	15978	96.14	601.7
	柳江	15809	109.1	690.1
全省		176167	1042	591.4

表 7.2 行政分区多年平均地表水资源量

行政分区	面积/km²	水资源量/亿 m³	径流深/mm	行政分区	面积/km²	水资源量/亿 m³	径流深/mm
全省	176167	1042	591.4	毕节市	26853	129.3	481.6
贵阳市	8034	41.17	512.5	铜仁市	18003	127.2	706.7
六盘水市	9914	67.43	680.1	黔西南州	16804	95.52	568.4
遵义市	30762	168.3	547.0	黔东南州	30337	191.4	630.9
安顺市	9267	55.72	601.4	黔南州	26193	165.8	632.8

7.2 水资源量空间分布

在水资源量分析中，一般是对流域的径流模数进行分析。径流模数即单位流域面积上单位时间内所产生的径流量，单位为 $m^3/(s \cdot km^2)$ 或 $L/(s \cdot km^2)$，而水资源量则是指某特定区域在一定时间内由降水产生的地表径流总量，其主要动态组成为河川径流量。径流模数消除了流域面积大小的影响，最能说明与自然地理条件相联系的径流特征。通常用径流模数对不同流域的径流进行比较，计算公式为

$$M=Q\times 1000/F$$

式中：Q 为流量，m^3/s，可以是瞬时流量，也可以是某时段的平均流量；F 为流域面积，km^2；M 为径流模数，$m^3/(s\cdot km^2)$。

7.2.1 多年平均径流模数空间分布

7.2.1.1 水资源分区多年平均径流模数

贵州省多年平均径流模数为 18.8L/(s·km²)，其中，长江流域多年平均径流模数为 18.2L/(s·km²)，珠江流域多年平均径流模数为 19.7L/(s·km²)。全省共 6 个二级区，多年平均径流模数最大的是洞庭湖水系［21.1L/(s·km²)］，最小的是金沙江石鼓以下［12.0L/(s·km²)］。水资源分区多年平均径流模数见表 7.3。

表 7.3 水资源分区多年平均径流模数

级 别	名 称	面积/km²	径流模数/[L/(s·km²)]
一级区	长江	115747	18.2
	珠江	60420	19.7
二级区	金沙江石鼓以下	4888	12.0
	宜宾至宜昌	13802	15.9
	乌江	66807	17.8
	洞庭湖水系	30250	21.1
	南北盘江	28633	18.9
	红柳江	31787	20.5
三级区	石鼓以下干流	4888	12.0
	赤水河	11412	15.3
	宜宾至宜昌干流	2390	18.9
	思南以上	50592	17.2
	思南以下	16215	19.9
	沅江浦市镇以上	28714	20.7
	沅江浦市镇以下	1536	29.7
	南盘江	7651	20.7
	北盘江	20982	18.3
	红水河	15978	19.1
	柳江	15809	21.9
全 省		176167	18.8

7.2.1.2 行政分区多年平均径流模数

贵州省9个地级行政区中，多年平均径流模数最大的是铜仁市［22.4L/(s·km^2)］，最小的是毕节市［15.3L/(s·km^2)］。贵州省行政分区多年平均径流模数见表7.4。

表7.4 行政分区多年平均径流模数

行政分区	面积/km^2	径流模数/[L/(s·km^2)]	行政分区	面积/km^2	径流模数/[L/(s·km^2)]
全　省	176167	18.8	毕节市	26853	15.3
贵阳市	8034	16.3	铜仁市	18003	22.4
六盘水市	9914	21.6	黔西南州	16804	18.0
遵义市	30762	17.3	黔东南州	30337	20.0
安顺市	9267	19.1	黔南州	26193	20.1

7.2.2 多年平均径流系数空间分布

径流系数是一定汇水面积地面径流量与降水量的比值，它反映了降水量中有多少水变成了径流，综合体现了流域内自然地理要素对径流的影响。

丰水年径流系数较大，枯水年径流系数较小，其多年平均值较为稳定。在多雨区径流系数较大，少雨区径流系数较小；山区径流系数较大，平原浅丘区径流系数较小。因陆地蒸发量南部大于北部，所以径流系数是北部大于南部，其主要的高、低值区与年降水量的高、低值区基本对应，但它在地区上的变化比年降水量稳定，等值线变化梯度也较小。

贵州属于湿润地区，降水量较多，其中大部分形成了径流，年径流系数较高，年降水量对年径流量起着决定性作用。降水径流关系一般呈单一线，随着年降水量的增加，点据趋于分散，且呈带状分布。相同降水量情况下的径流变化幅度基本相同。

全省多年平均径流系数为0.51，其中，长江流域多年平均径流系数为0.51，珠江流域多年平均径流系数为0.49。全省共6个二级区，多年平均径流系数最大的是洞庭湖水系（0.54），最小的是金沙江石鼓以下（0.43）。贵州省水资源分区多年平均径流系数计算成果见表7.5。

全省9个地级行政区，多年平均径流系数最大的是铜仁市（0.58），最小的是黔西南州（0.45）。贵州省行政分区多年平均径流系数计算成果见表7.6。

表 7.5　　水资源分区多年平均径流系数计算成果

级　别	名　　称	面积/km²	径流系数
一级区	长江	115747	0.51
	珠江	60420	0.49
二级区	金沙江石鼓以下	4888	0.43
	宜宾至宜昌	13802	0.50
	乌江	66807	0.51
	洞庭湖水系	30250	0.54
	南北盘江	28633	0.47
	红柳江	31787	0.51
二级区	石鼓以下干流	4888	0.43
	赤水河	11412	0.48
	宜宾至宜昌干流	2390	0.60
	思南以上	50592	0.49
	思南以下	16215	0.55
	沅江浦市镇以上	28714	0.53
	沅江浦市镇以下	1536	0.69
	南盘江	7651	0.49
	北盘江	20982	0.46
	红水河	15978	0.50
	柳江	15809	0.52
全　　省		176167	0.51

表 7.6　　行政分区多年平均径流系数计算成果

行政分区	面积/km²	径流系数	行政分区	面积/km²	径流系数
全省	176167	0.51	毕节市	26853	0.48
贵阳市	8034	0.46	铜仁市	18003	0.58
六盘水市	9914	0.53	黔西南州	16804	0.45
遵义市	30762	0.51	黔东南州	30337	0.51
安顺市	9267	0.48	黔南州	26193	0.52

7.3　水资源量变化趋势

7.3.1　地表水资源量模比系数和模比系数的差量累积曲线

根据 1956—2016 年地表水资源量模比系数、模比系数的差量累积曲线变化过程可以看出，全省、长江、珠江地表水资源量年际间有明显的丰枯周期的变化图，成果见图7.1～图7.3。

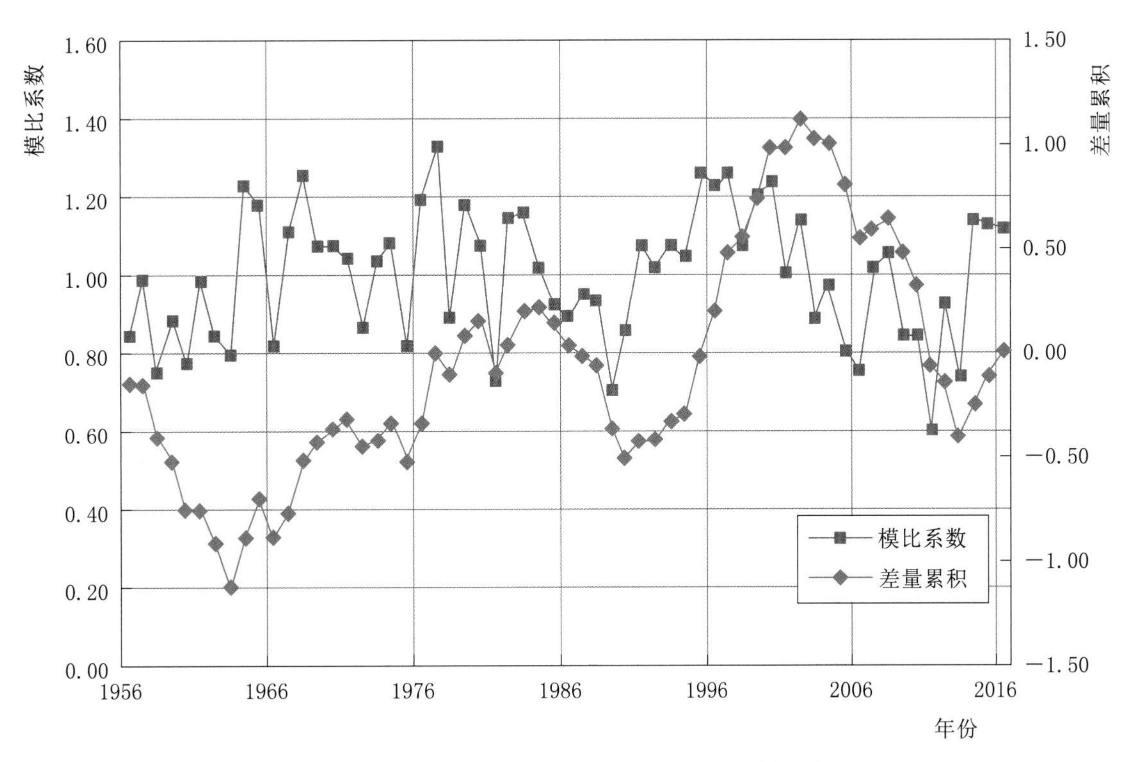

图7.1　贵州省地表水资源量模比系数和模比系数的差量累积曲线

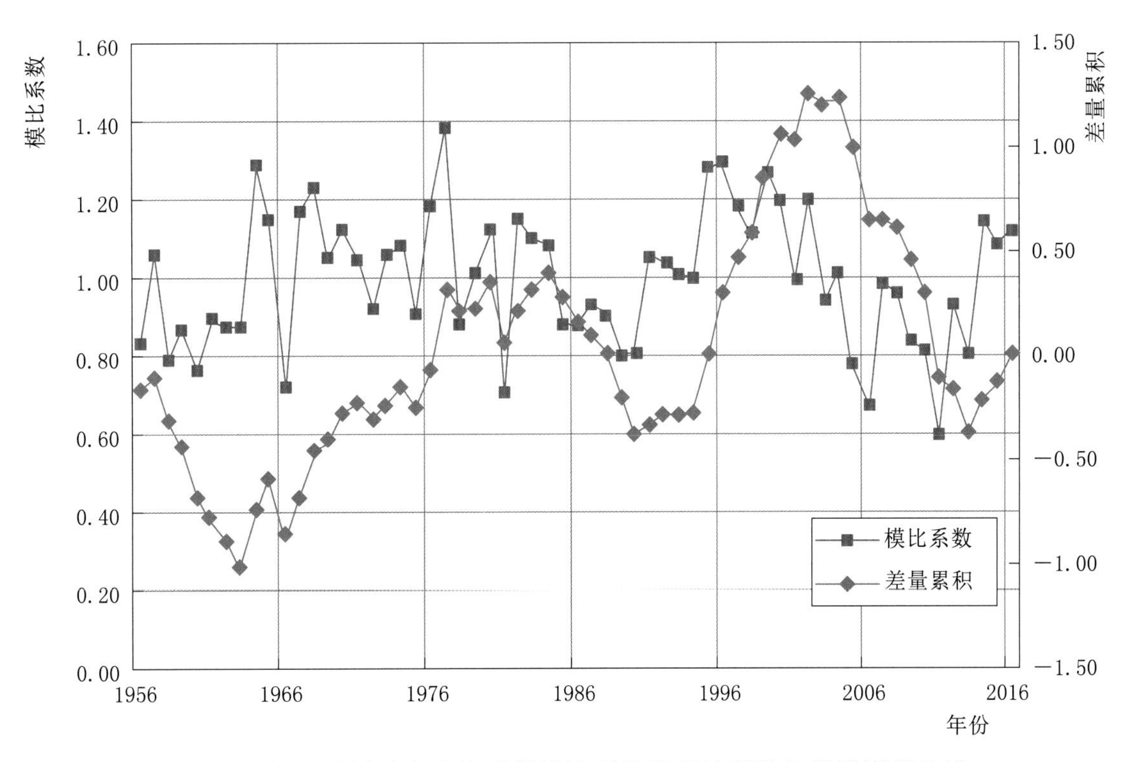

图7.2　长江流域地表水资源量模比系数和模比系数的差量累积曲线

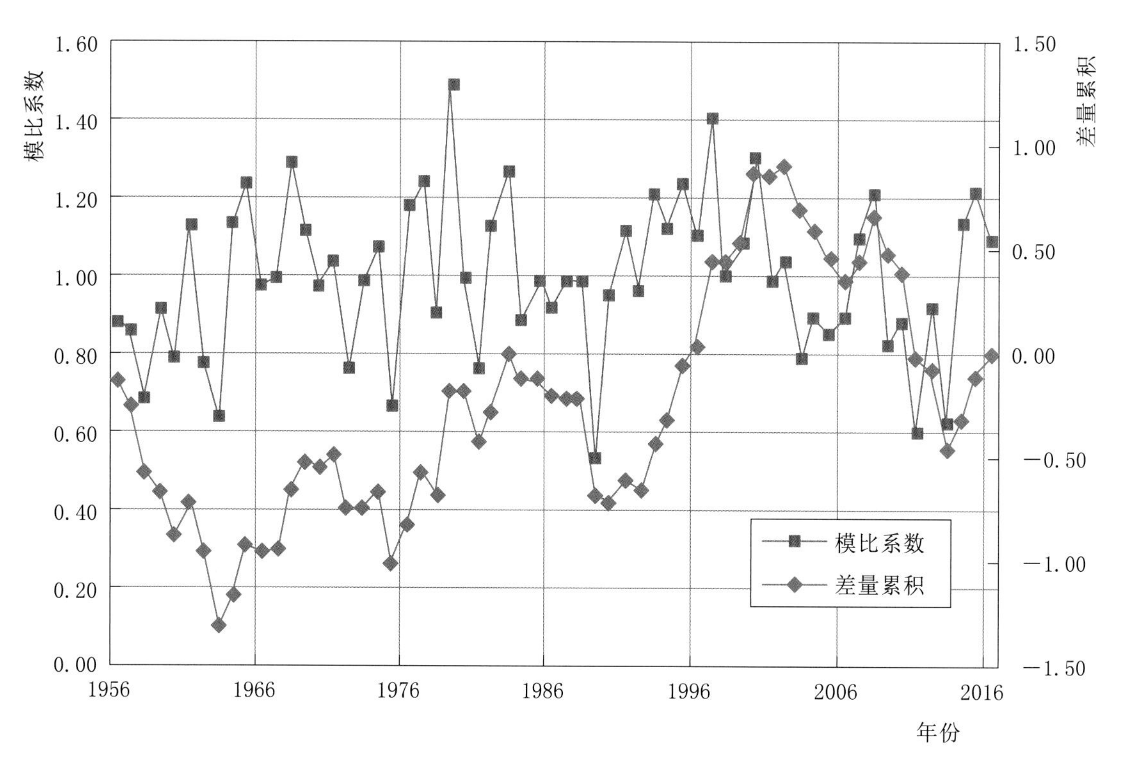

图7.3 珠江流域地表水资源量模比系数和模比系数的差量累积曲线

1956—2016年贵州省年径流量为2个丰水时段、3个枯水时段和1个丰枯交替变化频繁的时段。丰水段1990—2002持续13年，2013—2016持续4年。枯水段1956—1963持续8年，2002—2013持续12年，1984—1989持续6年，丰枯交替变化1964—1983持续20年，期间丰水年份持续2～5年交替1年枯水年份。

长江流域和珠江流域年径流量丰枯变化规律与贵州省年径流量丰枯变化规律基本一致。各流域三级区年径流量丰枯变化规律基本与长江、珠江流域年径流量丰枯变化规律接近。

7.3.2 地表水资源量变化趋势与特征

贵州省1956—2016年资料系列多年平均年径流深为591.4mm，1956—2000年资料系列多年平均年径流深为602.8mm，相对差为1.65%，有偏小的趋势，但偏小幅度不大，与降水同步。全省多年平均径流量有偏小的趋势，但偏小幅度不大，与降水同步。

全省年径流量在年际间变化较大，在多年变化中有丰水年组和枯水年组交替出现的现象。水文站年径流变差系数 C_v 在大河控制站一般为0.20，中、小河流则在0.25～0.40，从 C_v 等值线图上反映省内大部分地区的 C_v 在0.25～0.35。实测最大年径流与最小年径流之比，多数站为2～3倍，少数站可达3倍以上。

全省径流量在年内分配极不均匀，汛期径流量占全年径流量的比重较大。多年平均汛期径流量占全年径流量百分率的变幅为62%～80%，多年平均连续最大四个月径流量占全年径流量百分率的变幅为55%～74%。

全省多年平均地表水资源量 C_v 值为0.20，其中长江流域多年平均地表水资源量 C_v 值为0.17，珠江流域多年平均地表水资源量 C_v 值为0.20。

在不同时段的资料系列中，全省9个行政区1980—2000年资料系列的各均值均最高，2001—2016年资料系列的各均值均最低。各市（州）1980—2000年资料系列的多年平均地表水资源量比1956—2016年资料系列的多年平均地表水资源量偏多，偏多幅度为1.5%～8.5%。各市（州）2001—2016年资料系列的多年平均地表水资源量比1956—2016年资料系列的多年平均地表水资源量偏少，偏少幅度为12.0%～0.9%。全省多年平均径流量有偏小的趋势，但偏小幅度不大，与降水同步。

7.4 出入境水量

贵州省地处云贵高原的东斜坡地带，河流由西、中部向北、东、南呈扇状放射。多数河流发源于省境内，流向省外。

省境内各条河流的产水量即各水资源分区的天然水量，扣除还原水量（消耗水量）后即为实测水量。入境水量直接采用长江流域和珠江流域与相邻省区协调后的成果。出境水量包括直接出境水量和省际界河水量。

7.4.1 入境和出境水量

选取省界附近的水文站，根据实测径流资料提出入省境水量、出省境水量、流入省际界河水量，水资源分区出入境水量如下：

（1）金沙江石鼓以下。金沙江石鼓以下干流包括牛栏江和横江。牛栏江发源于云南省，在黄梨树（二）水文站以下流入贵州省，成为贵州省与云南省的界河，下游又流入云南省。横江发源于贵州省，流入云南省。天然水量为18.56亿 m^3，还原水量为0.2454亿 m^3，无入境水量，直接出境云南省水量为18.31亿 m^3。

（2）宜宾至宜昌。宜宾至宜昌包括赤水河和宜宾至宜昌干流。

赤水河发源于云南省，流经鸡鸣三省后成为贵州省与四川省的界河，下游为省内河流与界河相间出现的情况，但其出省前的下游一段（赤水市境内）为省内河流。天然水量为55.09亿 m^3，还原水量为2.087亿 m^3，无入境水量，直接出境云南省、四川省水量为7.726亿 m^3，入省际界河水量为45.90亿 m^3。

宜宾至宜昌干流区各河流都发源于贵州省，流往重庆市。天然水量为14.28亿 m^3，还原水量为0.4073亿 m^3，直接出境重庆市水量为14.21亿 m^3。

（3）乌江。乌江发源于贵州，支流六冲河有水量从云南入境，入境水量为3.764亿 m^3，思南以上天然水量为274.1亿 m^3，还原水量为10.88亿 m^3，六冲河出境云南省水量为0.4171亿 m^3，其余水量汇入思南以下。

思南以下在三江、梅江有水量从重庆市入境，入境水量为 3.709 亿 m^3，天然水量为 102.0 亿 m^3，还原水量为 2.375 亿 m^3，直接出境重庆市水量为 370.2 亿 m^3。

（4）洞庭湖水系。洞庭湖水系省内主要河流有沅江上游清水江及支流㵲阳河、锦江、松桃河、洪州河。各河流都发源于贵州省，流往湖南省。天然水量为 201.6 亿 m^3，还原水量为 4.863 亿 m^3，直接出境湖南省水量为 196.8 亿 m^3。

（5）南北盘江。包括南盘江和北盘江。

南盘江发源于云南，至三江口（黄泥河汇口）为黔桂界河。天然水量为 49.84 亿 m^3，还原水量为 0.9095 亿 m^3，支流黄泥河水量出境云南省，出境水量为 7.290 亿 m^3，入省际界河水量为 41.64 亿 m^3。

北盘江发源于云南省，流入贵州省后成为省内河流。入境水量为 20.14 亿 m^3，天然水量为 121.2 亿 m^3，还原水量为 2.789 亿 m^3，入省际界河 138.5 亿 m^3。

（6）红柳江。包括红水河和柳江。

红水河为南、北盘江汇口以下河段，主要支流蒙江、涟江、坝王河、六硐河、曹渡河均发源于贵州，天然水量为 96.14 亿 m^3，还原水量为 1.941 亿 m^3，出境广西壮族自治区水量为 94.20 亿 m^3。

柳江支流有水量从广西入境，入境水量为 6.257 亿 m^3，天然水量为 109.1 亿 m^3，还原水量为 1.734 亿 m^3，出境广西壮族自治区水量为 112.5 亿 m^3。

全省入境水量为 33.87 亿 m^3，天然水量 1042 亿 m^3，还原水量 28.23 亿 m^3，直接出境水量为 821.7 亿 m^3，入省际界河水量为 226.1 亿 m^3。

长江流域入境水量为 7.473 亿 m^3，天然水量 665.6 亿 m^3，还原水量 20.86 亿 m^3，直接出境水量为 607.7 亿 m^3，流入省际界河水量为 45.90 亿 m^3。

珠江流域入境水量为 26.40 亿 m^3，天然水量 376.2 亿 m^3，还原水量 7.373 亿 m^3，直接出境水量为 214.0 亿 m^3，流入省际界河水量为 180.2 亿 m^3。

贵州省多年平均出入境水量见表 7.7。

7.4.2 水量平衡分析

对于某分区（水资源区、流域、行政区）而言，流入水量、流出水量、自产水量以及河湖蓄变量、耗水量之间存在严格水量平衡关系。但由于地表水监测范围、测量误差等客观实际情况，这种水量平衡关系会存在一定的误差，而误差的大小在一定程度上反映了上述水量成果的精度以及合理性。

贵州省多年平均地表水资源量为 1042 亿 m^3，其中通过乌江、北盘江、柳江入境水量为 33.87 亿 m^3，经河道外经济社会发展用水消耗后入省际界河水量为 226.1 亿 m^3，出省境水量为 821.7 亿 m^3，河道外经济社会发展消耗水量为 28.23 亿 m^3。

经计算，贵州省水资源三级区中赤水河、宜宾至宜昌干流、柳江水量平衡差较大，相对平衡差分别为 1.13%、2.34%、1.04%。

表 7.7　　贵州省多年平均出入境水量

水资源分区			集水面积/km²	天然水量/亿 m³	还原水量/亿 m³	实测水量/亿 m³	入境水量/亿 m³	总出境水量/亿 m³			水量平衡差
一级区	二级区	三级区						小计	直接出境	入省际界河	
长江	金沙江石鼓以下	石鼓以下干流	4888	18.56	0.2454	18.31		18.31	18.31		
	宜宾至宜昌	赤水河	11412	55.09	2.087	53.00		53.62	7.726	45.90	0.6241
		宜宾至宜昌干流	2390	14.28	0.4073	13.87		14.21	14.21		0.3337
	乌江	思南以上	50592	274.1	10.88	263.2	3.764	0.4171	0.4171		
		思南以下	16215	102.0	2.375	99.60	3.709	370.2	370.2		0.4717
	洞庭湖水系	沅江浦市镇以上	28714	187.3	4.619	182.7		182.7	182.7		
		沅江浦市镇以下	1536	14.36	0.2438	14.12		14.12	14.12		
	小　计		115747	665.6	20.86	644.7	7.473	653.6	607.7	45.90	1.375
珠江	南北盘江	南盘江	7651	49.84	0.9095	48.93		48.93	7.290	41.64	
		北盘江	20982	121.2	2.789	118.4	20.14	138.5		138.5	
	红柳江	红水河	15978	96.14	1.941	94.20		94.20	94.20		
		柳江	15809	109.1	1.734	107.4	6.257	112.5	112.5		−1.135
	小　计		60420	376.2	7.373	368.9	26.40	394.1	214.0	180.2	−1.135
全　省			176167	1042	28.23	1014	33.87	1047	821.7	226.1	0.24

全省地表水资源量水量平衡差为 0.24 亿 m³，相对平衡差为 0.023%，全省地表水资源量基本平衡，各水量计算成果基本合理。

7.4.3 对外来水源的依赖程度

贵州省多数河流发源于省境内，流向省外，对外来水源的依赖程度不大。只在乌江、南北盘江、红柳江源头有 33.87 亿 m³ 的入境水量，占本省区实测水量 1014 亿 m³ 的 3.34%。

第 8 章　地表水资源质量

水质分析评价以 2016 年为现状代表年，以 2000—2016 年的监测数据为主要依据，按照地表水水质类别、湖泊（水库）富营养化程度、水功能区水质及其达标状况等内容开展地表水资源质量评价，分析评价水功能区水污染负荷变化趋势，开展集中式饮用水水源地水质及其合格状况评价。

8.1　基础资料

8.1.1　基础资料

地表水资源质量评价共选取水质监测站 441 个，涉及贵州省水功能区 366 个，河长 15892.67km，其中国家级重点水功能区 105 个，省级重点水功能区 261 个；湖泊 1 个，评价面积 6.25km^2；水库 60 个；地表水饮用水水源地 66 个；重点河流 11 条，测站 50 个。

全省主要河流上布置有水质监测断面。河流水质监测项目有：水温、pH、溶解氧、高锰酸盐指数、五日生化需氧量、化学需氧量、氨氮、总磷、氟化物、挥发酚、氰化物、六价铬、砷、汞、铜、镉、铅、锌、硒、阴离子表面活性剂、硫化物、粪大肠菌群、悬浮物等 23 项。供水水源地监测项目为水温、pH、溶解氧、高锰酸盐指数、五日生化需氧量、化学需氧量、氨氮、总磷、氟化物、挥发酚、氰化物、六价铬、砷、汞、铜、镉、铅、锌、硒、阴离子表面活性剂、硫化物、粪大肠菌群、硫酸盐、氯化物、硝酸盐氮、铁、锰、总硬度等 28 项。其中湖泊、水库断面加测总氮、叶绿素 a 和透明度等 3 项。红枫湖水库、阿哈水库还增测藻类。

8.1.2　现状年及评价内容

地表水质量评价现状年为 2016 年。采用 2016 年的监测数据，数据不全的，采用了近三年与 2016 年接近年相对应期的数据代替，对不能满足要求的进行了补充监测。

地表水质量评价的水体类型分为三类：河流、湖泊及水库。其中地表水质量评价内容主要包括地表水资源天然水化学特征补充分析、地表水水质评价、湖库营养状态评价、饮用水水源地水质及合格评价、水功能区水质及达标评价和水质变化趋势分析等。评价时段分全年、汛期和非汛期。

8.1.3 评价范围

地表水质量现状调查评价范围覆盖了《国务院关于全国重要江河湖泊水功能区划（2011—2030年）的批复》（国函〔2011〕167号）（以下简称国家重要江河湖泊水功能区名录）中的贵州省重点水功能区105个，贵州省政府批复的水功能区261个，以及所涉及的江河、湖泊、水库水源地等地表水水体，共选取水质监测站441个，评价河长为15892.67km。

8.1.4 评价标准及方法

8.1.4.1 河流和湖库水质类别评价

评价标准为《地表水环境质量标准》（GB 3838—2002），评价项目为该标准表1中除水温、粪大肠菌群以外的22个基本项目（河流不包括总氮），湖库按总氮不参评和参评分别评价。

河流和湖库的水质类别评价方法依照《地表水资源质量评价技术规程》（SL 395—2007）规定的单因子评价法进行，即水质类别取参评项目中水质最差项目的类别。《地表水资源质量评价技术规程》（SL 395—2007）规定，水质现状评价的主要污染项目根据单项水质项目污染出现的频率高低确定，排序前三位的为主要污染项目。

8.1.4.2 湖水库营养状态评价

评价标准执行《地表水资源质量评价技术规程》（SL 395—2007）第5.1.1条规定。评价项目为总磷、总氮、叶绿素a、高锰酸盐指数和透明度5项。评价方法遵循《地表水资源质量评价技术规程》（SL 395—2007）第5.2条规定，即湖库营养状态评价应采用指数法。根据营养状态指数确定营养状态分级。

采用线性插值法将水质项目浓度值转换为赋分值，按下式计算营养状态指数EI。

$$EI = \sum_{n=1}^{N} E_n / N$$

式中：EI为营养状态指数；E_n为评价项目赋分值；N为评价项目个数。

8.1.4.3 水功能区水质评价

包括省级行政区水功能区全因子达标评价、国家重要江河湖泊水功能区全因子和双因子达标评价两部分。全因子指《地表水环境质量标准》（GB 3838—2002）表1中除水温、粪大肠菌群以外的22个基本项目（河流不包括总氮），双因子指高锰酸盐指数（或COD）和氨氮。具有饮用水功能的水功能区全因子评价项目还增加《地表水环境质量标准》（GB 3838—2002）中表2的集中式生活饮用水水源地补充项目。湖库水功能区按照总氮不参评与参评分别进行了评价。单个水功能区单次水质达标评价在水功能区水质类别和营养状态评价的基础上进行，水质类别符合或优于水功能区目标的为达标水功能区，劣于目标要求即为不达标水功能区。年度水功能区水质达标评价结果以水质达标率表示。在年度水功能区水质达标评价中，因为贵州省评价的366个水功能区监测频次都在12次，所以均采用年度频次法进行了评价。年度水功能区水质达标评价结果应分别以水功能区个数、代表河长、代表湖泊水面面积和水库蓄水量的达标率进行表示。

8.1.4.4 地表水饮用水水源评价

《地表水环境质量标准》（GB 3838—2002）规定有“地表水环境质量标准基本项目标准限值”（以下简称“基本项目”）、“集中式生活饮用水水源地补充项目标准限值”（以下简称“补充项目”）、“集中式生活饮用水地表水源地特定项目标准限值”（以下简称“特定项目”），评价有“基本项目”中除水温、粪大肠菌群以外的22个基本项目（河流不包括总氮）。

单个水源地单次水质合格的评价方法除“基本项目”应符合《地表水环境质量标准》（GB 3838—2002）中规定的Ⅲ类限值要求外，增加“补充项目”和“特定项目”，应符合“补充项目”和“特定项目”限值要求。“基本项目”“特定项目”和“补充项目”均符合标准限值要求的水源地为单次水质合格水源地，对应的供水量为单次合格供水量。“基本项目”浓度值超过Ⅲ类标准限值，或“特定项目”和“补充项目”超过标准限值的项目，称为水源地水质超标项目。水源地主要超标项目按超标项目浓度倍数高低排序确定，列前三位的为主要超标项目。

评价结果以年度水质合格率表示。全年水质合格率为水质合格次数占全年评价次数的百分比，全年水质合格率大于等于80%的饮用水水源地为年度水质合格水源地。

8.2 天然水化学特征

地表水天然水化学特征评价项目为矿化度、总硬度、钾、钠、钙、镁、重碳酸盐、氯化物、硫酸盐、碳酸盐10项。分析内容包括总硬度和矿化度分布和采用阿列金分类法划分的水化学类型。

评价共涉及64个水质监测站。水化学特征分析只对评价项目的年均值进行评价。分别绘制了矿化度分布图、总硬度分布图、水化学类型图。总硬度等值线值为15mg/L、30mg/L、55mg/L、85mg/L、170mg/L、250mg/L；矿化度等值线值为50mg/L、100mg/L、200mg/L、300mg/L、500mg/L、1000mg/L。

贵州石灰岩分布广泛，地表水质具有明显的喀斯特水特征，水质成分主要为碳酸盐和重碳酸盐。

8.2.1 地表水矿化度

贵州省所选水质测站矿化度值范围在100～1000mg/L之间，其中石鼓以下干流、赤水河、宜宾至宜昌干流、思南以下、南盘江在300～500mg/L之间，思南以上在300～1000mg/L之间，沅江浦市镇以上在100～500mg/L之间，沅江浦市镇以下在300mg/L左右，北盘江在200～600mg/L之间，红水河在200～300mg/L之间，柳江在100～300mg/L之间。贵州省地表水矿化度分布详见附录C图C.17。

8.2.2 地表水硬度

评价所选64个水质测站地表水硬度值范围在50～500mg/L之间。其中石鼓以下干流、赤水河、宜宾至宜昌干流、思南以下、南盘江、北盘江在170～250mg/L之间，思南以上在150～460mg/L之间，沅江浦市镇以上在30～250mg/L之间，沅江浦市镇以下在170mg/L左右，红水河在85～170mg/L之间，柳江在55～170mg/L之间。贵州省地表水总硬度分布详见附录C图C.18。

8.2.3 地表水的化学类型

采用阿列金分类法划分的水化学类型主要为：C类Ca组Ⅰ型、C类Ca组Ⅱ型、C类Ca组Ⅲ型、C类Mg组Ⅱ型、S类Ca组Ⅱ型、S类Mg组Ⅲ型、S类Ca组Ⅲ型。其中石鼓以下干流、宜宾至宜昌干流为C类Ca组Ⅲ型；赤水河为C类Ca组Ⅲ型、S类Ca组Ⅱ型；思南以上为C类Ca组Ⅰ型、C类Ca组Ⅱ型、C类Ca组Ⅲ型、S类Ca组Ⅱ型、S类Mg组Ⅲ型、S类Ca组Ⅲ型；思南以下为C类Ca组Ⅱ型、C类Ca组Ⅲ型；沅江浦市镇以上为C类Ca组Ⅰ型、C类Ca组Ⅱ型、C类Ca组Ⅲ型、C类Mg组Ⅱ型、S类Ca组Ⅲ型；沅江浦市镇以下为C类Ca组Ⅰ型；南盘江为C类Ca组Ⅰ型、C类Ca组Ⅱ型；北盘江为C类Ca组Ⅰ型、C类Ca组Ⅱ型、S类Mg组Ⅲ型；红水河为C类Ca组Ⅱ型、S类Ca组Ⅲ型；柳江为C类Ca组Ⅱ型、S类Ca组Ⅲ型。贵州省地表水化学类型分布详见附录C图C.19。

8.3 水质状况

8.3.1 河流水质状况

贵州省地表水水质监测评价涉及11个水资源三级区、86个县级行政区，评价河长15892.67km，其中长江区9960.07km，珠江区5932.6km。按全年、汛期、非汛期三个时段进行评价。

8.3.1.1 全年水质状况

1. 长江区

共评价河长9960.07km，Ⅰ类18.96km，Ⅱ类7806.48km，Ⅲ类1145.96km，Ⅳ类451.85km，Ⅴ类220.1km，劣Ⅴ类316.72km，主要污染项目氨氮、总磷、化学需氧量。详情如下：

(1) 石鼓以下干流：评价河长397.22km，Ⅱ类390.72km，劣Ⅴ类6.5km，主要污染项目为五日生化需氧量。

(2) 赤水河：评价河长1015.58km，Ⅱ类969.58km，Ⅳ类46km，主要污染项目为氨氮。

(3) 宜宾至宜昌干流：评价河长99.76km，Ⅰ类3.94km，Ⅱ类91.17km，Ⅳ类4.65km，主要污染项目为石油类。

(4) 思南以上：评价河长4609.48km，Ⅱ类3124.28km，Ⅲ类728.1km，Ⅳ类332.4km，Ⅴ类180.7km，劣Ⅴ类244km，主要污染项目为氨氮、总磷、化学需氧量。

(5) 思南以下：评价河长1115.34km，Ⅰ类15.02km，Ⅱ类1032.66km，Ⅲ类67.66km。

(6) 沅江浦市镇以上：评价河长2634.99km，Ⅱ类2138.57km，Ⅲ类350.2km，Ⅳ类40.6km，Ⅴ类39.4km，劣Ⅴ类66.22km，主要污染项目为氨氮、总磷。

(7) 沅江浦市镇以下：评价河长87.7km，Ⅱ类59.5km，Ⅳ类28.2km，主要污染项目为氨氮。

2. 珠江区

共评价河长5932.6km，Ⅰ类2km，Ⅱ类5184.9km，Ⅲ类510km，Ⅳ类181.7km，劣Ⅴ类54km，主要污染项目为氨氮、总磷、化学需氧量。详情如下：

(1) 南盘江：评价河长791km，Ⅱ类712km，Ⅲ类70km，Ⅳ类9km，主要污染项目为石油类。

(2) 北盘江：评价河长1967.4km，Ⅱ类1480.7km，Ⅲ类260km，Ⅳ类172.7km，劣Ⅴ类54km，主要污染项目为氨氮、总磷、化学需氧量。

(3) 红水河：评价河长1430.6km，Ⅰ类2km，Ⅱ类1379.6km，Ⅲ类49km。

(4) 柳江：评价河长1743.6km，Ⅱ类1612.6km，Ⅲ类131km。

8.3.1.2 汛期水质状况

1. 长江区

共评价河长9960.07km，Ⅰ类31.79km，Ⅱ类7776.65km，Ⅲ类1114.66km，Ⅳ类536.25km，Ⅴ类223.8km，劣Ⅴ类276.92km，主要污染项目为氨氮、总磷、

化学需氧量。详情如下：

（1）石鼓以下干流：评价河长397.22km，Ⅱ类390.72km，Ⅴ类6.5km，主要污染项目为五日生化需氧量、总磷、化学需氧量。

（2）赤水河：评价河长1015.58km，Ⅱ类1015.58km。

（3）宜宾至宜昌干流：评价河长99.76km，Ⅰ类7.11km，Ⅱ类88km，Ⅳ类4.65km，主要污染项目为石油类。

（4）思南以上：评价河长4609.48km，Ⅱ类3198.08km，Ⅲ类591.9km，Ⅳ类391.5km，Ⅴ类217.3km，劣Ⅴ类210.7km，主要污染项目为氨氮、总磷、五日生化需氧量。

（5）思南以下：评价河长1115.34km，Ⅰ类24.68km，Ⅱ类908.1km，Ⅲ类182.56km。

（6）沅江浦市镇以上：评价河长2634.99km，Ⅱ类2116.67km，Ⅲ类340.2km，Ⅳ类111.9km，劣Ⅴ类66.22km，主要污染项目为氨氮、总磷。

（7）沅江浦市镇以下：评价河长87.7km，Ⅱ类59.5km，Ⅳ类28.2km，主要污染项目为氨氮。

2. 珠江区

共评价河长5932.6km，Ⅱ类4614.8km，Ⅲ类1176.6km，Ⅳ类93.2km，劣Ⅴ类48km，主要污染项目为氨氮、总磷、化学需氧量，详情如下：

（1）南盘江：评价河长791km，Ⅱ类728km，Ⅲ类63km。

（2）北盘江：评价河长1967.4km，Ⅱ类1271.3km，Ⅲ类597.9km，Ⅳ类50.2km，劣Ⅴ类48km，主要污染项目为氨氮、总磷。

（3）红水河：评价河长1430.6km，Ⅱ类1265km，Ⅲ类165.6km。

（4）柳江：评价河长1743.6km，Ⅱ类1350.5km，Ⅲ类350.1km，Ⅳ类43km，主要污染项目为总磷。

8.3.1.3 非汛期水质状况

1. 长江区

共评价河长9960.07km，Ⅰ类18.96km，Ⅱ类7626.62km，Ⅲ类907.27km，Ⅳ类924.7km，Ⅴ类64.1km，劣Ⅴ类418.42km，主要污染项目为氨氮、总磷、化学需氧量，详情如下：

（1）石鼓以下干流：评价河长397.22km，Ⅱ类290.35km，Ⅲ类100.37km，劣Ⅴ类6.5km，主要污染项目为五日生化需氧量。

（2）赤水河：评价河长1015.58km，Ⅱ类921.58km，Ⅲ类48km，Ⅳ类46km，主要污染项目为氨氮。

（3）宜宾至宜昌干流：评价河长99.76km，Ⅰ类3.94km，Ⅱ类95.82km。

（4）思南以上：评价河长4609.48km，Ⅱ类3227.48km，Ⅲ类510.3km，Ⅳ类

502.3km，Ⅴ类44.3km，劣Ⅴ类325.1km，主要污染项目为氨氮、总磷、化学需氧量。

（5）思南以下：评价河长1115.34km，Ⅰ类15.02km，Ⅱ类967.96km，Ⅲ类132.36km。

（6）沅江浦市镇以上：评价河长2634.99km，Ⅱ类2063.93km，Ⅲ类116.24km，Ⅳ类348.2km，Ⅴ类19.8km，劣Ⅴ类86.82km，主要污染项目为氨氮、总磷。

（7）沅江浦市镇以下：评价河长87.7km，Ⅱ类59.5km，Ⅳ类28.2km，主要污染项目为氨氮。

2. 珠江区

共评价河长5932.6km，Ⅰ类2km，Ⅱ类5197.3km，Ⅲ类440.2km，Ⅳ类182.1km，Ⅴ类98km，劣Ⅴ类13km，主要污染项目为氨氮、总磷、化学需氧量，详情如下：

（1）南盘江：评价河长791km，Ⅱ类712km，Ⅲ类70km，Ⅴ类9.0km，主要污染项目为石油类。

（2）北盘江：评价河长1967.4km，Ⅱ类1437.8km，Ⅲ类282.9km，Ⅳ类144.7km，Ⅴ类89km，劣Ⅴ类13km，主要污染项目为氨氮、总磷、化学需氧量。

（3）红水河：评价河长1430.6km，Ⅰ类2km，Ⅱ类1379.6km，Ⅲ类11.6km，Ⅳ类37.4km，主要污染项目为总磷。

（4）柳江：评价河长1743.6km，Ⅱ类1667.9km，Ⅲ类75.7km。

8.3.2 湖泊水质状况

贵州省只选取了草海水质监测站进行水质评价，涉及三级区石鼓以下干流的毕节市。贵州省在草海只有两个监测断面，监测数据不能全面反映整个草海的水质状况，针对监测断面的位置情况，只评价草海6.25km^{2}的区域水质。

8.3.2.1 总氮不参评

评价面积6.25km^2，全年水质状况劣Ⅴ类，主要污染项目五日生化需氧量；汛期水质状况Ⅴ类，主要污染项目为五日生化需氧量、总磷、化学需氧量；非汛期水质状况劣Ⅴ类，主要污染项目为五日生化需氧量。

8.3.2.2 总氮参评

评价面积6.25km^2，全年水质状况劣Ⅴ类，主要污染项目五日生化需氧量；汛期水质状况劣Ⅴ类，主要污染项目为五日生化需氧量、总磷、总氮；非汛期水质状况劣Ⅴ类，主要污染项目为五日生化需氧量。

8.3.3 水库水质状况

水库水质评价共选了60个水质监测站，其中长江区50个，珠江区10个，涉及

7个水资源三级区。

8.3.3.1 总氮不参评

1. 全年水质状况

长江区共评价50个水库水质监测站，Ⅱ类45个，Ⅲ类3个，Ⅳ类1个，Ⅴ类1个，主要超标项目为总磷；珠江区共评价10个水库水质监测站，Ⅱ类8个，Ⅲ类2个。

（1）石鼓以下干流：1个水库水质监测站，Ⅱ类。

（2）思南以上：28个水库水质监测站，Ⅱ类24个，Ⅲ类2个，Ⅳ类1个，Ⅴ类1个，主要超标项目为总磷。

（3）思南以下：10个水库水质监测站，Ⅱ类9个，Ⅲ类1个。

（4）沅江浦市镇以上：11个水库水质监测站，Ⅱ类11个。

（5）南盘江：1个水库水质监测站，Ⅱ类。

（6）北盘江：7个水库水质监测站，Ⅱ类5个，Ⅲ类2个。

（7）柳江：2个水库水质监测站，Ⅱ类2个。

2. 汛期水质状况

长江区共评价50个水库水质监测站，Ⅱ类42个，Ⅲ类7个，Ⅴ类1个，主要超标项目为总磷；珠江区共评价10个水库水质监测站，Ⅱ类9个，Ⅲ类1个。

（1）石鼓以下干流：1个水库水质监测站，Ⅱ类。

（2）思南以上：28个水库水质监测站，Ⅱ类25个，Ⅲ类2个，Ⅴ类1个，主要超标项目为总磷。

（3）思南以下：10个水库水质监测站，Ⅱ类9个，Ⅲ类1个。

（4）沅江浦市镇以上：11个水库水质监测站，Ⅱ类7个，Ⅲ类4个。

（5）南盘江：1个水库水质监测站，Ⅱ类。

（6）北盘江：7个水库水质监测站，Ⅱ类6个，Ⅲ类1个。

（7）柳江：2个水库水质监测站，Ⅱ类2个。

3. 非汛期水质状况

长江区共评价50个水库水质监测站，Ⅱ类41个，Ⅲ类5个，Ⅳ类3个，Ⅴ类1个，主要超标项目总磷；珠江区共评价10个水库水质监测站，Ⅱ类8个，Ⅲ类2个。

（1）石鼓以下干流：1个水库水质监测站，Ⅱ类。

（2）思南以上：28个水库水质监测站，Ⅱ类21个，Ⅲ类3个，Ⅳ类3个，劣Ⅴ类1个，主要超标项目为总磷。

（3）思南以下：10个水库水质监测站，Ⅱ类9个，Ⅲ类1个。

（4）沅江浦市镇以上：11个水库水质监测站，Ⅱ类10个，Ⅲ类1个。

（5）南盘江：1个水库水质监测站，Ⅱ类。

（6）北盘江：7个水库水质监测站，Ⅱ类5个，Ⅲ类2个。

（7）柳江：2个水库水质监测站，Ⅱ类2个。

8.3.3.2 总氮参评

1. 全年水质状况

长江区共评价50个水库水质监测站，Ⅲ类5个，Ⅳ类11个，Ⅴ类15个，劣Ⅴ类19个，主要超标项目总氮；珠江区共评价10个水库水质监测站，Ⅲ类3个，Ⅴ类1个，劣Ⅴ类6个，主要超标项目为总氮。

（1）石鼓以下干流：1个水库水质测站，Ⅳ类，主要超标项目为总氮。

（2）思南以上：28个水库水质测站，Ⅲ类1个，Ⅳ类3个，Ⅴ类9个，劣Ⅴ类15个，主要超标项目为总磷、总氮。

（3）思南以下：10个水库水质测站，Ⅲ类1个，Ⅴ类5个，劣Ⅴ类4个，主要超标项目为总氮。

（4）沅江浦市镇以上：11个水库水质测站，Ⅲ类3个，Ⅳ类7个，Ⅴ类1个，主要超标项目为总氮。

（5）南盘江：1个水库水质测站，Ⅴ类1个，主要超标项目为总氮。

（6）北盘江：7个水库水质测站，Ⅲ类1个，劣Ⅴ类6个，主要超标项目为总氮。

（7）柳江：2个水库水质测站，Ⅲ类2个。

2. 汛期水质状况

长江区共评价50个水库水质监测站，Ⅲ类4个，Ⅳ类10个，Ⅴ类17个，劣Ⅴ类19个，主要超标项目为总氮；珠江区共评价10个水库水质监测站，Ⅲ类3个，劣Ⅴ类7个，主要超标项目为总氮。

（1）石鼓以下干流：1个水库水质测站，Ⅴ类，主要超标项目为总氮。

（2）思南以上：28个水库水质测站，Ⅳ类2个，Ⅴ类10个，劣Ⅴ类16个，主要超标项目为总磷、总氮。

（3）思南以下：10个水库水质测站，Ⅳ类2个，Ⅴ类5个，劣Ⅴ类3个，主要超标项目为总氮。

（4）沅江浦市镇以上：11个水库水质测站，Ⅲ类4个，Ⅳ类6个，Ⅴ类1个，主要超标项目为总氮。

（5）南盘江：1个水库水质测站，劣Ⅴ类，主要超标项目为总氮。

（6）北盘江：7个水库水质测站，Ⅲ类1个，劣Ⅴ类6个，主要超标项目为总氮。

（7）柳江：2个水库水质测站，Ⅲ类2个。

3. 非汛期水质状况

长江区共评价50个水库水质监测站，Ⅲ类7个，Ⅳ类9个，Ⅴ类13个，劣Ⅴ类21个，主要超标项目总氮；珠江区共评价10个水库水质监测站，Ⅲ类2个，Ⅳ

类1个，Ⅴ类5个，劣Ⅴ类2个，主要超标项目为总氮。

（1）石鼓以下干流：1个水库水质测站，Ⅲ类。

（2）思南以上：28个水库水质测站，Ⅲ类2个，Ⅳ类3个，Ⅴ类6个，劣Ⅴ类17个，主要超标项目为总磷、总氮。

（3）思南以下：10个水库水质测站，Ⅲ类1个，Ⅴ类5个，劣Ⅴ类4个，主要超标项目为总氮。

（4）沅江浦市镇以上：11个水库水质测站，Ⅲ类3个，Ⅳ类6个，Ⅴ类2个，主要超标项目为总氮。

（5）南盘江：1个水库水质测站，Ⅴ类，主要超标项目为总氮。

（6）北盘江：7个水库水质测站，Ⅲ类1个，Ⅴ类4个，劣Ⅴ类2个，主要超标项目为总氮。

（7）柳江：2个水库水质测站，Ⅲ类1个，Ⅳ类1个，主要超标项目为总氮。

8.3.4 水功能区水质状况

8.3.4.1 全国重要江河湖泊水功能区达标情况

1. 全因子评价达标情况

贵州省全国重要江河湖泊水功能区此次评价共105个，全因子评价达标82个，达标率78.1%。其中，长江区评价76个，达标56个，达标率73.7%；珠江区评价29个，达标26个，达标率89.7%。详情如下：

（1）石鼓以下干流：评价4个，达标1个，达标率25%；评价河长199km，达标河长73.5km，达标率36.9%；湖泊水面面积6.25km^2，都不达标。

（2）赤水河：评价7个，达标7个，达标率100%；评价河长461km，达标河长461km，达标率100%。

（3）宜宾至宜昌干流：评价5个，达标5个，达标率100%；评价河长131km，达标河长131km，达标率100%。

（4）思南以上：评价28个，达标16个，达标率57.1%；评价河长1413.5km，达标河长681.4km，达标率48.2%。

（5）思南以下：评价7个，达标6个，达标率85.7%；评价河长378.3km，达标河长268.3km，达标率70.9%。

（6）沅江浦市镇以上：评价21个，达标18个，达标率85.7%；评价河长976.1km，达标河长938.8km，达标率96.2%。

（7）沅江浦市镇以下：评价4个，达标3个，达标率75%；评价河长88km，达标河长59.5km，达标率67.6%。

（8）南盘江：评价4个，达标4个，达标率100%；评价河长410km，达标河长410km，达标率100%。

（9）北盘江：评价8个，达标5个，达标率62.5%；评价河长657.4km，达标河长558.4km，达标率84.9%。

（10）红水河：评价8个，达标8个，达标率100%；评价河长501km，达标河长501km，达标率100%。

（11）柳江：评价9个，达标9个，达标率100%；评价河长526km，达标河长526km，达标率100%。

2. 水功能区限制纳污红线主要控制项目达标情况

贵州省共评价水功能区105个，达标92个，达标率87.6%。其中，长江区评价76个，达标64个，达标率84.2%；珠江区评价29个，达标28个，达标率96.6%。

（1）石鼓以下干流：评价4个，达标3个，达标率75%。

（2）赤水河：评价7个，达标7个，达标率100%。

（3）宜宾至宜昌干流：评价5个，达标5个，达标率100%。

（4）思南以上：评价28个，达标21个，达标率75%。

（5）思南以下：评价7个，达标7个，达标率100%。

（6）沅江浦市镇以上：评价21个，达标18个，达标率85.7%。

（7）沅江浦市镇以下：评价4个，达标3个，达标率75%。

（8）南盘江：评价4个，达标4个，达标率100%。

（9）北盘江：评价8个，达标7个，达标率87.5%。

（10）红水河：评价8个，达标8个，达标率100%。

（11）柳江：评价9个，达标9个，达标率100%。

主要超标项目为氨氮、总磷、五日生化需氧量。

8.3.4.2 贵州省水功能区水质达标情况

涉及贵州省水功能区共366个，全部采用全因子进行评价，达标312个，达标率85.2%。其中，长江区评价252个，达标212个，达标率84.1%；珠江区评价114个，达标100个，达标率87.7%，详情如下。

1. 长江区

（1）石鼓以下干流：评价7个，达标4个，达标率57.1%；评价河长387km，达标河长261.5km，达标率67.6%；湖泊水面面积6.25km^2，都不达标。

（2）赤水河：评价16个，达标14个，达标率87.5%；评价河长1013km，达标河长923km，达标率91.1%。

（3）宜宾至宜昌干流：评价5个，达标5个，达标率100%；评价河长131km，达标河长131km，达标率100%。

（4）思南以上：评价124个，达标102个，达标率82.3%；评价河长4385.5km，达标河长3321.6km，达标率75.7%。

（5）思南以下：评价28个，达标27个，达标率96.4%；评价河长1171.3km，达标河长1061.3km，达标率90.6%。

（6）沅江浦市镇以上：评价68个，达标57个，达标率81.4%；评价河长2613.1km，达标河长2390.5km，达标率91.5%。

（7）沅江浦市镇以下：评价4个，达标3个，达标率75%；评价河长88km，达标河长59.5km，达标率67.6%。

2. 珠江区

（1）南盘江：评价13个，达标12个，达标率92.3%；评价河长812km，达标河长803km，达标率98.9%。

（2）北盘江：评价36个，达标27个，达标率75%；评价河长1946.4km，达标河长1689.2km，达标率86.8%。

（3）红水河：评价27个，达标25个，达标率92.6%；评价河长1432km，达标河长1420.4km，达标率99.2%。

（4）柳江：评价38个，达标36个，达标率94.7%；评价河长1784km，达标河长1670.4km，达标率93.6%。

主要超标项目为氨氮、总磷、五日生化需氧量。受污染的水功能区主要集中在城市河段，主要分布在思南以上、沅江浦市镇以上等三级区。

8.3.5 地表水饮用水水源地水质状况

对列入《全国重要饮用水水源地名录（2016年）》的地表水饮用水水源地、城市地表水集中式饮用水水源地、供水量10万m^3/d及以上的乡（镇）地表水集中式饮用水水源地进行了调查评价，共评价66个供水水源地。湖库型水源地按照总氮不参评与参评分别进行评价。

8.3.5.1 总氮不参评

主要超标项目有总磷、化学需氧量、pH、五日生化需氧量，年合格供水量为60625.43万m^3。66处水源地有54处水质合格率达100%，占水源地总数的81.8%；有62处水质合格率在90%以上，占水源地总数的93.9%。

8.3.5.2 总氮参评

主要超标项目有总磷、化学需氧量、pH、五日生化需氧量、高锰酸盐指数。年合格供水量7331.6万m^3。66处水源地仅有1处水质合格率达90%，多数水源地水质合格在50%以下。

董箐水电站

第3篇 水资源开发利用及综合评价

第9章　水资源开发利用

9.1　供水量

供水量指各种水源为用户提供的包括输水损失在内的毛供水量。贵州省总供水量包括地表水供水量、地下水供水量和其他水源供水量，地表水供水量由蓄、引、提、调四种形式构成，地下水供水量指水井工程的开采量，其他水源供水量包括污水处理再利用、集雨工程的供水量。

由于自然地理条件较差，经济发展水平相对落后，贵州省的水利工程不仅建设年代久远，而且对水利工程的维护和管理与发达省区相比还有一定的差距。水利工程的供水量除少数大中型工程有实测记录外，大部分工程没有记录。因此，现状供水量调查，对无实测资料的供水量是根据灌溉面积、工业产值、实际毛取水定额等资料进行估算。对没有实际毛取水定额的工程，借用其毛用水定额估算。

9.1.1　现状年供水量

截至2020年年底，贵州省水库工程2600余处，引提水工程5万余处，地下水（机井）3万余眼，此外还建成一批雨水集蓄利用工程。2020年全省供水能力达到126亿m^3。

2016年，贵州省总供水量为100.2亿m^3，其中，地表水源供水量为95.74亿m^3，占比95.6%；地下水源供水量为2.981亿m^3，占比3.0%；其他水源供水量为1.429亿m^3，占比1.4%。2016年不同水源类型供水量见图9.1。

地表水源供水量95.74亿m^3，其中，蓄水工程供水量42.70亿m^3，占比44.6%；引水工程供水量32.23亿m^3，占比33.7%；提水工程供水量20.39亿m^3，占比21.3%；跨流域调水量0.4350亿m^3，占比0.4%。2016年不同类型地表水供水量见图9.2。

其他水源供水量1.429亿m^3，其中，污水处理回用0.2692亿m^3，占比18.8%；雨水利用1.160亿m^3，占比81.2%。

从地区分布来看，遵义市供水量最大，为21.44亿m^3，占比21.4%；安顺市供水量最小，为7.191亿m^3，占比7.2%。2016年贵州省行政分区分水源类型供水量统计详见表9.1。

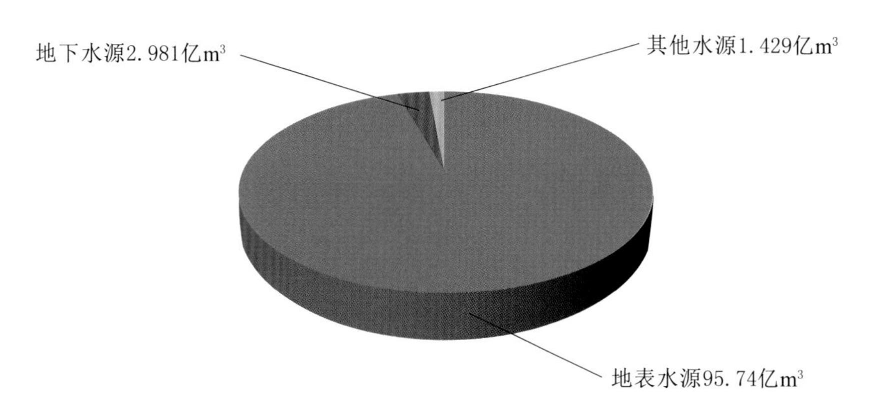

图9.1 2016年不同水源类型供水量

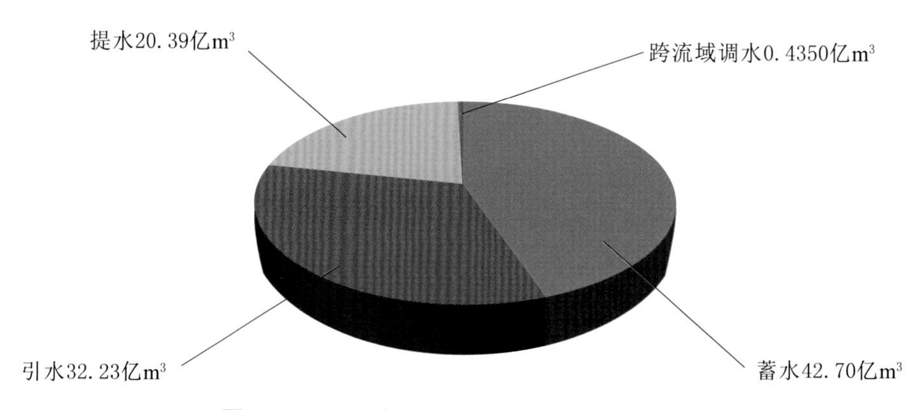

图9.2 2016年不同地表水源类型供水量

表9.1 2016年行政分区分水源类型供水量统计 单位：亿m^3

行政分区	地表水源供水量					地下水源供水量	其他水源供水量			总供水量
	蓄水	引水	提水	跨流域调水	小计		污水处理回用	雨水利用	小计	
全省	42.70	32.23	20.39	0.4350	95.74	2.981	0.2692	1.160	1.429	100.2
贵阳市	7.613	1.040	2.260	—	10.91	0.2086	0.0311	0.1464	0.1775	11.30
六盘水市	2.799	2.324	2.663	0.2650	8.050	0.4141	0.1202	0.0506	0.1708	8.635
遵义市	7.986	11.51	1.474	—	20.97	0.3229	0.0106	0.1356	0.1462	21.44
安顺市	4.097	1.288	1.012	0.1700	6.566	0.6109	—	0.0138	0.0138	7.191
毕节市	4.201	2.276	5.530	—	12.01	0.1732	0.0945	0.1453	0.2398	12.42
铜仁市	4.506	1.243	1.943	—	7.692	0.377	—	0.2578	0.2578	8.327
黔西南州	2.517	3.498	1.002	—	7.017	0.2141	0.0056	0.0792	0.0848	7.316
黔东南州	4.217	5.884	2.379	—	12.48	0.4011	—	0.0044	0.0044	12.89
黔南州	4.762	3.160	2.124	—	10.05	0.2594	0.0072	0.3266	0.3338	10.64

从水资源三级区来看，思南以上供水量最大，为41.39亿m³，占比41.3%；沅江浦市镇以下供水量最小，为0.9831亿m³，占比1.0%。2016年贵州省水资源分区分水源类型供水量统计详见表9.2。

表9.2　　2016年水资源分区分水源类型供水量统计　　单位：亿m³

级别	名称	地表水源供水量					地下水源供水量	其他水源供水量			总供水量
		蓄水	引水	提水	跨流域调水	小计		污水处理回用	雨水利用	小计	
全省		42.7	32.23	20.39	0.4350	95.74	2.981	0.2692	1.160	1.429	100.2
一级区	长江	31.62	22.49	16.20	0.2650	70.57	2.033	0.2221	0.8331	1.055	73.66
	珠江	11.08	9.738	4.186	0.1700	25.17	0.9484	0.0471	0.3266	0.3736	26.50
二级区	金沙江石鼓以下	0.7052	0.1171	0.4309	—	1.253	0.0276	—	0.0083	0.0083	1.289
	宜宾至宜昌	2.393	4.763	0.8733	—	8.03	0.1114	0.0297	0.0546	0.0843	8.225
	乌江	22.22	12.51	11.29	0.2650	46.29	1.305	0.1895	0.5834	0.7729	48.36
	洞庭湖水系	6.299	5.094	3.606	—	15	0.5888	0.0030	0.1868	0.1898	15.78
	南北盘江	6.685	5.595	2.431	0.1700	14.88	0.6218	0.0427	0.1164	0.1591	15.66
	红柳江	4.397	4.143	1.755	—	10.29	0.3266	0.0044	0.2102	0.2145	10.84
三级区	石鼓以下干流	0.7052	0.1171	0.4309	—	1.253	0.0276	—	0.0083	0.0083	1.289
	赤水河	2.084	4.006	0.8647	—	6.954	0.1011	0.0297	0.0525	0.0822	7.138
	宜宾至宜昌干流	0.3094	0.7573	0.0087	—	1.075	0.0103	—	0.0021	0.0021	1.088
	思南以上	19.44	9.364	10.52	0.2650	39.59	1.133	0.1894	0.4765	0.6659	41.39
	思南以下	2.778	3.149	0.7697	—	6.697	0.1726	0.0001	0.1069	0.107	6.977
	沅江浦市镇以上	5.617	4.928	3.534	—	14.08	0.5691	0.003	0.1446	0.1475	14.79
	沅江浦市镇以下	0.6824	0.1659	0.0728	—	0.9212	0.0197	—	0.0422	0.0422	0.9831
	北盘江	1.949	1.413	0.4708	0.1700	3.833	0.1284	0.0305	0.0390	0.0513	4.013
	南盘江	4.736	4.182	1.960	—	11.05	0.4934	0.0122	0.0774	0.1078	11.65
	红水河	2.514	1.768	1.226	—	5.508	0.1511	0.0040	0.1397	0.1438	5.803
	柳江	1.883	2.374	0.5289	—	4.786	0.1755	0.0003	0.0705	0.0708	5.032

9.1.2 供水量变化情况

2010—2016年，贵州省供水量依次为91.79亿m³、91.30亿m³、91.91亿m³、91.05亿m³、94.94亿m³、97.71亿m³、100.2亿m³。除2011年与2013年因干旱导致供水量偏低外，其余年份供水量呈逐年上升趋势，详见图9.3～图9.5。

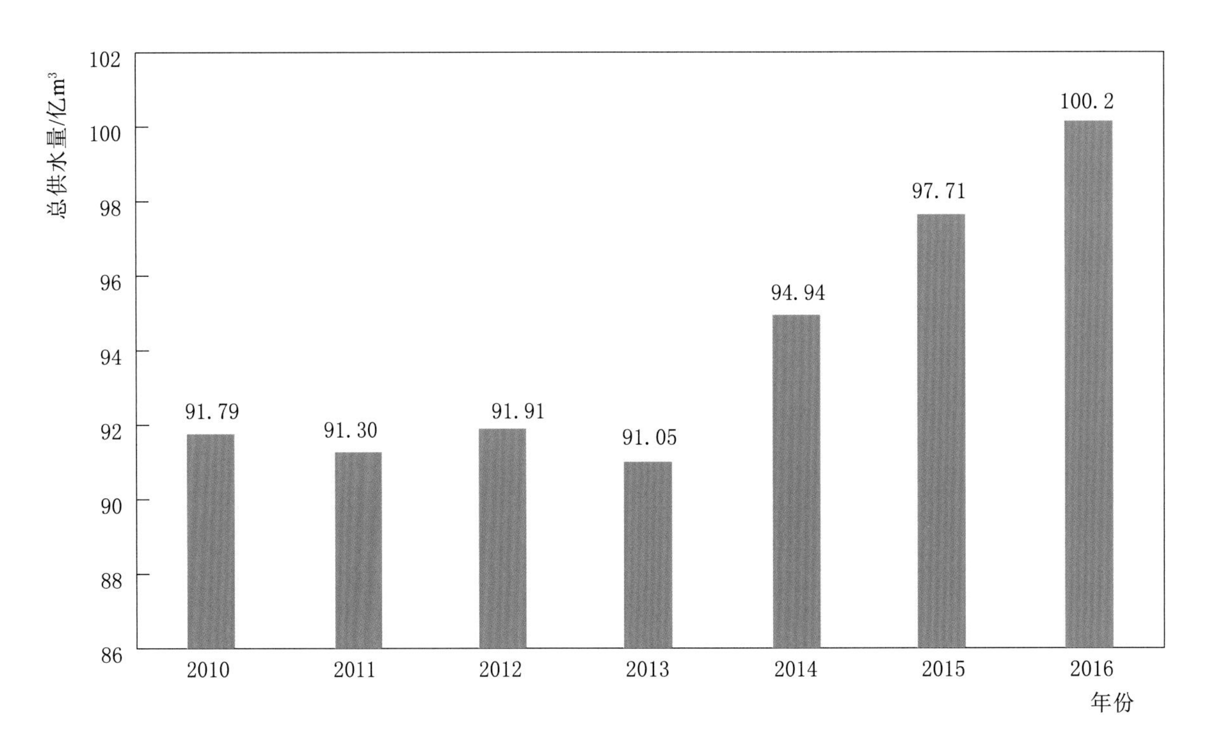

图 9.3　2010—2016 年供水量变化趋势

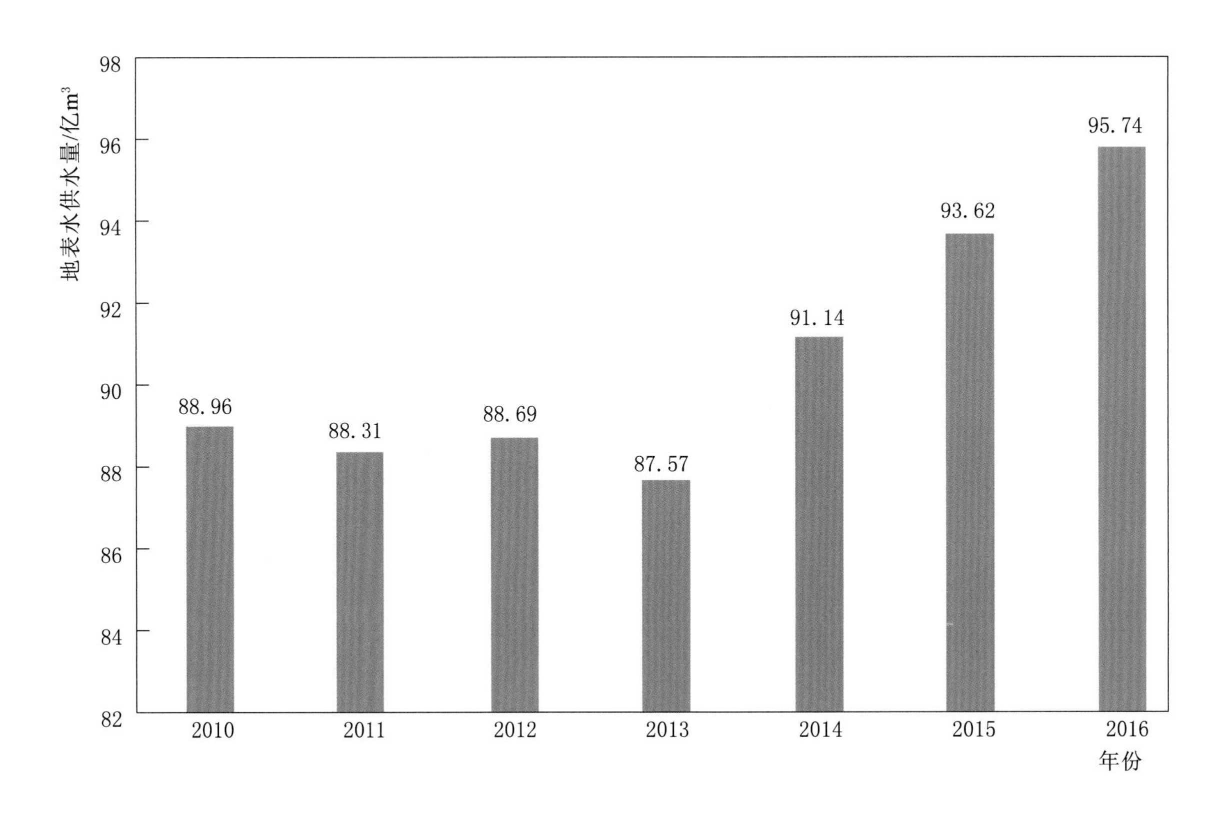

图 9.4　2010—2016 年地表水供水量变化趋势

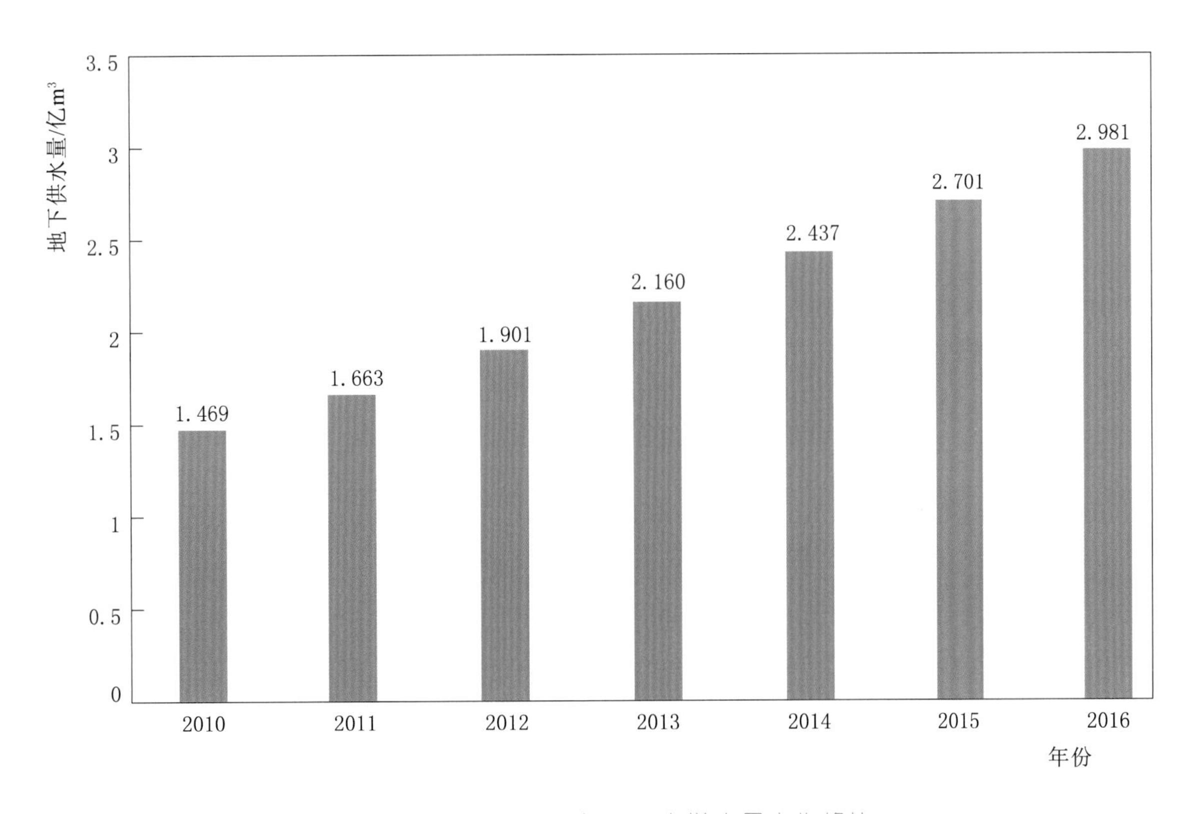

图9.5　2010—2016年地下水供水量变化趋势

2010—2016年，贵州省大中型水库蓄水量分别为237亿m^3、137亿m^3、251亿m^3、220亿m^3、304亿m^3、300亿m^3和260亿m^3。2010—2013年，贵州省干旱严重，由于供水工程不足，工程性缺水问题突出，用水得不到有效满足，故2010—2013年全省总供水量均较低。

2013—2016年，全省供水量呈上升趋势，年均增长3.2%，供水增长主要原因是从“十二五”中期开始，贵州省水利工程建设快速发展，工程建成后陆续发挥效益，供水量持续增加，缓解了贵州省工程性缺水的问题。

从各市（州）供水来看，2013—2016年，安顺市供水量增长最快，年均增长4.6%，其次为遵义市，年均增长4.0%；黔南州供水量增长最慢，年均增长1.1%。详见表9.3。

从水资源三级区供水来看，2013—2016年，石鼓以下干流供水量增长最快，年均增长6.8%，其次为赤水河，年均增长6.1%，供水量增长主要因为近年该区域经济增长迅速，用水需求增加；沅江浦市镇以下供水量呈下降趋势，年均减少1.9%。2010—2016年贵州省水资源分区供水量详见表9.4，2010—2016年贵州省不同水源类型供水量统计详见表9.5。

表9.3　　2010—2016年行政分区供水量统计　　单位：亿 m^3

行政分区	2010年	2011年	2012年	2013年	2014年	2015年	2016年
全省	91.79	91.30	91.91	91.05	94.94	97.71	100.2
贵阳市	10.68	10.26	10.44	10.12	10.71	10.92	11.30
六盘水市	7.375	7.350	8.075	8.080	7.882	8.345	8.635
遵义市	18.62	19.01	18.97	19.06	19.96	20.76	21.44
安顺市	6.237	6.427	6.215	6.286	6.907	7.113	7.191
毕节市	11.82	11.06	11.23	11.18	11.37	11.56	12.42
铜仁市	7.851	7.533	7.603	7.851	8.206	8.174	8.327
黔西南州	5.815	6.185	6.820	6.516	6.976	7.147	7.316
黔东南州	12.37	12.42	12.21	11.67	12.23	12.83	12.89
黔南州	11.03	11.07	10.36	10.28	10.70	10.87	10.64

表9.4　　2010—2016年水资源分区供水量统计　　单位：亿 m^3

水资源分区		2010年	2011年	2012年	2013年	2014年	2015年	2016年
全省		91.79	91.30	91.91	91.05	94.94	97.71	100.2
一级区	长江	68.62	67.64	67.67	66.83	69.77	71.59	73.66
	珠江	23.17	23.67	24.24	24.22	25.18	26.12	26.50
二级区	金沙江石鼓以下	0.9674	0.9670	1.000	1.057	1.141	1.195	1.289
	宜宾至宜昌	6.691	6.866	7.161	7.217	7.551	7.918	8.225
	乌江	45.72	44.49	44.21	43.84	45.76	46.74	48.36
	洞庭湖水系	15.24	15.31	15.30	14.72	15.31	15.74	15.78
	南北盘江	12.95	13.36	14.39	14.14	14.64	15.25	15.66
	红柳江	10.22	10.30	9.854	10.07	10.54	10.88	10.84
三级区	石鼓以下干流	0.9674	0.9670	1.000	1.057	1.141	1.195	1.289
	赤水河	5.612	5.754	6.073	6.218	6.500	6.852	7.138
	宜宾至宜昌干流	1.079	1.112	1.088	0.999	1.051	1.067	1.088
	思南以上	39.03	37.94	37.93	37.65	39.17	39.96	41.39
	思南以下	6.693	6.554	6.281	6.195	6.595	6.783	6.977
	沅江浦市镇以上	14.38	14.45	14.43	13.68	14.36	14.79	14.79
	沅江浦市镇以下	0.8613	0.8573	0.8710	1.042	0.9507	0.9512	0.9831
	南盘江	3.238	3.530	4.201	3.888	3.793	3.904	4.013
	北盘江	9.713	9.834	10.19	10.26	10.85	11.34	11.65
	红水河	5.414	5.463	5.188	5.323	5.700	5.916	5.803
	柳江	4.805	4.839	4.665	4.750	4.840	4.960	5.032

表 9.5　　2010—2016 年不同水源类型供水量统计　　单位：亿 m^3

水源类型	2010 年	2011 年	2012 年	2013 年	2014 年	2015 年	2016 年
地表水供水量	88.96	88.31	88.69	87.57	91.14	93.62	95.74
地下水供水量	1.469	1.664	1.901	2.160	2.437	2.701	2.981
其他水源供水量	1.354	1.324	1.323	1.321	1.370	1.397	1.429
全省	91.79	91.30	91.91	91.05	94.94	97.71	100.2

9.2　用水量

9.2.1　现状年用水量

贵州省除一部分城镇供水外，农村生活、农业灌溉等其他方面用水计量率低，基本没有计量设施，其用水量由社会经济统计指标乘以相应的定额得到。用水定额主要参考水资源公报、《贵州省节水规划（2016—2030 年）》、《贵州省行业用水定额》(DB52/T 725—2011)、《贵州省水战略规划》、《典型灌区的灌溉用水定额》等有关定额资料综合确定。

2016 年，贵州省总用水量为 100.2 亿 m^3，其中农业用水量（含牲畜用水量）为 53.97 亿 m^3，占比 53.9%；工业用水量为 28.74 亿 m^3，占比 28.7%；生活用水量（含城镇居民、农村居民、建筑及服务业）为 16.65 亿 m^3，占比 16.6%；人工生态与环境补水量为 0.7971 亿 m^3，占比 0.8%。2016 年贵州省用水量情况见图 9.6。

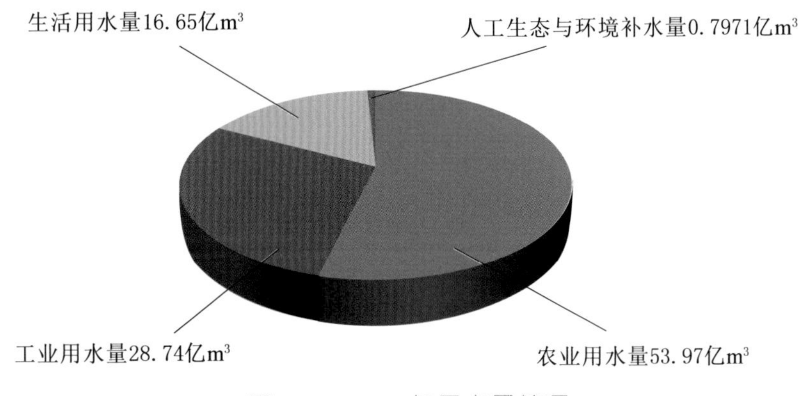

图 9.6　2016 年用水量情况

从用水量分布来看，用水水平与国民经济的发展水平一致，思南以上三级区用水量占全省总用水量的 41.3%，主要因为思南以上三级区是贵州省工农业最发达地区，区内经济基础较好，人口分布密集，有全省政治经济文化中心省会城市贵阳市，同时还分布有遵义市、六盘水市、毕节市等重要城市，详见表 9.6。

从各市(州)用水量分布来看，遵义市用水量最大，为 21.44 亿 m^3，占比 21.4%，主要因为遵义市灌溉用水量大，为 14.10 亿 m^3，占遵义市总用水量的 65.7%；安顺市用水量最小，为 7.191 亿 m^3，占比 7.2%。2016 年贵州省行政分区分行业用水量详见表 9.7。

表 9.6　　2016年水资源分区分行业用水量统计　　单位：亿 m^3

水资源分区		农业用水量	工业用水量	生活用水量	人工生态与环境补水量			总用水量
					城镇环境	河湖补水	小计	
全省		53.97	28.74	16.65	0.7771	0.0200	0.7971	100.2
一级区	长江	38.14	22.12	12.79	0.6141		0.6141	73.66
	珠江	15.84	6.617	3.858	0.1630	0.0200	0.1830	26.50
二级区	金沙江石鼓以下	0.4543	0.3428	0.4731	0.0189		0.0189	1.289
	宜宾至宜昌	4.863	2.208	1.106	0.0479		0.0479	8.225
	乌江	23.46	15.22	9.219	0.4617		0.4617	48.36
	洞庭湖水系	9.353	4.348	1.991	0.0855		0.0855	15.78
	南北盘江	7.868	5.242	2.425	0.1078	0.0200	0.1278	15.66
	红柳江	7.971	1.376	1.433	0.0552		0.0552	10.84
三级区	石鼓以下干流	0.4543	0.3428	0.4731	0.0189		0.0189	1.289
	赤水河	4.111	2.087	0.9020	0.0377		0.0377	7.138
	宜宾至宜昌干流	0.7524	0.1210	0.2042	0.0102		0.0102	1.088
	思南以上	17.99	14.75	8.2279	0.4197		0.4197	41.39
	思南以下	5.476	0.4674	0.9912	0.0420		0.0420	6.977
	沅江浦市镇以上	8.793	4.075	1.847	0.0790		0.0790	14.79
	沅江浦市镇以下	0.5599	0.2724	0.1444	0.0065		0.0065	0.9831
	南盘江	1.766	1.629	0.5934	0.0250		0.0250	4.013
	北盘江	6.102	3.613	1.831	0.0828	0.0200	0.1028	11.65
	红水河	4.155	0.8383	0.7801	0.0293		0.0293	5.803
	柳江	3.816	0.5373	0.6530	0.0259		0.0259	5.032

表 9.7　　2016年行政分区分行业用水量统计　　单位：亿 m^3

行政分区	农业用水量	工业用水量	生活用水量	人工生态与环境补水量			总用水量
				城镇环境	河湖补水	小计	
全省	53.97	28.74	16.65	0.7771	0.0200	0.7971	100.2
贵阳市	2.887	5.321	2.920	0.1708		0.1708	11.30
六盘水市	2.698	4.541	1.308	0.0674	0.0200	0.0874	8.635
遵义市	14.65	3.544	3.086	0.1595		0.1595	21.44
安顺市	5.004	1.143	0.9977	0.0456		0.0456	7.191
毕节市	4.240	5.349	2.729	0.1013		0.1013	12.42
铜仁市	4.772	2.119	1.379	0.0580		0.0580	8.327
黔西南州	3.922	2.132	1.211	0.0520		0.0520	7.316
黔东南州	8.774	2.542	1.508	0.0618		0.0618	12.89
黔南州	7.027	2.044	1.509	0.0606		0.0606	10.64

9.2.2 用水量变化情况

2010—2016年，贵州省用水量依次为91.79亿m^3、91.30亿m^3、91.91亿m^3、91.05亿m^3、94.94亿m^3、97.71亿m^3、100.2亿m^3。2010—2016年贵州省分行业用水量详见表9.8和图9.7。

表9.8　2010—2016年分行业用水量统计表　单位：亿m^3

行　业	2010年	2011年	2012年	2013年	2014年	2015年	2016年
农业用水量	52.96	53.21	50.96	50.20	52.66	53.59	53.97
工业用水量	25.15	24.16	26.50	25.75	26.43	27.45	28.74
生活用水量	13.16	13.40	13.91	14.52	15.20	15.94	16.65
人工生态与环境补水量	0.5074	0.5231	0.5536	0.5801	0.6516	0.7226	0.7971
全省	91.79	91.30	91.91	91.05	94.94	97.71	100.2

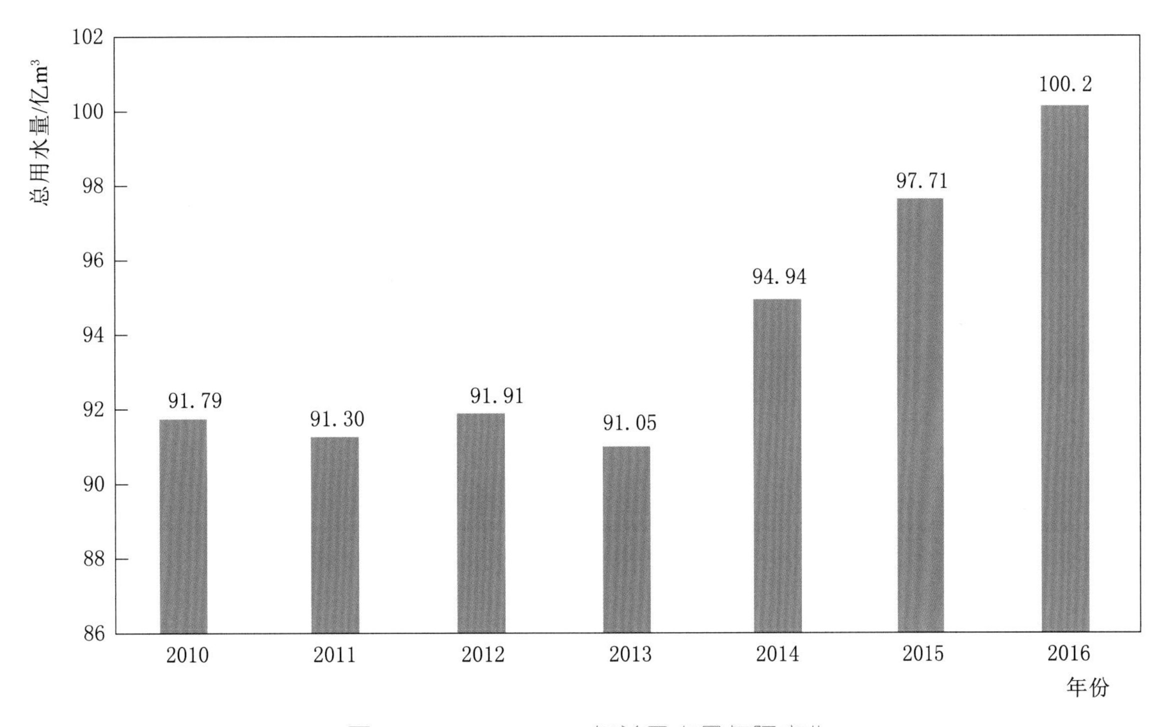

图9.7　2010—2016年总用水量年际变化

2010—2013年，逢枯水年组全省降水偏少，水资源总量偏少，大中型水库蓄水严重不足，连续发生全省性严重干旱。特别是2011年，2011年是旱灾粮食减产量最多的年份，旱灾粮食减产达319万t，占当年粮食总产量的36.4%，故2010—2013年全省总用水量均较低。2013—2016年，全省用水量呈上升趋势，年均增长3.2%。

2013—2016年，全省总用水量呈上升趋势，年均增长3.2%，用水增长主要原因是从“十二五”中期开始，贵州省水利工程建设快速发展，工程建成后陆续发挥效益，供水量持续增加，缓解了贵州省工程性缺水的问题，用水得到了更好的满足。

9.2.3 用水消耗量

用水消耗量（以下简称“耗水量”）是指毛用水量在输水、用水过程中，通过蒸发、土壤吸收、产品带走、居民和牲畜饮用等多种途径消耗掉而不能回归到地表水体或地下含水层的水量。耗水量主要包括农业耗水量（含牲畜耗水量）、工业耗水量、生活耗水量。

2016年贵州省总耗水量为54.14亿m^3。其中，农业综合耗水量为31.97亿m^3，占比59.0%；工业综合耗水量为15.42亿m^3，占比28.5%；生活综合耗水量为6.112亿m^3，占比11.3%；人工生态与环境综合耗水量为0.6416亿m^3，占比1.2%。分行业耗水量详见表9.9、表9.10和图9.8。

表9.9 2016年贵州省水资源分区分行业耗水量统计 单位：亿m^3

水资源分区		农业耗水量	工业耗水量	生活耗水量	人工生态与环境耗水量			总耗水量
					城镇环境	河湖补水	小计	
全省		31.97	15.42	6.112	0.6216	0.0200	0.6416	54.14
一级区	长江	22.65	11.86	4.52	0.4913		0.4913	39.52
	珠江	9.316	3.56	1.592	0.1304	0.0200	0.1503	14.62
二级区	金沙江石鼓以下	0.2982	0.1714	0.1823	0.0151		0.0151	0.667
	宜宾至宜昌	2.888	1.185	0.4826	0.0383		0.0383	4.593
	乌江	14.02	8.22	3.115	0.3694		0.3694	25.72
	洞庭湖水系	5.45	2.282	0.7396	0.0684		0.0684	8.54
	南北盘江	4.705	2.872	0.9936	0.0862	0.0200	0.1062	8.676
	红柳江	4.611	0.6878	0.5989	0.0441		0.0441	5.942
三级区	石鼓以下干流	0.2982	0.1714	0.1823	0.0151		0.0151	0.667
	赤水河	2.442	1.124	0.4059	0.0302		0.0302	4.003
	宜宾至宜昌干流	0.4452	0.0605	0.0767	0.0081		0.0081	0.5905
	思南以上	10.79	7.986	2.694	0.3358		0.3358	21.81
	思南以下	3.222	0.2337	0.4209	0.0336		0.0336	3.91
	沅江浦市镇以上	5.119	2.146	0.6879	0.0632		0.0632	8.016
	沅江浦市镇以下	0.3314	0.1362	0.0516	0.0052		0.0052	0.5244
	南盘江	1.062	0.9581	0.2527	0.02		0.02	2.293
	北盘江	3.643	1.914	0.7409	0.0662	0.0200	0.0862	6.384
	红水河	2.415	0.4192	0.3377	0.0235		0.0235	3.195
	柳江	2.196	0.2687	0.2611	0.0207		0.0207	2.747

表 9.10 2016年行政分区分行业耗水量统计 单位：亿 m^3

行政分区	农业耗水量	工业耗水量	生活耗水量	人工生态与环境耗水量			总耗水量
				城镇环境	河湖补水	小计	
全省	31.97	15.42	6.112	0.6216	0.0200	0.6416	54.14
贵阳市	1.754	2.702	0.7845	0.1367		0.1367	5.377
六盘水市	1.636	2.52	0.4903	0.0539	0.0200	0.0739	4.72
遵义市	8.61	1.927	1.096	0.1276		0.1276	11.76
安顺市	2.929	0.638	0.3879	0.0365		0.0365	3.991
毕节市	2.707	3.065	1.153	0.0811		0.0811	7.007
铜仁市	2.845	1.087	0.5423	0.0464		0.0464	4.521
黔西南州	2.349	1.106	0.4928	0.0416		0.0416	3.990
黔东南州	5.067	1.295	0.6049	0.0495		0.0495	7.016
黔南州	4.072	1.078	0.5596	0.0485		0.0485	5.758

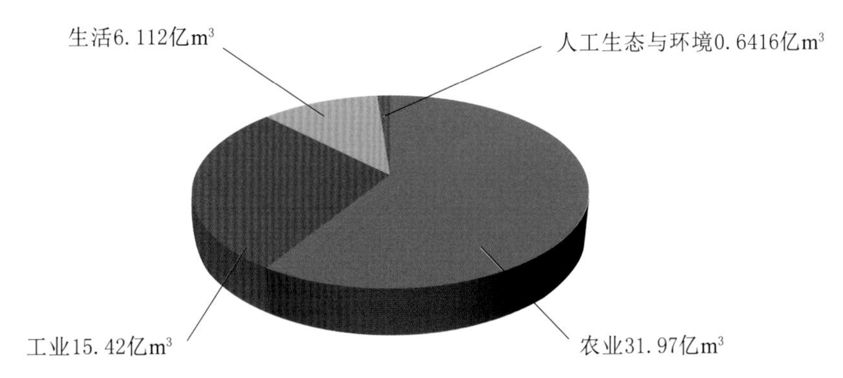

图 9.8 2016 年分行业耗水量

耗水率的确定是以典型（区）点调查的方法进行的。农田耗水率是通过对灌区进行典型调查，运用水量平衡分析方法推求；工业耗水率是选取有一定代表性的企业，估算工业耗水量，求出调查区的工业耗水率，根据不同行业的耗水率，以其工业产值为权重，求出工业耗水率；火电工业的耗水率根据火电厂的实际情况，进行现场调查，单独列出其耗水率；城镇生活耗水率是选取贵州省不同发展水平的城市作典型调查，由用水量减去污水排放量求得耗水量，计算出耗水率，其他未作调查的城市，耗水率与相应发展水平的典型城市取一致；农村生活耗水量是结合贵州省实际情况确定，农村住宅给排水设施配备率较低，用水定额低，耗水率较高。耗水量等于用水量乘以耗水率。

2016 年贵州省总耗水量为 54.14 亿 m^3，综合耗水率为 54.0%。其中，农业综合耗水率为 59.2%，工业综合耗水率为 53.7%，生活综合耗水率为 36.7%，人工生态与环境综合耗水率为 80.5%。2016 年贵州省分行业耗水率详见表 9.11。

表 9.11　　2016年分行业耗水率

行　业	总用水量/亿 m^3	总耗水量/亿 m^3	耗水率/%
农业用水量	53.97	31.97	59.2
工业用水量	28.74	15.42	53.7
生活用水量	16.65	6.112	36.7
人工生态与环境补水量	0.7971	0.6416	80.5
全省	100.2	54.14	54.0

从水资源三级区看，石鼓以下干流综合耗水率最低，为51.7%；赤水河综合耗水率最高，为56.1%。从各市（州）看，贵阳市综合耗水率最低，为47.6%；毕节市综合耗水率最高，为56.4%。2016年贵州省水资源分区和行政分区耗水率详见表9.12和表9.13。

表 9.12　　2016年水资源分区耗水率

水资源分区		总用水量/亿 m^3	总耗水量/亿 m^3	耗水率/%
全省		100.2	54.14	54.0
一级区	长江	73.66	39.52	53.7
	珠江	26.50	14.62	55.2
二级区	金沙江石鼓以下	1.289	0.667	51.7
	宜宾至宜昌	8.225	4.593	55.8
	乌江	48.36	25.72	53.2
	洞庭湖水系	15.78	8.54	54.1
	南北盘江	15.66	8.676	55.4
	红柳江	10.84	5.942	54.8
三级区	石鼓以下干流	1.289	0.667	51.7
	赤水河	7.138	4.003	56.1
	宜宾至宜昌干流	1.088	0.5905	54.3
	思南以上	41.39	21.81	52.7
	思南以下	6.977	3.910	56.0
	沅江浦市镇以上	14.79	8.016	54.2
	沅江浦市镇以下	0.9831	0.5244	53.3
	南盘江	4.013	2.293	57.1
	北盘江	11.65	6.384	54.8
	红水河	5.803	3.195	55.1
	柳江	5.032	2.747	54.6

表 9.13　2016年行政分区耗水率

行政分区	总用水量/亿 m^3	总耗水量/亿 m^3	耗水率/%
全省	100.2	54.14	54.0
贵阳市	11.30	5.377	47.6
六盘水市	8.635	4.720	54.7
遵义市	21.44	11.76	54.9
安顺市	7.191	3.991	55.5
毕节市	12.42	7.007	56.4
铜仁市	8.327	4.521	54.3
黔西南州	7.316	3.990	54.5
黔东南州	12.89	7.016	54.4
黔南州	10.64	5.758	54.1

9.3　用水水平与开发利用程度

9.3.1　用水水平

2016年贵州省人均综合用水量为282m^3/a。从行政分区分布来看，黔东南州人均综合用水量最高，为367m^3/a，主要是因为黔东南州耕地灌溉用水占比较大(66.1%)，人均实际耕地灌溉面积较大（1.00亩/人）。毕节市人均综合用水量最低，为187m^3，主要是因为毕节市水资源条件较差，灌溉用水占比较低（30.1%），人均实际耕地灌溉面积较小（0.27亩/人）。从水资源三级区来看，沅江浦市镇以上人均综合用水量最高，为365m^3/a。石鼓以下干流人均综合用水量最低，为120m^3/a，主要是因为区内山高坡陡，水土流失严重，自然条件恶劣，人口分布密度较小，是贵州省水资源短缺地区，经济发展水平较低，城镇生活用水定额低，工业不发达，水田少，水浇地多，农灌用水量少。

2016年贵州省万元地区生产总值用水量为85m^3，略高于全国水平（81m^3）。各水资源三级区万元地区生产总值用水量在66～155m^3之间，最大最小用水量比值为2.3。经济较发达的思南以上万元地区生产总值用水量最小，为66m^3；柳江万元地区生产总值用水量最大，为155m^3。

2016年贵州省万元工业增加值用水量为77m^3，高于全国平均水平（52.8m^3）。各水资源三级区万元工业增加值用水量在37～125m^3之间，最大最小用水量比值3.4，其中宜宾至宜昌干流和赤水河较低，分别为37m^3和43m^3；沅江浦市镇以上最高，为125m^3。

2016年贵州省亩均耕地灌溉用水量为392m³，略高于全国平均水平（380m³）。各水资源三级区亩均耕地灌溉用水量在380～433m³之间，赤水河最低，沅江浦市镇以下最高。各市（州）之间对比，六盘水市最低，为362m³；铜仁市最高，为433m³。

2016年贵州省人均城镇生活用水量为44m³，低于全国平均水平（80m³）。各水资源三级区城镇生活用水量在42～45m³之间，石鼓以下干流最低，赤水河最高。各市（州）之间对比，六盘水市最低，为40m³；贵阳市最高，为46m³。

2016年贵州省人均农村居民生活用水量为23m³，低于全国平均水平（31m³）；各水资源三级区农村居民生活用水量在22～24m³之间，宜宾至宜昌干流最高。各市（州）之间对比，贵阳市最高，为26m³。分区用水水平详见表9.14、表9.15和图9.9、图9.10。

表9.14　2016年水资源分区用水水平

水资源分区		人均综合用水量/(m³/a)	万元地区生产总值用水量/m³	万元工业增加值用水量/m³	亩均耕地灌溉用水量/(m³/a)	人均城镇生活用水量/m³	人均农村居民生活用水量/m³
全省		282	85	77	392	44	23
一级区	长江	279	80	76	388	44	23
	珠江	290	102	83	400	42	22
二级区	金沙江石鼓以下	120	75	92	324	42	22
	宜宾至宜昌	312	81	43	382	45	23
	乌江	264	72	76	386	44	23
	洞庭湖水系	362	122	124	401	44	22
	南北盘江	272	86	84	384	42	22
	红柳江	319	140	78	416	44	22
三级区	石鼓以下干流	120	75	92	324	42	22
	赤水河	323	79	43	380	45	23
	宜宾至宜昌干流	254	99	37	392	45	24
	思南以上	259	66	75	381	44	23
	思南以下	300	150	85	401	44	23
	沅江浦市镇以上	365	121	125	400	44	22
	沅江浦市镇以下	320	135	118	433	43	23
	南盘江	279	83	100	383	43	23
	北盘江	270	87	78	385	42	22
	红水河	307	129	69	414	44	23
	柳江	334	155	97	418	44	22

表 9.15　　2016 年行政分区用水水平

行政分区	人均综合用水量 /(m^3/a)	万元地区生产总值用水量 /m^3	万元工业增加值用水量 /m^3	亩均耕地灌溉用水量 /(m^3/a)	人均城镇生活用水量 /m^3	人均农村居民生活用水量 /m^3
全省	282	85	77	392	44	23
贵阳市	241	40	69	368	46	26
六盘水市	297	71	81	362	40	23
遵义市	344	97	41	392	45	24
安顺市	309	113	67	410	41	22
毕节市	187	83	110	324	42	22
铜仁市	265	107	122	433	43	23
黔西南州	258	86	88	387	43	23
黔东南州	367	152	141	396	44	22
黔南州	326	114	77	422	44	22

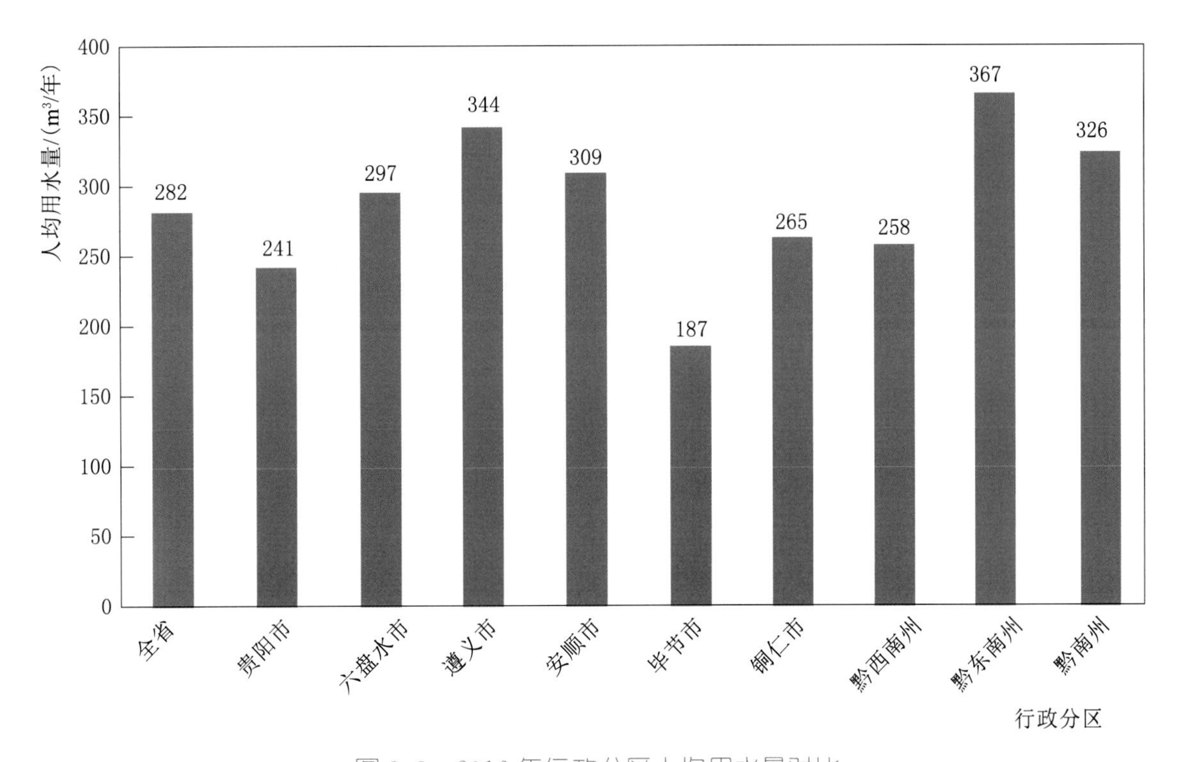

图 9.9　2016 年行政分区人均用水量对比

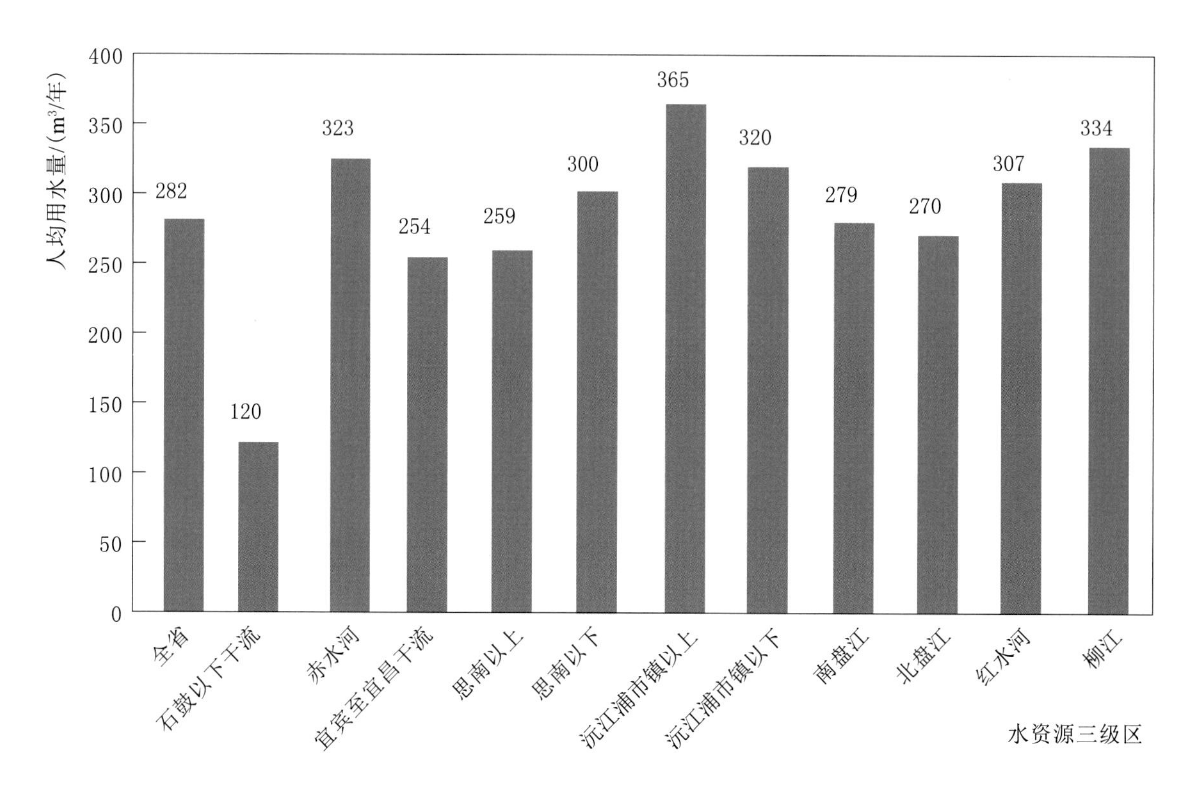

图9.10 2016年水资源三级区人均用水量对比

2010—2016年，贵州省人均综合用水量从264m³增加到282m³，增加6.8%；万元地区生产总值用水量从200m³减少到85m³，减少57.4%；万元工业增加值用水量从166m³减少到77m³，减少53.4%；亩均耕地灌溉用水量从482m³减少到392m³，减少18.7%；人均城镇生活用水量从41m³增加到44m³，增加6.9%；人均农村居民生活用水量从21m³增加到23m³，增加9.7%。用水水平年际变化情况详见表9.16和图9.11。

表9.16 2010—2016年用水水平年际变化情况 单位：m³

用水量类型	2010年	2011年	2012年	2013年	2014年	2015年	2016年
人均综合用水量	264	263	264	260	271	277	282
万元地区生产总值用水量	200	160	134	112	102	93	85
万元工业增加值用水量	166	130	118	95	83	82	77
亩均耕地灌溉用水量	482	466	442	415	416	402	392
人均城镇生活用水量	41	41	41	42	43	43	44
人均农村居民生活用水量	21	21	21	22	22	23	23

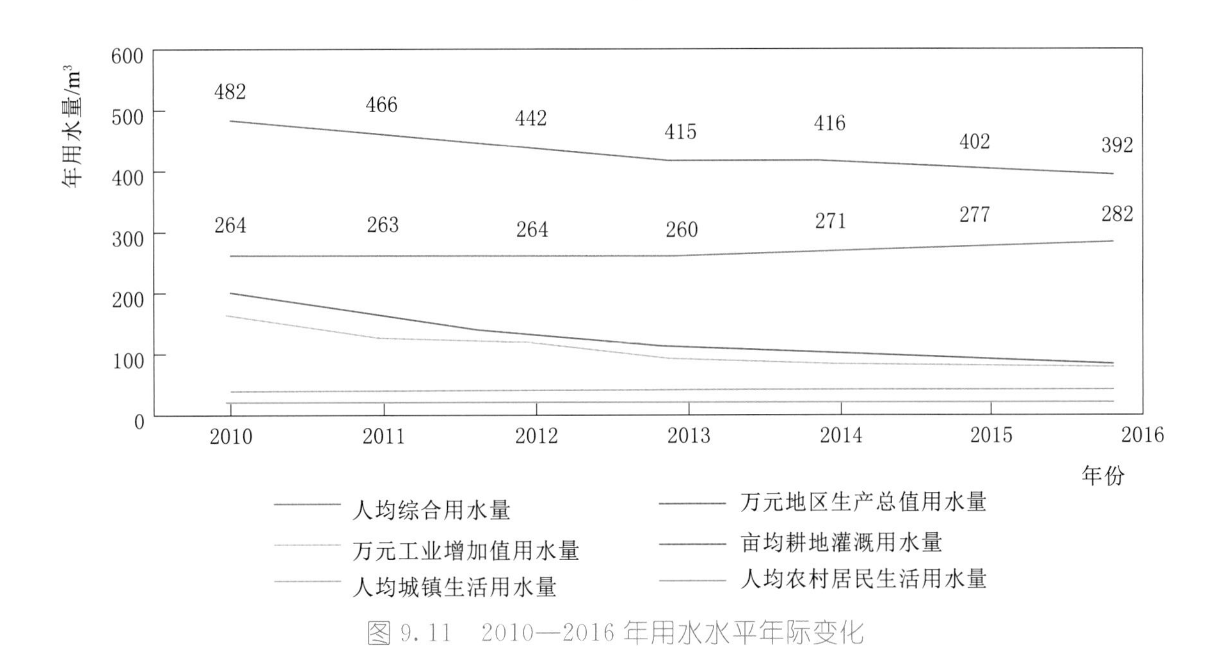

图 9.11　2010—2016 年用水水平年际变化

9.3.2　开发利用程度

1956—2016 年，贵州省平均水资源总量为 1042 亿 m³，2014—2016 年平均年用水量为 97.60 亿 m³，水资源开发利用率为 9.4%，开发利用率偏低，其中，长江流域水资源开发利用为 11.1%，珠江流域水资源开发利用率为 7.0%。各市（州）对比，贵阳市水资源开发利用率最高，为 26.7%，主要是因为贵阳市为贵州省省会，人口居住密集，用水量大；铜仁市水资源开发利用率最低，为 6.5%，主要是因为铜仁市农灌和工业用水量小。总的来说，贵州省水资源开发利用程度较低，水资源总量较丰富，但时空分布不均，贵州省行政分区水资源开发利用率成果详见表 9.17 和图 9.12。

表 9.17　　　　行政分区水资源开发利用率成果

行政分区	2014—2016 年平均用水量/亿 m³	多年平均水资源总量/亿 m³	水资源开发利用率/%
全省	97.60	1042	9.4
贵阳市	10.98	41.17	26.7
六盘水市	8.29	67.43	12.3
遵义市	20.72	168.3	12.3
安顺市	7.07	55.73	12.7
毕节市	11.78	129.3	9.1
铜仁市	8.24	127.2	6.5
黔西南州	7.15	95.52	7.5
黔东南州	12.65	191.4	6.6
黔南州	10.73	165.8	6.5

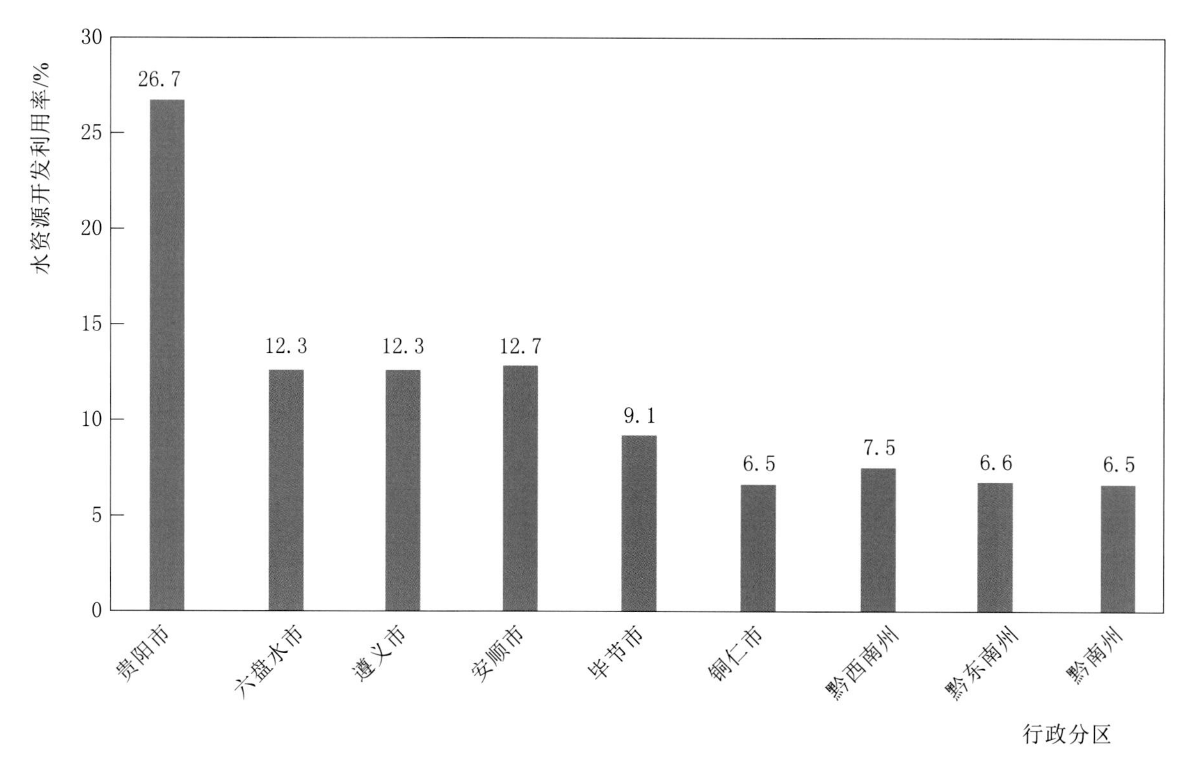

图 9.12 行政分区水资源开发利用率对比

第10章　水资源可利用量

由降水形成的水资源量以地表水和地下水的形式分别存在于河流湖泊等地表水系和地下含水系统中，这部分水量除可供人类经济社会活动使用外，还有相当大的一部分要用以维护河流水系以及地下水生态环境系统的良性运行。因此对区域水资源量而言，不能够也不应该无节制地加以利用。水资源可利用量是从水资源开发利用和生态环境保护的角度分析一个流域可能被控制消耗利用的最大水资源量。根据水资源调查评价成果和对河道内生态环境用水以及地下水保护控制的考虑，对贵州省主要水系的水资源可利用量进行估算。

10.1　基本概念和估算方法

10.1.1　基本概念

水资源可利用总量是指在可预见的时期内，在统筹考虑生活、生产和生态环境用水的基础上，通过经济合理、技术可行的措施在当地水资源中可供一次性利用的最大水量。

地表水资源可利用量指在可预见的时期内，在统筹考虑生活、生产和生态环境用水以及协调河道内与河道外用水的基础上，通过技术可行的措施可供河道外一次性利用的最大水量（不包括回归水重复利用量）。

10.1.2　估算方法

水资源可利用量是从资源的角度分析可能被消耗利用的水资源量。根据水资源调查分析成果和对河道内生态环境用水以及生态保护控制的考虑，对贵州省水资源分区的水资源可利用量进行估算。地表水资源可利用量以流域或独立水系为计算单元，以保持成果的独立性、完整性。在估算地表水资源可利用量的基础上，对不同的计算区（根据实际需要划定的区域），估算水资源可利用总量。在供水预测和水资源配置时，地表水资源可利用量、水资源可利用总量用于对流域开发利用的总量控制。

（1）一个区域的地表水资源量可划分为三部分：一是由于技术手段和经济因素

等原因尚难以被利用的部分汛期洪水量；二是为维系河流生态环境系统功能而必须保持在河道内的基本生态环境用水量；三是可供人类经济社会活动使用的河道外不充分最大水量（即地表水资源可利用量）。因此，多年平均地表水资源量减去不应该被利用的生态环境基本用水量和难以被控制利用的水量的多年平均值，剩余的水量即为多年平均地表水资源可利用量，采用下式公式计算：

$$W_{\text{地表水可利用量}}=W_{\text{地表水资源量}}-W_{\text{生态需水}}-W_{\text{汛期难以控制水量}}$$

式中：$W_{\text{地表水资源量}}$为多年平均地表水资源量；$W_{\text{生态需水}}$为河道内生态环境需水量；$W_{\text{汛期难以控制水量}}$为汛期难以控制利用的洪水量。

（2）河道内生态环境需水量包括河道内基本生态环境需水量和河道内目标生态环境需水量。河道内基本生态环境需水量是指维持河流、湖泊基本形态、生态基本栖息地和基本自净能力需要保留在河道内的水量及过程；河道内目标生态环境需水量是指维持河流、湖泊、生态栖息地给定目标要求的生态环境功能，需要保留在河道内的水量及过程；其中给定目标是指维持河流输沙、水生生物、航运等功能所对应的功能。河道内生态环境需水量按照《河湖生态环境需水计算规范》（SL/Z 712—2021）计算或直接采用省水利厅已批复的相关成果。

在一个流域的河川径流中，扣除河道外经济社会系统一次性最大可能的用水量，河道内剩余的总水量，即河道内基本的生态环境需水量与难以控制利用的洪水量之和，可以作为河道内生态环境总用水量。地表水系统及其相关的生态环境系统功能的维护不仅要考虑其最基本的生态环境用水要求，还要考虑部分特殊功能对河道内总水量或汛期水量的要求，因此河道内生态环境总用水量要与可供河道外经济社会系统利用的地表水可利用量协调平衡，统筹确定。

（3）汛期难以控制利用的水量是指各种自然、社会、经济和技术因素和条件的限制而无法被利用的水量，主要包括：超出工程最大调蓄能力和供水能力而无法利用的洪水量；在可预见时期内受技术、经济条件影响难以被利用的水量；在可预见的时期内超出最大用水需求的水量等。汛期难以控制利用的洪水量根据流域最下游控制节点以上总的调蓄能力和水量耗用程度综合分析计算而得。将流域控制站汛期的天然径流减去流域能够调蓄和耗用的最大水量，剩余的水量即为汛期难以控制利用下泄洪水量。汛期能够调蓄和耗用的最大水量为汛期用水消耗量、水库蓄水量和可调外流域水量合计的最大值，可根据流域远期需水预测成果或供水预测调算的可供水量，扣除其重复利用的部分，折算成一次性供水量来确定。

（4）在估算多年平均地表水资源可利用量时，各水资源分区的河道内生态环境需水量应根据流域水系的特点和水资源条件进行确定。对水资源较丰沛、开发利用程度较低的地区，生态需水量宜按照较高的生态环境保护目标确定。对水资源紧缺、开发利用程度较高的地区，应根据水资源条件合理确定生态环境需水量。

（5）水资源可利用量一般应在长系列来水基础上，扣除相应的河道内生态环境需水量和汛期难以控制利用的洪水量，结合可预见时期内用水需求和水利工程的调蓄能力进行调节计算。因资料条件所限难以开展长系列水资源调算的，可参考相应河流水系的流域综合规划或中长期供求规划，依据规划中提出的生态保护目标和供水（含调水）工程布局，核算调蓄能力，综合分析确定。

10.2 水资源可利用量估算

10.2.1 河道内生态环境需水量估算

对贵州省11个水资源三级区进行地表水资源可利用的估算，应首先确定目标生态需水量初始比例。根据全国第三次水资源调查评价水利水电规划设计总院下发全国一级区目标生态需水指导值范围表和区域内各水资源分区水资源情势差异，确定目标生态需水量百分比初始值（见表10.1）。按照水资源开发利用程度（率）的高低，把流域分为不同类型。经济社会用水消耗本地地表水资源量低于20%的河流为低开发利用区域，高于40%的为高开发利用区域。区域内水资源情势较好、开发利用程度较低的取上限，反之取下限。

表10.1 水资源一级区多年平均目标生态需水占天然径流百分比指导范围

一 级 区	高开发利用区/%	低开发利用区/%
长江	50～60	60～70
珠江	55～65	65～75

根据流域综合规划、水资源配置、水量分配等成果确定的区域地表水资源开发利用程度反推生态用水，结合各行政区配置结果确定目标生态需水百分比的参考对比值。以上述规划确定的地表水开发利用程度作为分析目标生态需水量的初始比值，初始水量百分比和参考对比值差异不小于±20%的，将初始水量百分比相应调整20%；差异为±10%～20%的，相应调整10%；差距在±10%范围以内的，不作调整。

也可通过对河道内生态环境最小需水量各种估算方法的比较分析，采用多年平均年径流量百分数法确定河道内生态环境的最低需水要求。总体而言，维系河道基本功能的最小生态环境需水量一般取多年平均径流的20%～30%；此外，根据各流域的特点和具体情况，适当的考虑河道其他生态环境功能要的需水量。

10.2.2 汛期难以控制利用洪水量的估算

汛期难以控制利用洪水量是指在可预见期的时期内，不能被工程措施控制利用的汛期洪水量。由于洪水量年际变化大，在总弃水量长系列中，往往一次或数次大洪水弃水量占很大比重，而一般年份、枯水年份弃水较少，甚至没有弃水。因此采用天然径流量长系列资料逐年计算汛期难以控制利用下泄的水量，在此基础上统计计算多年平均情况下汛期难以控制利用下泄洪水量。

（1）利用各水资源三级区控制站的月分配系数分别逐年计算出各水资源三级区的天然与实测月年水量系列。

（2）将各水资源三级区汛期的天然来水量减去各水资源三级区汛期的实测来水量，并选出近 10 年来的最大值作为汛期最大用水消耗量（W_{m}）。

（3）利用水资源三级区汛期天然来水量 $W_{i天}$ 减去汛期最大用水消耗量（W_{m}）得出逐年汛期难以控制洪水量 $W_{泄}$，并计算出多年平均值，即为水资源三级区多年平均汛期难以控制利用下泄洪水量。其计算公式如下：

$$W_{泄}=\frac{1}{n}\sum(W_{i天}-W_{m})$$

式中：$W_{i天}$ 为汛期天然来水量；W_{m} 为汛期最大用水消耗量。

10.2.3 分区地表水资源可利用量

对贵州省 11 个水资源三级区地表水资源可利用量进行估算，成果见表 10.2。全省地表水资源可利用量为 229.6 亿 m^3，地表水资源可利用率为 22.0%。河道内基本生态环境需水量为 278.4 亿 m^3，占全省地表水资源量的 26.7%；不可利用的洪水量为 533.9 亿 m^3，占全省地表水资源量的 51.2%。

表 10.2　　水资源三级区地表水资源可利用量估算成果

水资源分区		地表水资源量/亿 m^3	河道内基本生态环境需水量		不可利用的洪水量		地表水资源可利用量/亿 m^3	地表水资源可利用率/%
			水量/亿 m^3	占地表水资源量比例/%	水量/亿 m^3	占地表水资源量比例/%		
长江流域	石鼓以下干流	18.56	3.711	20.0	12.01	64.7	2.834	15.3
	赤水河	55.08	13.77	25.0	31.45	57.1	9.860	17.9
	宜宾至宜昌干流	14.28	3.570	25.0	8.484	59.4	2.226	15.6
	思南以上	274.0	68.51	25.0	119.8	43.7	85.78	31.3
	思南以下	102.0	25.49	25.0	58.53	57.4	17.95	17.6
	沅江浦市镇以上	187.3	46.82	25.0	104.5	55.8	35.91	19.2
	沅江浦市镇以下	14.33	3.591	25.0	7.570	52.7	3.203	22.3
	小计	665.6	165.5	24.9	342.4	51.4	157.8	23.7
珠江流域	南盘江	49.84	14.95	30.0	21.78	43.7	13.11	26.3
	北盘江	121.2	36.35	30.0	60.34	49.8	24.48	20.2
	红水河	96.15	28.84	30.0	47.88	49.8	19.42	20.2
	柳江	109.1	32.73	30.0	61.53	56.4	14.84	13.6
	小计	376.2	112.9	30.0	191.5	49.9	71.79	19.1
全　省		1042	278.4	26.7	533.9	51.2	229.6	22.0

贵州省地表水资源空间分布不均，生态环境类型复杂多样以及经济社会发展的不均衡，使得各区地表水资源开发利用程度及用水需求差别较大，地表水资源可利用量具有明显差异。

10.2.3.1 水资源分区地表水资源可利用量

长江流域地表水资源可利用量为157.8亿m^3，占全省地表水资源可利用量的68.7%，地表水可利用率为23.7%，河道内生态基本环境需水量占其地表水资源量的24.9%，汛期难以控制利用的水量占其地表水资源量的51.4%。

珠江流域地表水资源可利用量为71.79亿m^3，占全省地表水资源可利用量的31.3%；地表水可利用率为19.1%，河道内生态基本环境需水量占其地表水资源量的30.0%，汛期难以控制利用的水量占其地表水资源量的49.9%。

从水资源三级区看，思南以上分区面积最大，地表水资源总量占全省地表水资源总量的26.3%，地表水资源可利用量也为全省之最（85.78亿m^3），为全省开发程度较高的分区。乌江思南以上水力资源丰富，开发条件较为优越，干流上已建成多座大型水库，并形成全省装机规模最大的梯级电站，其水资源得到较好开发利用。

宜宾至宜昌干流分区面积最小，地表水资源总量占全省水资源总量的1.4%，地表水资源可利用量仅为2.226亿m^3，占全省可利用总量的1%，开发利用率较低。

石鼓以下干流、赤水河两个分区作为长江上游重要的生态屏障，生态地位十分重要，同时又是生态环境比较脆弱敏感的地区。其中石鼓以下干流分区为地表水资源较为紧缺的分区，也是全省现状地表水资源开发利用较低的区域。从保护生态环境考虑，地表水资源可利用率不宜比现状开发利用提高过多；赤水河是长江上游唯一没有拦河建筑物的一级支流，是国家级珍稀特有鱼类自然保护区的核心区，同时也是中国高档酱香型白酒生产基地，在满足河道内生态环境需水量目标和保护生态环境的前提下，适当的提高地表水资源可利用量可以满足未来经济社会发展用水增长的需求。

柳江水资源三级区地表水资源总量占全省水资源总量的10.5%，地表水资源可利用量为14.84亿m^3，仅占全省可利用总量的6%，尚有较大的开发利用潜力。

10.2.3.2 行政分区地表水资源可利用量

在贵州省地表水资源可利用量中，地表水资源可利用量最大的是遵义市（39.13亿m^3），其次是黔南州（33.91亿m^3），最小的是安顺市（13.64亿m^3）。地表水资源可利用率最高的是贵阳市（38.7%），最小的是黔东南州（16.2%）。贵州省行政分区地表水资源可利用量估算成果见表10.3。

表 10.3　　行政分区地表水资源可利用量估算成果

行政分区	地表水资源量/亿 m^3	河道内生态环境需水量		不可利用的洪水量		地表水资源可利用量/亿 m^3	地表水资源可利用率/%
		水量/亿 m^3	占地表水资源量比例/%	水量/亿 m^3	占地表水资源量比例/%		
全省	1042	278.4	26.7	533.9	51.2	229.6	22.0
贵阳市	41.17	10.29	25.0	14.96	36.3	15.92	38.7
六盘水市	67.43	16.86	25.0	30.71	45.5	19.86	29.5
遵义市	168.3	42.08	25.0	87.03	51.7	39.13	23.3
安顺市	55.73	16.72	30.0	25.37	45.5	13.64	24.5
毕节市	129.3	32.33	25.0	67.28	52.0	29.73	23.0
铜仁市	127.2	34.80	27.4	67.50	53.1	24.88	19.6
黔西南州	95.52	23.88	25.0	50.19	52.5	21.45	22.5
黔东南州	191.40	51.75	27.0	108.7	56.8	31.02	16.2
黔南州	165.76	49.73	30.0	82.07	49.5	33.91	20.5

第11章 水生态调查

11.1 河流和湖泊

11.1.1 河川径流变化

河流水文情势受自然因素和人类活动共同影响。人类活动对河流水文情势的影响主要包括两个方面：一是土地利用等人类活动改变了流域和区域的下垫面条件和产汇流规律；二是由于蓄水、取水、调水等水资源开发利用方式改变了河流的原有径流过程，从而使河流水文情势产生了一定变化。

贵州省境内大江大河的河流水文情势变化主要受降水丰枯变化的影响。部分支流和局部地区由于大型调蓄工程对河流丰枯季节水量的调节，其水文情势发生一定变化。

分别计算贵州省主要河流水文控制站1956—2000年和1980—2016年两个时段的实测平均年径流量。除松桃河水量有所增加以外，其余河流水量近年来均有不同幅度的减少，但变化幅度均不超过10%，其中，南盘江水量减少比例最大，为9.0%，都柳江水量减少比例较小，为1.1%。主要河流水文控制站不同系列实测流量变化情况见表11.1和表11.2。

表11.1 珠江流域主要河流水文控制站实测流量变化分析

河流	流域面积/km^2	控制站	平均年径流量/亿m^3			1980—2016年较1956—2000年的变化比例/%
			1956—2016年	1956—2000年	1980—2016年	
南盘江	7651	天生桥（桠杈）	178.8	185.9	169.2	−9.0
黄泥河	1134	岔江	47.62	49.52	45.87	−7.4
马别河	2842	马岭（三）	15.14	15.94	14.64	−8.2
北盘江	20982	这洞	119.6	122.1	122.6	0.4
打邦河	2864	黄果树	4.962	5.364	4.962	−7.5
红水河	15978	八茂	51.01	50.59	51.37	1.5
六硐河	4815	平湖	8.910	8.992	8.834	−1.8
都柳江	11625	石灰厂	44.42	44.88	44.40	−1.1

表 11.2 长江流域主要河流水文控制站实测流量变化分析

河流	流域面积/km²	控制站	平均年径流量/亿 m³			1980—2016 年较 1956—2000 年的变化比例/%
			1956—2016 年	1956—2000 年	1980—2016 年	
赤水河	11412	赤水	76.99	79.53	76.06	−4.4
桐梓河	3318	二郎坝	14.54	15.08	14.07	−6.7
松坎河	2321	松坎（三）	3.675	3.838	3.599	−6.2
乌江	66807	思南	266.9	276.0	265.1	−3.9
清水河	6611	洞头	32.71	33.45	31.59	−5.6
三岔河	7385	龙场桥	26.76	27.67	26.38	−4.7
六冲河	10665	洪家渡	43.05	44.83	41.40	−7.7
芙蓉江	6893	长坝	32.51	33.93	31.39	−7.5
沅江	30250	锦屏（四）	84.81	86.41	83.39	−3.5
锦江	4017	芦家洞	28.09	28.20	27.83	−1.3
㵲阳河	6474	玉屏（崇滩）	26.53	27.46	25.67	−6.5
重安江	2774	湾水	14.24	14.38	14.19	−1.3
松桃河	1536	松桃（三）	8.764	8.698	8.747	0.6

以乌江干流为例，选取乌江干流上的鸭池河和思南水文站，对乌江水文情势变化情况进行分析。根据水文站多年实测径流资料，1956—2016 年乌江年径流量变化如图 11.1 所示，鸭池河水文站 1980—2016 年平均年径流量 96.68 亿 m³，相较

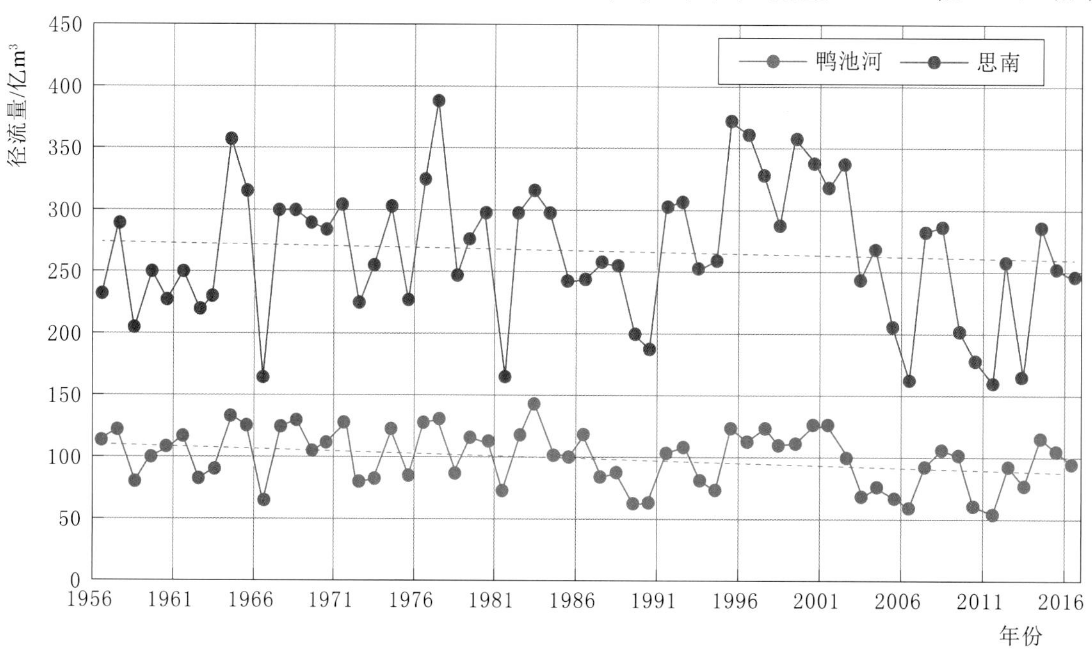

图 11.1 乌江代表站实测年径流量变化过程

1956—2000年系列，减小8%；思南水文站1980—2016年平均年径流量为265.1亿 m^3，相较1956—2000年系列，减小3.9%。其中思南水文站为流域控制站，因此总体来看，乌江径流量受降水丰枯变化及人类活动的影响较小。

受乌江干流大型电站工程调蓄影响，乌江汛期径流量呈下降趋势，非汛期径流量呈上升趋势。1956—2016年乌江汛期、非汛期径流量变化如图11.2和图11.3所示。

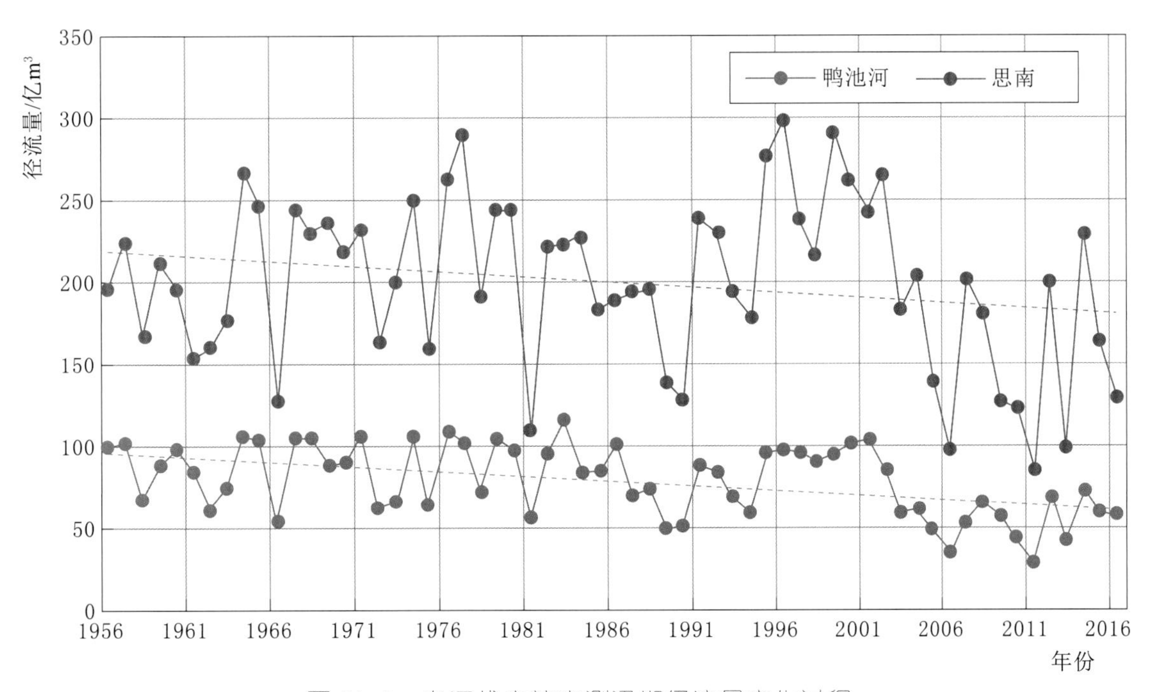

图11.2 乌江代表站实测汛期径流量变化过程

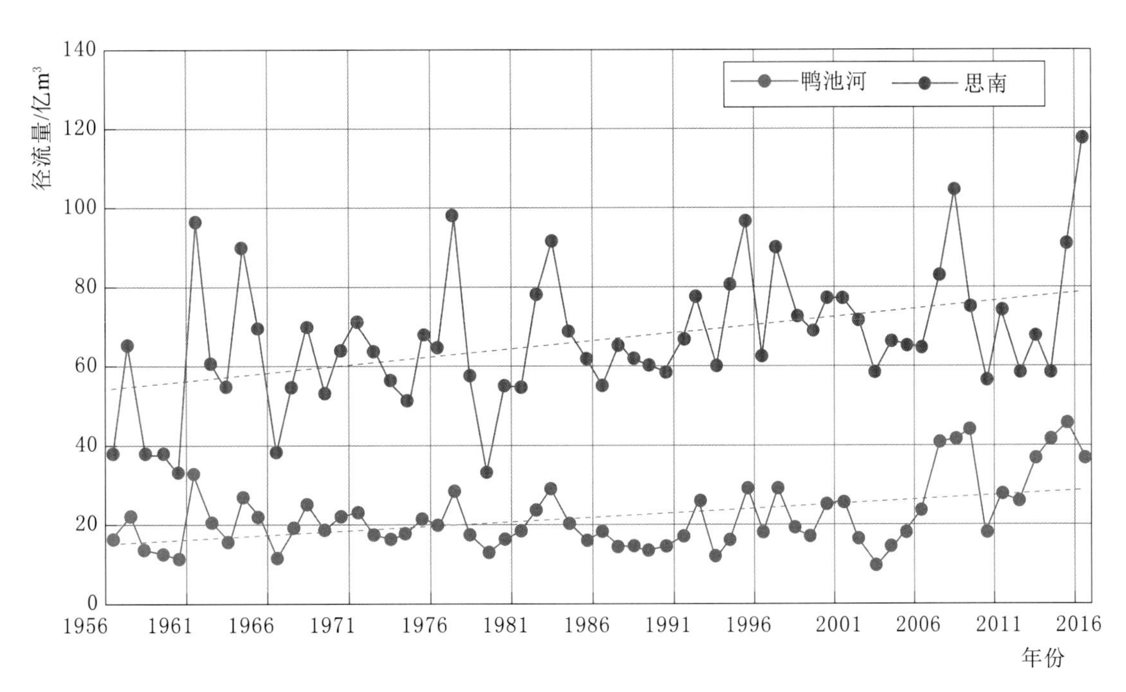

图11.3 乌江代表站实测非汛期径流量变化过程

11.1.2 断流情况

河流断流是河流实际流量减小的极端情况，通常认为河流某一断面过水流量为零时，即出现河流断流现象。长期断流会导致河流生态环境系统、河口生态环境系统等水生生态与环境系统的失衡。本书主要对大江大河干流、重要支流的断流情况进行调查分析。河流断流可能是上游天然来水不足、水资源开发利用过度、工程调度运行不合理等一种或多种因素所致。

河流断流调查资料来源主要为各水文站实测逐日平均流量表数据，当逐日流量出现零值时，认为该断面出现断流。通过对各水文站实测逐日平均流量进行统计分析，仅黄猫村水文站出现断流，其余水文站未监测到所在河流出现断流情况。对于出现断流情况的河流，统计断流年份及断流天数，并联系水文站工作人员了解断流河段长度。

对于没有水文统计资料的河流或者河段，主要结合2017年完成的《贵州省省级河流"一河一策"方案》进行调查分析。通过对"一河一策"方案成果报告及现场生态调研工作记录进行整理分析，部分河流在水电站下游有局部河段出现断流现象，主要包括黄泥河、北盘江、都柳江、清水河等。由于没有生态流量监测设施，不计入该断面断流天数。

贵州省共有18条（总长度约为4254.6km）大江大河干流及其重要支流，自2000年以来，断流主要发生在清水河、猫跳河、黄泥河、北盘江、都柳江等河流。断流河段总长度18.9km，占河流总长度的0.44%。见表11.3。

表11.3 主要河流断流情况汇总

水资源一级区	断流河流数量/条	河流总长度/km	断流河段长度/km	断流河段占河流长度百分比/%
合计	5	4254.6	18.9	0.44
长江区	2	2609.6	13.1	0.50
珠江区	3	1645.0	5.8	0.35

2000年以来，清水河于2017年在大花水水电站下游出现断流，断流长度5km；猫跳河分别于2005年、2006年在黄猫村水文站断面出现断流，断流年份平均断流天数3.5d，最长断流长度8.1km；黄泥河分别于2010年、2017年在鲁布革水电站下游出现断流，最长断流长度5.5km；北盘江分别于2011年、2017年在响水水电站下游出现断流，最长断流长度1.6km；都柳江分别于2009年、2017年在冷水沟水库下游出现断流，最长断流长度3.7km。其中，除了猫跳河黄猫村水文站断面是由于干旱导致断流之外，其余河流均是上游电站引水发电或蓄水发电导致下游河段

发生断流，详见表11.4。

表11.4　2000年后主要河流断流情况统计

河流名称	2000—2017年出现断流年份数/年	断流年份年平均断流时间/d	断流年份年平均断流长度/km	最长断流发生年份	最长断流长度/km	最长断流河段发生位置
清水河	1		5	2017	5	大花水水电站下游
猫跳河	2	3.5	4.3	2006	8.1	黄猫村水文站
黄泥河	2		4.8	2010	5.5	鲁布革水电站下游
北盘江	2		1.2	2011	1.6	响水水电站下游
都柳江	2		2.6	2009	3.7	冷水沟水库下游

11.1.3　湖泊

主要调查水面面积大于10km²的湖泊情况。贵州省境内水面面积大于10km²的湖泊仅有1个，即草海。

草海位于贵州省西北部，毕节市威宁彝族回族苗族自治县（以下简称“威宁县”）县城西南侧。草海属金沙江一级支流横江上游洛泽河发源地。湖泊发源于乌蒙山脉杨梅山麓，向西北流入草海上海子，集水面积为120km²。

20世纪50年代，草海湖泊面积为45km²左右，到2000年，面积减少到25km²，储水量减少了1.2亿m³。水面面积萎缩的主要原因是20世纪60—70年代围湖造田。1980年贵州省人民政府决定恢复草海水面，1981年动工蓄水，设计正常水位2171.7m，正常蓄水水面面积恢复到19.8km²，平均水深为1.08m，最大水深为3.66m。2000年后，草海水面面积恢复到25km²。

汇入草海的河流有卯家海子河、东山河、白马河和大中河等小河流，它们大多数是发源于泉水的短小河溪，其流量随降水的季节变化而变动。

11.2　湿地

11.2.1　总体情况

根据《中国湿地资源（贵州卷）》调查成果，贵州省湿地分为河流湿地、湖泊湿地、沼泽湿地和人工湿地4个湿地类，以下细分为永久性河流、季节性或间歇性河流、洪泛平原湿地、喀斯特溶洞湿地、永久性淡水湖、季节性淡水湖、藓类沼泽、草本沼泽等15个湿地型。全省湿地总面积为2097.27km²，占全省国土面积的1.19%，其中自然湿地（包括河流湿地、湖泊湿地、沼泽湿地）面积为1516.51km²，占全省湿地总面积的72.31%；人工湿地面积为580.76km²，占全省湿地总面积的 27.69%。

主要调查湿地面积大于 $1km^2$ 的湿地情况。贵州省境内湿地面积大于 $1km^2$ 的湿地共 2 个，即威宁县草海省重要湿地和六盘水市娘娘山省重要湿地。

11.2.2 主要湿地变化情况

威宁县草海省重要湿地位于云贵高原东部乌蒙山麓贵州省西部，毕节市威宁县城西南侧，地处长江流域牛栏江横江水系；保护区面积 $99.23km^2$，以草海湖集雨区域划定，周边沼泽湿地面积 $16.75km^2$，其中核心区 $21.62km^2$，缓冲区 $5.39km^2$，实验区 $68.98km^2$。草海是贵州省最大的淡水湖泊，也是我国面积最大的喀斯特湖，为我国亚热带高原湿地生态系统的典型代表，是我国特有的高原鹤类——黑颈鹤的重要越冬地之一，也是黑颈鹤地理位置最东面的栖息地。

六盘水市娘娘山省重要湿地位于贵州省六盘水市辖区西南部，跨水城区和盘州市，地处珠江流域北盘江上游的乌都河流域。范围主要包括娘娘山区域以及八一水库、六车河峡谷。湿地公园总面积 $26.80km^2$，湿地面积 $10.60km^2$，湿地率 39.55%。湿地包括沼泽和人工湿地 2 个湿地类的藓类沼泽、灌丛沼泽、森林沼泽、草本沼泽、库塘 5 个湿地型。

随着经济社会的发展，天然湿地在改善生态环境、保护生物多样性方面的重要性逐渐被认识并得到重视，天然湿地保护和修复的力度加大。近年来，各地加大了协调生态环境用水和生产、生活用水之间矛盾的力度，通过流域和区域水资源调配和统一管理，采取了一些人工调水和补水措施，使一些重要湿地的水域面积有所恢复，生态环境得到改善。

11.3 生态流量保障

根据水利部水利水电规划设计总院《关于印发 2019 年重点河湖生态流量（水量）保障实施方案编制及实施有关技术要求的通知》（水总研二〔2019〕328 号）中对生态流量概念的说明，生态流量包括基本生态流量和目标生态流量。

11.3.1 基本生态流量

基本生态流量是指维持河湖给定的生态环境保护目标对应的生态环境功能不丧失，需要保留在河道内的最小水量（流量、水位、水深）及其过程。基本生态环境需水量是河湖生态环境需水要求的底限值，包括生态基流、敏感期生态需水量、不同时段需水量和全年需水量等指标。其中，生态基流是其过程中的最小值，一般用月均流量（或水量）表征；敏感期生态需水量是维持河湖生态敏感对象正常功能的基本需水量及其需水过程；不同时段需水量可分为汛期、非汛期两个时段的需水量。

11.3.2 目标生态流量

目标生态流量是指维持河湖给定的生态环境保护目标对应的生态环境功能正常发挥，需要保留在河道内的水量（流量、水位、水深）及其过程，包括不同时段需水量和全年需水量等指标。目标生态环境需水量是确定河湖地表水资源可利用量的控制指标。对于目前水资源开发利用程度较高，现状断流（干涸、萎缩）严重，以及水资源条件难以满足要求的河湖水系、河段、湖泊湿地，其目标生态环境需水量可适当降低，但原则上不应少于河湖水系地表水资源量扣除地表水可利用量后的剩余部分。

生态流量分析的范围为乌江、赤水河、三岔河、六冲河、清水河、芙蓉江、清水江、㵲阳河、南盘江、黄泥河、北盘江、蒙江、都柳江等省管河流的干流河段，选择39个生态流量控制断面进行分析。

11.4 生态流量分析方法

各控制断面生态流量计算以相关规程规范及已有规划成果为基础，结合河流控制断面现场调研查勘情况及资料分析情况，按照不同类别选取相对应的计算方法进行计算。其中，对于水利部门及环保部门已批复生态流量控制指标的控制断面，根据批复生态流量的类别进行采用（如果同一断面存在多个不同批复成果，则以最新批复成果为准）。

11.4.1 生态流量计算方法

生态流量计算方法是以《河湖生态环境需水计算规范》（SL/T 712—2021）为基础，结合贵州省河流特性实际情况进行综合选择，以生态基流作为主要考核指标。根据各河流的河流特性、径流丰枯变化及工程调度保障能力的不同，选取适宜的计算方法进行计算。

（1）对于干流控制断面以上有控制性水利工程（且调节性能为日调节以上）的，依据《河湖生态环境需水计算规范》（SL/T 712—2021）要求，同时参照流域委员会对生态流量控制指标计算方法，结合Q90法、Tennant法，综合控制断面实际情况进行综合选取。

（2）对于控制断面以上无控制性水利工程，或工程调节性能极差（无调节或日调节）的，依据《水利水电建设项目水资源论证导则》（SL 525—2011）要求结合控制断面实际情况，采用该断面多年平均最枯流量值作为生态基流（最枯流量按最枯日均模数进行计算）。

根据水利部水利水电规划设计总院《关于印发2019年重点河湖生态流量（水

量）保障实施方案编制及实施有关技术要求的通知》（水总研二〔2019〕328号），对于水文系列，原则上以1956—2016年天然径流系列确定生态流量目标，贵州省大部分水文站2000年后天然径流系列还原工作尚未全部开展，同时考虑到从水资源量累积平均曲线、长短系列统计参数及不同年型的频次等方面分析，贵州省主要水文站1956—2000年天然径流系列与1956—2017年实测径流系列，多年平均水文年绝对差值均小于10%，多年平均流量总体上均未发生较大的变化，因此采用各水文站实测径流系列计算控制断面生态流量目标。

11.4.2 生态流量目标核定

依据水总研二〔2019〕328号，结合贵州省省管河流流域水文情势及开发利用状况，以及《河湖生态环境需水计算规范》（SL/T 712—2021）要求，以生态基流作为控制指标进行分析计算。各控制断面具体成果见表11.5。

11.4.3 生态流量调度保障

生态基流一般通过控制性水利工程下放最小下泄流量进行保障，最小下泄流量指标是指在生态基流基础上综合考虑了航运及下游生活生产基本用水需求的流量指标，生态流量调度方案按最小下泄流量指标进行调度保障，遵循以下调度原则：

（1）统筹生活、生态环境、工业、农业以及航运等用水需求，兼顾乌江流域内上下游、左右岸和区域用水，优先满足城乡生活用水，保障基本生态用水，发挥水资源多种功能。

（2）流域水量调度服从防洪调度，生态流量、水力发电、供水、灌溉、航运等调度应服从流域水量统一调度。区域水量调度服从流域水量调度，保障流域河流基本生态用水，维护流域河流生态安全。

（3）主要控制断面以上河道外用水须严格满足区域用水总量控制指标要求。

（4）已建水利水电工程按环境影响评价和取水许可批复相关要求下泄最小下泄流量，并考虑通航安全要求。

（5）应急调度时，各梯级水库服从统一调度安排，有序蓄泄。

在符合流域水资源总体配置、流域水量分配方案及保证工程安全运行的基础上，通过控制断面上游控制性水利工程调度和河道外经济社会用水管控，保障省管河流各考核断面最小下泄流量目标要求，维护河流健康和良好生态环境。考虑到各控制断面每年的来水过程及用耗水过程不一，且主要控制断面多为水库水电站断面，每年生产生活用水及电网发电调度均有差异，生态流量调度主要以满足最小下泄流量、生态基流的下放管控为主，同时参考长江水利委员会、珠江水利委员会、水利部水利水电规划设计总院对生态流量调度方面的意见与建议综合制定。结合贵州省水利厅、省生态环境厅《关于印发第一批省管河流生态流量保障目标的函》要求，各控制断面具体成果见表11.6。

表 11.5　　主要控制断面生态流量目标成果

序　号	控制断面	生态基流/(m^3/s)	所在河流
1	赤水河	11	赤水河
2	茅台	23	
3	赤水	59	
4	鸭池河	40	乌江干流
5	乌江渡	80	
6	构皮滩	135	
7	思南	171	
8	沿河	194	
9	阳长	2.70	三岔河
10	龙场桥	4.24	
11	总溪河	12.1	六冲河
12	洪家渡	14.4	
13	贵阳	1.23	清水河
14	大花水水电站	7.6	
15	格里桥水电站	8.23	
16	牛都水电站	3.14	芙蓉江
17	良坎水电站	3.59	
18	沙阡水电站	6.96	
19	鱼塘水电站	10.1	
20	桃花水电站	2.08	清水江
21	明英水电站	2.12	
22	团鱼浪水电站	2.74	
23	宣威水库	2.89	
24	清新水电站	4.20	
25	锦屏	40	
26	白市	56.4	
27	观音岩水电站	1.55	㵲阳河
28	玉屏（崇滩）	12.3	
29	天生桥（桠杈）	59.3	南盘江
30	岔江	19.7	黄泥河
31	大渡口	20	北盘江
32	董箐	50	
33	克混	2.26	蒙江
34	河边水电站	4.76	
35	双河口水电站	8.08	
36	雷公滩水电站	10.9	
37	把本	1.51	都柳江
38	石灰厂	6.55	
39	从江	10.2	

表 11.6　主要控制断面最小下泄流量目标成果

序　号	控制断面	最小下泄流量/(m^3/s)	所在河流
1	赤水河	11	赤水河
2	茅台	23	
3	赤水	59	
4	鸭池河	40	乌江干流
5	乌江渡	112	
6	构皮滩	190	
7	思南	195	
8	沿河	228	
9	阳长	2.70	三岔河
10	龙场桥	4.24	
11	总溪河	12.1	六冲河
12	洪家渡	14.4	
13	贵阳	1.23	清水河
14	大花水水电站	7.6	
15	格里桥水电站	8.23	
16	牛都水电站	3.14	芙蓉江
17	良坎水电站	3.59	
18	沙阡水电站	6.96	
19	鱼塘水电站	10.1	
20	桃花水电站	2.08	清水江
21	明英水电站	2.12	
22	团鱼浪水电站	2.74	
23	宣威水库	2.89	
24	清新水电站	4.20	
25	锦屏	65	
26	白市	78	
27	观音岩水电站	1.55	㵲阳河
28	玉屏（崇滩）	21.7	
29	天生桥（桠杈）	98.7	南盘江
30	岔江	19.7	黄泥河
31	大渡口	20	北盘江
32	董箐	50	
33	克混	2.26	蒙江
34	河边水电站	4.76	
35	双河口水电站	8.08	
36	雷公滩水电站	10.9	
37	把本	1.51	都柳江
38	石灰厂	6.55	
39	从江	10.2	

注　未设置最小下泄流量的断面，暂按生态基流作为最小下泄流量。

第12章　地表水资源综合评价

12.1　地表水资源禀赋条件分析

12.1.1　地表水资源总量及开发利用

贵州省位于祖国的西南部，属副热带季风区，气候温和，湿度大，日照少，雨量丰沛，地表水资源总量丰富。全省多年平均年降水量为1159.2mm，折合降水总量2042亿m^3；多年平均地表水资源量为1042亿m^3，地下水资源量为249.7亿m^3，地下水资源量为地表水资源量重复计算量。多年平均径流模数为18.8L/(s·km^2)，属于水资源量较为丰富地区。

全省地下水的补给主要来源于大气降水入渗及地表水入渗，并以裂隙流、孔隙流及管道流等形式赋存于含水层中，再以散流或片流方式排入溪沟与河流，也有在汇流过程中富集，以泉水方式出露再流入河流。省内绝大部分地下水都以附近较低的河流为排泄基准面，成为河川径流的一部分。从不同流域的地下水资源时空变化看，其时空的变化同降水和径流的变化基本一致。

贵州属于湿润地区，降水量较多，其中大部分形成了径流，年径流系数较高，年降水量对年径流量起着决定性作用。境内地形复杂多变，加之受季风影响，水资源空间分布不均衡。从径流深空间变化来看，东多西少，南多北少，由东南向西北递减，山区大于河谷地区，山脉的迎风坡大于背风坡；在同一地区随着流域高程的增加，气温降低，蒸发损失减小，在一定高程范围内径流有增加的趋势。全省年径流深分布在200～1100mm，最低区在威宁县西部的牛栏江流域，为200mm左右；最高区在梵净山东坡的锦江、松桃河上游，为1100mm左右。

2016年，贵州省水资源开发利用率为9.4%，在全国范围来看，开发利用率偏低。总的来说，贵州省水资源总量较为丰富，但时空分布不均，水资源开发利用程度较低。

12.1.2　水资源量年际变化及年内分配

水资源量年际变化大。贵州省降水与径流年际、年内变化明显。全省年降水量

C_v 值变幅集中在0.15～0.20，总的来说变化比较平缓，在大山体的南坡 C_v 值较小，北坡 C_v 值较大。受下垫面条件影响，年径流系数变化在0.35～0.65，最小值在南盘江及牛栏江河谷地区，为0.35；最大值发生在几个多雨中心，如梵净山、雷公山等地，为0.65；省内大部分地区在0.45～0.55。年径流量在年际间变化较大，在多年变化中有丰水年组和枯水年组交替出现的现象。

径流年内丰枯变化显著，枯水期地表水资源量少，季节性水资源短缺现象较为普遍。径流年内分配与降水年内分配基本一致，汛期降水量大，径流量大，枯季降水量小，径流量小。年内降水多集中在汛期5—9月，占全年降水量的60%～80%；枯季10月至次年4月降水量占20%～40%；汛期径流量占全年径流量的62%～80%，连续最大四个月径流量占全年径流量的百分率变幅为55%～74%，枯季径流量占20%～38%。石鼓以下干流区内山高坡陡，水土流失严重，威宁县年干旱指数为1.18，季节性水资源短缺较突出，是贵州省水资源短缺地区。

12.1.3 地表水资源开发利用的有利条件

(1) 贵州属山区，集水面积较小的溪沟一般都有基流，尽管其水量不是很大，但出露较高，有利于分散开发利用。兴建各种小型的蓄、引、提水利工程，在正常年份基本能满足零星耕地灌溉用水需要。

(2) 贵州河川径流的年内变化，与主要农作物需水量的季节变化基本一致，水稻生长需水量最大的5—7月，也就是河川径流最丰富的季节，可增加较多的供水量。

(3) 贵州地表水资源较为丰富，就大范围来看，其地区分布与水田的分布基本一致，也就是水田多的东部地区，农田需水量大，其地表水资源也较丰富，水资源能够满足当地农田的需水要求，一般不需进行远距离的调水。

(4) 贵州境内的大、中河流，多穿行于深山峡谷之中，河道比降大，水能资源丰富，对开发水能资源十分有利，如省内乌江和南、北盘江梯级水电站的开发。

12.1.4 地表水资源开发利用的不利因素

(1) 贵州省水土资源分布不平衡，主要农业与工业城市多分布在分水岭附近的中、小河流上，水资源量少，而工农业生产所需要的水量很大，用水矛盾突出，如遇到干旱，用水矛盾更加突出。

(2) 干旱年份，降水量的年内分配变化较大，在农业大量需水的季节，降水量很少，造成旱灾。该时地表径流也很枯，必须兴建水库调节河川径流量，才能满足工农业及城镇需水要求。但是严重缺水的地方多数是分水岭附近的浅丘地区，耕地集中，人口稠密，很难找到适合建库地点，还可能因为地质条件差不能成库。径流得不到调节，供水保证率低，以致干旱成了主要的自然灾害之一。

（3）贵州73%的面积为碳酸质岩层分布，各种喀斯特现象十分发育，地表岩层透水性强，大量的地表水转入地下，而喀斯特地区的地下水贮存条件与运动规律复杂，难以掌握，不易开发利用。

（4）贵州山区土层薄，蓄水保水能力弱，在工农业集中地区，植被少，涵养水源能力差，春、夏季节，往往10～20天不降透雨，旱象就开始露头，继续不降透雨，将迅速发展成旱灾，不但影响工农业生产，而且有些地区人畜饮水都有困难。

（5）大、中河流要作为工农业用水的水源，因扬程较高，引水渠道较长，取水成本较高。

12.2 水循环及水平衡分析

12.2.1 水循环分析

贵州省多年平均径流系数为0.51，其中长江流域多年平均径流系数为0.51，珠江流域多年平均径流系数为0.49。

全省共6个二级区，多年平均径流系数：洞庭湖水系0.54为最大，乌江、红柳江多年平均径流系数0.51，宜宾至宜昌0.50，南北盘江0.47，金沙江石鼓以下0.43为最小。

全省共9个地级行政区，多年平均径流系数：铜仁市0.58为最大，其次是六盘水市0.53，黔南州0.52，遵义市、黔东南州0.51，安顺市、毕节市0.48，贵阳市0.46，黔西南州0.45为最小。

基径比为河川基流量与地表径流量的比值，反映了地下水资源量占径流的总体情况。贵州省基径比均值为0.251，其中长江流域金沙江石鼓以下基径比系数最大为0.475，但其在全省的占比较小；珠江流域红柳江基径比系数最小为0.182，长江流域基径比均值为0.306，珠江流域基径比均值为0.238，长江流域整体高于珠江流域。

降水入渗补给系数是指地下水量与降水量的比值。贵州省1956—2016年多年平均降水量小于1956—2000年，偏小幅度为1.4%。总体来说，全省多年平均降水量有偏小的趋势，但偏小幅度不大。全省多年平均年降水量总的分布趋势是：由东南向西北递减，山区大于河谷地区。多雨中心一般分布在大山体的东南坡面（迎风坡），少雨区则分布在大山体的西北坡面（背风坡）及河谷地区。全省1956—2016年多年平均降水量变化为800～1600mm。

降水入渗补给系数因降水量减少也呈现相同减少趋势，总体变幅基本不变，多雨区的降水入渗系数明显高于少雨区的降水入渗系数。

12.2.2 水平衡分析

贵州省多年平均地表水资源量为1042亿m^3，其中通过乌江、北盘江、柳江入境水量为33.87亿m^3，经河道外经济社会发展用水消耗后入省际界河水量为226.1亿m^3，出省境水量为821.7亿m^3，河道外经济社会发展多年平均消耗水量为28.23亿m^3。

全省地表水资源量水量平衡差为0.24亿m^3，相对平衡差为0.023%，全省地表水资源量基本平衡，各水量计算成果基本合理。

12.3 水生态环境状况

12.3.1 基本生态满足情况

贵州省境内的大江大河尤其是干流，河流水文情势变化主要受降水丰枯变化的影响。部分支流和局部地区由于大型调蓄工程对河流丰枯季节水量的调节，其水文情势发生一定的变化。

贵州省自1980年以来，断流主要发生在沅江、清水河、猫跳河、黄泥河、北盘江、都柳江等河流。断流河段总长度18.9km，占断流河流总长度的0.44%。除了猫跳河黄猫村水文站断面是由于干旱导致断流之外，其余河流均是由上游电站引水发电或蓄水发电导致下游河段发生断流。

12.3.2 目标生态需水满足情况

贵州省地表水资源量较为丰沛。除六冲河的洪家渡断面外，各控制断面生态基流满足程度均达到90%以上，各控制断面基本生态环境需水量满足程度均达到90%以上。目标生态环境需水量满足程度均达到75%以上，总体生态环境需水量满足程度较好。

12.4 水资源及其开发利用状况综合评述

贵州省多年平均地表水资源量1042亿m^3，地下水资源量249.7亿m^3。由于贵州特殊的喀斯特地貌，地下水资源量即为地表水与地下水重复计算量。其中长江流域水资源量为665.6亿m^3，珠江流域水资源量为376.2亿m^3。在现行经济技术条件下，水资源可开发利用量为229.6亿m^3，水资源可开发利用率为22.0%。

12.4.1 水资源质量状况

2016年，贵州省入河排污口2012个，其中规模以上入河排污口960个，规模以下入河排污口1052个。主要污染物化学需氧量（COD）入河量23.10万t，氨氮（NH_3-N）入河量2.95万t。全省评价河长15892.67km，其中，Ⅰ类水质河长20.96km，占总评价河长的0.13%；Ⅱ类水质河长12991.38km，占总评价河长的

81.75%；Ⅲ类水质河长1655.96km，占总评价河长的10.42%；Ⅳ类水质河长451.85km，占总评价河长的2.84%；Ⅴ类水质河长401.80km，占总评价河长的2.53%；劣Ⅴ类水质河长370.72km，占总评价河长的2.33%。

贵州省国家重要江河湖泊水功能区105个，2016年其水质达标情况为：全因子评价达到水功能区水质目标的有82个，达标率为78.1%；双因子评价（氨氮和高锰酸盐指数）达标的水功能区有92个，达标率为96.6%。

12.4.2 用水水平及开发利用程度

2016年，贵州省总供水量100.2亿m^3，总用水量100.2亿m^3，其中：农业用水量53.97亿m^3，占比53.9%；工业用水量28.74亿m^3，占比28.7%；生活用水量16.65亿m^3，占比16.6%；生态与环境补水量0.7971亿m^3，占比0.8%。

全省总耗水量54.14亿m^3，综合耗水率54.0%。全省人均综合用水量282m^3/a。

2016年全省水资源开发利用率9.4%，其中长江流域11.1%，珠江流域7.0%。

参考文献

［1］贵州省区域地理信息项目领导小组．贵州省地理信息数据集［M］．贵阳：贵州人民出版社，1996．

［2］杨小辉，鹿坤，王继辉．贵州喀斯特地区水资源主要特征初步分析［J］．贵州水力发电，2003，17（4）：10－14．

［3］贵州省国土资源厅．贵州省地图集［Z］．2005．

［4］贵州省水利厅．贵州河湖［M］．2011．

［5］贵州省人民政府防汛抗旱指挥部办公室，贵州省水文水资源局．贵州水旱灾害［M］．汕头：汕头大学出版社，2015．

［6］贵州省水文水资源局．贵州省水文志［M］．2017．

［7］贵州省统计局，国家统计局贵州调查总队．贵州统计年鉴2017［M］．北京：中国统计出版社，2017．

附录 A　贵州省水旱灾害综述

贵州地处云贵高原的东斜坡，山高坡陡，河谷深切，主要农业区与工业区城市多分布在地势较平缓的分水岭附近的中小河流上，因此对工农业生产危害最大的是干旱，其次是洪涝。“洪涝一条线，干旱一大片”，洪涝历时短，干旱可持续几十天。所以，尽管贵州处于雨量丰沛的湿润地区，干旱仍是主要的自然灾害之一。

总的来说，贵州的水旱灾害是经常的和普遍的，在时间分布上，间歇性的多，也有持续性的。在空间分布上，则是插花型的多，也有大范围的。也就是说，在同一时间内，可能东部发生旱灾，同时西部发生水灾；在同一地区，在发生水灾后，可能相继出现持续的旱灾。

贵州省地貌类型复杂多样，影响气候时空变化，高原山地和河谷阶地之间，气候垂直变化明显，水旱灾害多呈插花型出现。自 20 世纪 90 年代以后，随着水利投入增大，防御洪水和抵抗干旱的能力提高，受灾面积和成灾面积呈减少趋势。

A.1　旱灾

贵州省各种自然灾害频繁发生，旱灾是主要灾害之一，发生频次多，受灾范围广。干旱期的降水、蒸发和径流等水文要素与正常值的偏离幅度是反映干旱程度的基本指标。

A.1.1　干旱年的降水特征

久晴无雨或少雨是形成干旱的直接原因。年降水量均值总的分布趋势是由东南向西北递减，山区大于河谷地区。贵州干旱最为明显的是夏旱和春旱。

夏旱：7—9 月降水量一般比同期多年平均降水量偏少 4～8 成，即形成夏旱。夏旱持续时间可长达 70 天以上，个别地区 80 天以上久晴无雨或少雨。

春旱：贵州春旱一般省的西部较东部发生概率较大，3—4 月降水量较同期多年平均降水量偏少四至八成即形成春旱，久晴无雨可达 60 天以上。如 1963 年为全省性春旱，并以西部为甚，六盘水市 4 月降水量 18.56mm，比多年平均同期降水量偏少 65.7%。

A.1.2 干旱的地区性和季节性特征

贵州省地处云贵高原的东斜坡上，干旱的季节性特征具有明显的地区性，这与全省的降水量时空分布规律有关。东部地区雨季来得早，4 月进入雨季；中部地区 5 月进入雨季；西部地区雨季来得迟，6 月进入雨季，容易造成春旱。而雨季结束都在 9 月、10 月，中部以东地区雨季较长，但其降雨并不连续。干旱年份会出现较长的无雨或少雨时段，造成夏旱。所以干旱灾害的季节特征是西部地区以春旱为主，中东部地区则以夏旱为主。

各类旱灾出现的频次呈"夏旱为主、春旱次之、秋冬旱很少"的特点。夏旱出现频次占各类干旱总频次的 60%左右，而春旱则占 30%左右，秋冬旱占 10%左右，季节性十分明显。大致规律是"三年一小旱，五年一中旱，十年一大旱"。500 余年中，干旱范围较广、灾情较重的有 36 年。

A.1.3 旱灾状况

1. 概况

贵州省历史上有关旱灾的记载始于公元前 27 年，至 1441 年前仅有 5 年有旱灾记载。近代 1840—1949 年的 110 年中有 65 年旱灾记载。

1949 年以后，干旱记载较为详细。旱灾面积一般占各种自然灾害总面积的 61%，据 1950—1990 年的资料统计，年均受灾旱农田面积 39.42 万 hm^2（591.3 万亩），其中受旱 40 万 hm^2（600 万亩）以下的轻旱有 25 年，40 万～66.7 万 hm^2（600 万～1000 万亩）的重旱有 10 年，66.7 万 hm^2（1000 万亩）以上的极旱有 7 年。尤以 20 世纪 80 年代干旱发生的频率最高、范围最广，10 年中有 6 年发生重（极）旱。1985—1990 年年均受灾面积达 93.3 万 hm^2（1400 万亩），尤其是 1990 年的大旱遍及全省，受旱面积达 129 万 hm^2（1934 万亩）。

1990—2011 年，贵州省几乎每年都有干旱发生，只是轻重程度不同，受灾面积最小的是 2008 年为 49.5 万 hm^2（742.1 万亩），最大的是 2011 年为 1860.6 万 hm^2（27895.1 万亩），2009—2011 年是干旱灾害最严重的 3 年。

2.1949 年新中国成立后典型旱灾

1959 年夏旱。1959—1963 年的连旱年段，1959 年是这个连旱年段的第一年。是重旱等级的夏旱年。7—8 月，省内大部分地区晴热少雨，贵阳、安顺、遵义、铜仁降雨量比历年同期偏少 50%～60%，干旱遍及全省各县市，属重度夏旱。

1963 年春旱和夏旱。1963 年省的中部以西地区，3—4 月有 49 个县连续干旱，其中 22 个县连续干旱达 3 个月（3—5 月），属重度春旱年。6 月省的东部又普遍少雨缺水，出现典型的"洗手干"，夏旱严重，对水稻前期生长和玉米后期生长危害较大。

1972 年夏旱。1972 年 7—8 月贵州省连晴少雨，除西部毕节、六盘水地区降雨量比历年同期偏少 40%～50%外，其余地区都偏少 55%～75%，全省有 77 个县（市、区）干旱日数在 50 天以上，其中 30 个县（市、区）在 70 天以上，属重度夏旱年，不少溪沟断流，塘库干涸，出现人畜饮水困难。

1981 年夏旱。1981 年 6—8 月夏旱发展迅速，全省出现大面积旱情，大部分地区干旱持续 80 天左右。其中省的中部地区春旱后连接夏旱，旱期长达 100 天，有 72 个县市遭受旱灾。

1987 年春旱。1987 年 3—4 月，全省各地降雨量普遍偏少，近 80 个县持续干旱 25 天以上，其中 39 个县超过 60 天，是 1949 年新中国成立以来最严重的春旱年，受灾严重的主要是西部地区六盘水市的三个特区，毕节地区的大方、黔西、纳雍、威宁、赫章等县，安顺地区的安顺市、修文、紫云、镇宁、关岭等县（市）。

1990 年夏旱。1990 年 6 月下旬至 9 月下旬，遵义地区 13 个县（市）干旱持续时间最长的达 90 多天，是遵义地区 50 年来最严重的伏旱，7—8 月全省各地降雨量比常年同期偏少 3～6 成，出现不同程度的夏旱，铜仁、安顺、黔南三地（州、市）也出现了除遵义地区外严重的夏秋连旱。

1991 年春旱。1991 年 3—5 月贵州省大部分县市降水量比常年偏少 3～5 成，西部和北部 5 个地（州、市）的 22 个县出现春旱。

1992 年夏、秋、冬连旱。1992 年 7 月下旬到 9 月中旬，贵州省大部分地区出现夏秋连旱，干旱持续 50 天以上，遵义地区各县高温少雨 67 天，桐梓县遭受特大伏旱 82 天，道真县 295 条溪河断流，岑巩县 7 月以后 170 多天未下透雨，发生了新中国成立以来最严重的夏、秋、冬三季连旱。

2001 年冬、春、夏三季连旱。2001 年入春以后，贵州省中部以西地区降水普遍偏少，气温偏高，西部、西南部、中部及南部地区发生较为严重的冬春连旱，黔西南州发生了自 1963 年特大干旱以来最严重的春旱。7 月上旬至 8 月上旬，贵州省北部、西北部、东北部及东南部又发生了严重的伏旱。遵义市的伏旱仅次于 1990 年。

2003 年夏旱。2003 年贵州省部分地区降雨偏少，毕节、六盘水、黔西南、安顺、贵阳等 5 地（州、市）发生春旱，其中毕节地区受旱最严重。7 月下旬至 8 月上旬，全省各地又相继出现较严重的伏旱，最重的黔东南州全州有 3700 条溪沟断流，38 座水库、2750 座山塘、3120 口水井干涸。

2006 年夏旱。2006 年 6 月中旬开始，贵州省北部、东北部降雨比历史同期偏少 6～9 成，直至 8 月持续少雨，遵义市、铜仁市以及黔东南州、贵阳市等地出现较严重的夏旱。

2009—2011 年连续干旱。2009—2011 年是干旱灾害最严重的 3 年。2009 年 4 月，贵州大部分地区降雨持续大幅度偏少，气温偏高，出现了历史罕见的秋、冬、春连旱。全省大部分地区总降雨量比历年同期偏少5成以上，西南部部分乡镇连续235天无降雨，全省有12145座水库降到死水位、1780座水库完全干涸，省的西南部和北部夏旱严重；2010年全省范围发生春旱、夏旱和秋旱；2011年7月中旬开始，全省大部分地区持续高温少雨，降雨量比常年同期偏少5～10成，赤水市8月14日气温出现历史最高值42.6℃，出现了全省性大面积的夏旱，498条溪河断流，619座小型水库干涸，全省严重夏旱。

2013年夏旱。2013年7月，贵州省大部分地区持续晴热少雨，出现大面积夏旱。遵义市、黔东南州降雨量比常年同期偏少近1倍，黔东南州一些县最高气温达到有史以来的最高值。全省有76个县（市、区）遭受旱灾，其中出现特大干旱的有遵义（现为遵义市播州区）、红花岗、汇川、金沙、余庆、黄平、石阡、凯里、施秉、镇远、三穗11个县（市、区）；严重干旱的有48个县（市、区）。

A.2 水灾

由于贵州的大、中河流多穿行于深山峡谷之中，水灾在贵州的分布和受灾范围均较旱灾小。水灾约占各种自然灾害面积的13%，几乎年年有水灾发生。

水灾是由暴雨洪水直接产生。贵州省内河流都为山区雨源型，洪水由暴雨产生，同时还受暴雨分布、暴雨强度、暴雨历时和喀斯特等影响。

A.2.1 洪灾的区域分布及洪水特征

贵州进入汛期的时间从东到西逐渐推后，即洪水的发生和暴雨一样，东部略早于西部地区。东部玉屏、锦屏一带4月进入汛期，中部黔南、黔中、黔北地区5月份进入汛期，西部盘县、威宁一带6月进入汛期。洪水特性与暴雨特性基本一致，东部地区4月有洪水发生，全省较大洪水主要出现在5—9月，一年中最大洪水发生在6月或7月的概率居多。

贵州境内一次洪水过程三日基本结束，洪峰大多在夜间出现且中小河流的洪峰多出现在凌晨，起涨历时短，一般6～12h即到达洪峰。洪水具有陡涨陡落、峰量集中、涨峰历时短等山区河流的特点，同时发育的喀斯特地貌对山区洪水有不同程度的削减作用。如1996年7月南明河特大洪水中，支流的洪峰都出现在凌晨，干流洪水也在凌晨猛涨。

贵州省经常发生水灾的地区主要分布在省内中小河两岸城镇所在地，这些地区人口密集，经济发达。

A.2.2 洪灾的季节性

洪水的发生时间与暴雨的季节变化基本一致，受降雨分布和暴雨中心移动的影响，同一条河流的上中下游最大洪水发生时间不一定相应。

贵州省各河流在5月进入主汛期，9月汛期结束，其中北盘江、红水河、都柳江、松桃河10月汛期才结束，6月、7月是全省主汛期，赤水河、六冲河、三岔河、乌江、湘江、洛旺河、芙蓉江、蒙江、都柳江大洪水都以这两个月出现的频率最高；南盘江、红水河6月进入主汛期，南盘江以8月出现大洪水的频率最高；红水河因南、北盘江汇流影响，汛期延至10月结束，有95%的大洪水出现在6—8月，以7月居多。

A.2.3 洪涝灾害情况

1. 洪涝灾害概况

古代水灾是指有水灾记载以来至1839年这一段时间。自公元1368年（明洪武元年）至1839年的472年间，据各种史料记载的洪水灾害共计143年214次。

1840—1949年（即鸦片战争开始至中华人民共和国成立）的110年间，是贵州省历史上洪涝灾害频繁的时期。这个时期全省有77年352次洪灾记载，全省主要江河发生了历史较大洪水，产生了较重灾情，其中部分河段出现特大洪水，灾情极为严重。

新中国成立后至今，贵州洪涝灾害几乎每年都有发生，全省主要河流相继发生了大洪水或特大洪水，产生严重灾情。1990—2011年间，贵州平均每年受灾面积94.74万hm^2，成灾面积56.91万hm^2，倒塌房屋3.52万间，死亡人口219人，经济损失18.31亿元。据不完全统计，贵州平均每年受灾面积约20万hm^2，成灾农田面积约12万hm^2。如1954年乌江流域大洪水，沿河城镇受灾严重，农作物受灾面积16.73万hm^2，受灾人口149.25万人，死亡人口307人，倒塌房屋2767间，直接经济损失按1990年不变价计为2.19亿元；又如1991年贵州发生特大洪涝灾害，多数河流发生的洪水均为有实测记录以来的最大洪水，殃及71个县（市），其中重灾23个县（市），洪灾造成的直接经济损失达19.1亿元，全省受灾人口1711万人，因灾倒塌房屋56299间，死亡820人，农作物受灾面积75.96万hm^2，占全省耕地面积的42%，成灾面积达48.78万hm^2；再如1996年7月贵阳市南明河特大洪水，给贵阳造成巨大经济损失。

2. 1949年新中国成立后典型洪水

1953年赤水河发生全流域性的特大洪水。赤水水文站最高水位超危急水位4.99m。

1954年乌江流域大洪水。7月27日乌江下游思南水文站出现最高水位超危急水位8.56m、相应流量15600m^3/s的洪水，洪水过程历时28天，水位变幅20余米。

1955年毕节五龙桥河大洪水，洪峰流量为330m^3/s（当时无倒天河水库调节），重现期为近100年一遇。

1955年7月，乌江发生特大洪水。乌江中游乌江渡水文站洪峰流量为 $10700m^3/s$，下游思南水文站洪峰流量为 $13000m^3/s$。

1964年6月，乌江发生特大洪水。乌江中游乌江渡水文站发生实测最大洪水，洪峰流量为 $11400m^3/s$；乌江下游思南水文站洪峰流量为 $14000m^3/s$。

1970年7月清水江流域发生了特大洪水。锦屏水文站出现200年一遇的洪水，洪峰水位超警戒水位10.34m，相应流量为 $16100m^3/s$，水位变幅为16m，洪水过程历时12天。

1991年7月，贵州全省范围发生大洪水。乌江上游三岔河向阳水文站和牛吃水水文站3日出现特大洪水，向阳水文站出现超警戒水位4.23m的洪水，相应洪峰流量为 $1710m^3/s$，水位变幅为5.76m，洪水过程历时7天，相当于200年一遇洪水，为历史最大洪水。牛吃水水文站洪峰流量为 $1960m^3/s$，为超调查最大的实测大洪水；乌江中游乌江渡水文站5日出现大洪水，洪峰流量为 $8780m^3/s$（还原峰流量为 $10300m^3/s$）；乌江中下游支流湘江上游湘江水文站7月5日出现超警戒水位4.11m的洪水，洪峰流量为 $1430m^3/s$，水位变幅为9.75m，洪水过程历时13天。湘江出口控制站鲤鱼塘水文站5日出现特大洪水，实测洪峰流量为 $4270m^3/s$，水位变幅为16.5m；乌江支流清水河上游南明河贵阳水文（三）站9日出现超警戒水位2.51m的洪水，洪峰流量为 $496m^3/s$，其下游洛旺河洞头水文站9日出现超警戒水位4.29m的洪水，水位变幅为11.4m；干流江界河水文站5日出现特大洪水，洪峰流量为 $14600m^3/s$，为实测最大洪水。

1995年6—7月，湘江、洋水河、乌江、锦江、㵲阳河、龙江河等流域相继发生大洪水。6月24日，乌江中游北岸支流湘江发生大洪水，高桥水文站出现近50年一遇的洪水，洛江（刘家湾）出现60～70年一遇的洪水，湘江水文站出现超警戒水位4.43m的洪水，为40～50年一遇。乌江南岸小支流洋水河突发山洪泥石流，开阳磷矿河段出现50年一遇的洪水；6月24日，锦江铜仁水文站出现超警戒水位4.15m的洪水；6月25日，㵲阳河下游镇远县大菜园水文站出现超警戒水位2.2m的洪水，相应洪峰流量为 $1290m^3/s$。龙江河岑巩水文站出现超警戒水位4.62m的洪水，相应洪峰流量为 $2250m^3/s$，重现期为70～80年一遇。㵲阳河下游玉屏水文站出现超警戒水位4.43m的洪水，相应洪峰流量为 $3340m^3/s$，重现期为40年一遇；7月1日，㵲阳河上游施秉县皂角屯水文站出现洪水，洪峰流量为 $1270m^3/s$，重现期为70年一遇。下游大菜园水文站再次出超警戒水位3.71m的洪水，相应洪峰流量为 $2000m^3/s$，重现期为50年一遇。玉屏水文站出现超警戒水位4.91m的洪水，相应洪峰流量为 $3560m^3/s$，重现期为50年一遇。7月1日，锦江铜仁水文站再出现超警戒水位为9.27m的洪水，洪峰水位为252.04m，相应洪峰流量为 $8110m^3/s$，重现期为100年一遇。

1996年6—7月，贵州全省范围大洪水。6月1日，黄平小河发生超过50年一遇的洪水；6 月 28 日，乌江下游支流洪渡河发生 50 年一遇的洪水，江滨水文站出现超警戒水位 2.90m 的洪水，相应洪峰流量为 6610m^3/s，为建站以来最大洪水；7 月 2 日，清水江支流重安江发生特大洪水，湾水水文站洪峰水位为 601.54m，重现期为 100 年一遇。清水江上游马尾河发生大洪水，干流施洞水文站洪峰水位为 521.71m，相应洪峰流量为 6390m^3/s；7 月 2 日，㵲阳河干流观音岩水库出现 100 年一遇特大洪水，经水库调节，皂角屯水位站与大菜园水文站出现建站以来最高洪水位 519.37m 和 463.43m，相应流量为 1900m^3/s 和 2180m^3/s，相当于 80 年一遇。7 月 2 日，乌江右岸支流南明河发生 100 年一遇特大洪水，贵阳水文站发生 1951 年建站以来最高水位，超警戒水位 3.42m，洪峰流量为 856m^3/s，比 1954 年实测最高水位高 2.22m，为建站以来最大洪水。清水河洞头水文站洪峰水位超警戒水位 8.61m，为 1953 年建站以来最大洪水；7 月 3 日，乌江支流猫跳河百花湖以下流域发生特大洪水，在上游红枫和百花两座大型水库调峰作用下，下游红岩电站水库仍出现相当于 50 年一遇洪水，支流修文河修文水文站出现超警戒水位 0.5m 的洪水，为超 50 年一遇洪水；7 月 4 日，乌江中下游江界河水文站出现洪峰，流量为 14500m^3/s，下游思南水文站出现超警戒水位 9.5m 的洪水，相应洪峰流量为 15800m^3/s，重现期为 30 年一遇；7 月 16 日，都柳江支流寨蒿河、平永河出现特大洪水，寨蒿水位站洪峰水位为 19.87m，相当于 100 年一遇的特大洪水；17 日，都柳江干流石灰厂水文站出现超警戒水位 4.69m 的洪水，相应洪峰流量为 7280m^3/s，为 1953 年建站以来的最大洪水。

1997 年 7 月南、北盘江发生较大洪水。7 月 14—15 日，贵州省西南部地区遭受大暴雨袭击，南盘江支流马别河和北盘江干流出现较大洪水，马别河马岭水文站超危急水位 1.16m，超历史最高 0.38m，北盘江这洞水文站超警戒水位 2.64m。

1998 年北盘江、赤水河洪水。7 月 22 日，盘江这洞水文站出现超警戒水位 2.23m 的洪水；8 月 7 日，赤水河赤水文站出现超危急水位 1.36m 的大洪水。

2000 年 6 月清水江、都柳江发生大洪水。6 月 7—8 日都匀市遭受特大暴雨袭击，市中心区雨量 310mm，北部最大达 349mm，致使清水江上游马尾河发生 50 年一遇的特大洪水灾害，文峰塔洪峰水位超警戒水位 1.75m，洪峰流量为 1700m^3/s；6 月 20—21 日，都柳江流域普降大暴雨到特大暴雨，出现都柳江全流域“6·21”特大洪水灾害，21 日凌晨上游三都县把本水文站出现 50 年一遇的洪水；21 日 18 时榕江石灰厂水文站出现洪峰超危急水位 4.96m 的洪水；21 日 18 时从江县城也出现 50 年以来的最大洪水，洪峰水位超危急水位 3.7m。

2000 年 6 月 21 日，荔波水文站发生建站以来最高洪水位 422.94m（相应流量 2800m^3/s），超警戒水位 2.44m。

2002 年 6 月湄江洪水。6 月 6—7 日，湄潭县普降暴雨至特大暴雨，暴雨中心在湄潭上游的绥阳县小关乡和湄江支流卜小河，降雨量分别为 360.3mm 和 289mm，致使湄江7日18时出现洪峰超县城防洪堤顶1.46m的大洪水，洪水历时21h。

2006年6月望谟县洪水。6月12日夜，望谟县遭受特大暴雨袭击，4h降雨量达196.7mm，望谟河、油迈河、乐旺河、乐康河山洪暴发，望谟河发生50年一遇的大洪水。

2006年6月倒天河流域洪水。6月28日晚至29日凌晨，毕节市倒天河流域普降大暴雨，龙汉雨量站最大降雨量226.3mm，毕节市城区上游徐花屯水文站发生建站以来最大洪水，洪峰水位为1556.68m，相应流量为217m^3/s。天然洪水重现期五龙桥断面超过150年一遇，经倒天河水库调蓄及关门山隧洞分洪等调节后城区降为20～30年一遇。

2007年7月都匀市、平塘县洪水。7月25日，清水江上游马尾河流域普降暴雨、大暴雨，经绿茵湖、茶园两水库的调蓄削峰作用，25日6时45分文峰塔水文站出现洪峰水位767.35m；26日18时，平塘县六硐河发生100年一遇特大洪水，平湖水文站出现超危急水位4.42m的洪峰水位，相应洪峰流量为3070m^3/s，超过1924年发生的历史最高洪水位1.88m。

2011年6月望谟河洪水。6月6日，望谟县打易镇出现3h降雨量达364.5mm的短历时强降雨，打尖乡降雨量为309.3mm，以及周边都是降雨量为100mm以上大暴雨，望谟河出现特大暴雨洪水，支流山洪暴发，并引发滑坡、泥石流，望谟县城区被淹，水深达3.0m。

2014年7月16日，下湾、龙里水文站出现建站以来最大洪水。下湾水文站实测最高水位为979.92m（相应流量3230m^3/s），超警戒水位2.62m；龙里水文站实测最高水位为1081.25m（相应流量533m^3/s），超警戒水位0.55m；贵阳市南明河7月16日发生超20年一遇洪水。

2015年5月27日，清水江一级支流巴拉河流域出现特大暴雨（暴雨中心12h暴雨量达367.6mm），导致雷山县城出现50年一遇的特大洪水，下游凯里市南花水文站出现了超危急水位0.67m的大洪水。

附录B　贵州省喀斯特山区非闭合流域年径流的估算方法

贵州省位于祖国的大西南，云贵高原的东部，长江与珠江流域的上游。贵州有73%的面积为碳酸盐类岩层分布，广泛地发育着各种类型的喀斯特地貌，喀斯特处于十分旺盛的发育过程中。喀斯特是运动着的水流（包括地表与地下）与可溶性岩层互相作用的过程，其地下径流的运动，既可以本流域河流水面为其侵蚀（溶蚀）的基准，也可穿过分水岭地区可溶性岩层以邻近较低的河流水面为其侵蚀（溶蚀）的基准。地表水系与地下水系的互相袭夺，造成地表与地下分水线的不一致，使地表径流与地下径流之间的关系复杂化。有的河流地表集水面积大，河流中的长流水比较小，甚至在枯季断流成为干沟；有的河流地表集水面积小，泉水出露较多，水量比较大。因此，在喀斯特山区的非闭合流域，河川中实测的年径流与本流域降水所形成的年径流（包括地表径流与地下径流）是不相等的，两者之间的差即为流域之间一年的水量交换值 Δu。在进行区域水文分析计算时，需要用的是本流域径流（$Y_{本}$），在做工程设计时，需要用的是工程断面以上的河川实际来水量（$Y_{实}$），其关系为 $Y_{实}=Y_{本}\pm\Delta u$。水文站所测到的是测流断面以上的河川实际来水量，如何以为数不多的水文站资料来正确地估算出各流域降水所产生的总径流 $Y_{本}$，据此进行区域水文分析，制作各种水文要素等值线图，再把这些等值线图正确地运用到各个工程断面，估算出各工程断面的实际河川来水量，为工程的规划与设计服务，这在喀斯特山区是一个值得深入研究的课题。关于喀斯特山区非闭合流域的年径流估算问题，提出下列估算方法。

B.1　基本公式

山区河流某一年的水量平衡方程式为

$$X=Y+Z+\Delta W+\Delta u \tag{B.1}$$

式中：X 为流域平均年降水量；Y 为流域平均年径流深（包括地表与地下径流）；Z 为流域平均年陆地蒸发量。ΔW 为流域蓄水量的年变化值；Δu 为流域之间一年的水量交换值。

山区河流的流域蓄水量较小，其年变化值 ΔW 更小，通常可忽略不计。在闭合流域中，$\Delta u=0$，但在喀斯特山区很难找到绝对闭合的流域，多数为比较闭合的流域，其 Δu 值与其他项比较显得很小，水量平衡方程式可以简化为

$$X=Y+Z \tag{B.2}$$

对于喀斯特山区的非闭合流域，Δu 项可能占较大比重，不可不计。其水量平衡方程式为

$$X=Y+Z\pm\Delta u \tag{B.3}$$

对某一水文站所控制的流域，X 与 Y 两项可由实测资料求得，而 Z 与 Δu 两项是未知数，不能用一个方程式求解，需要通过区域水文分析和水文调查相结合的方法来近似求解。

区域水文分析的方法，是根据闭合流域及比较闭合流域水文站的资料，计算出它们的陆地蒸发量，按陆地蒸发的分布规律，绘制陆地蒸发等值线图，查得所需流域的陆地蒸发 Z，代入式（B.3），即可求得该流域的 Δu。这样求得的 Δu 值，包含了 X、Y、Z 各项的误差在内，有时可能与实际情况有较大出入。

水文调查的方法是：先分析流域之间水量交换值的变化特点，找出一些能够代表水量交换值的特征指标，而这些特征指标又是能够调查到的，通过水文比拟法制作必要的工作曲线，由调查到的特征指标与工作曲线来估算 Δu。由于流域之间的水量交换情况是复杂的，调查工作也不可能做得十分详尽，调查值的精度与工作曲线精度有限，这样求得的 Δu 值也可能与实际情况有较大出入。

若将以上两种方法结合起来，互相验证，发现问题，再深入检查区域水文分析与水文调查的有关数据，反复验证，即能得到比较接近实际情况的结果。

B.2 集水面积的确定

在喀斯特山区，由于地表、地下水系的互相袭夺，河流的地表集水面积与地下集水面积是不一致的，而地下集水面积又是很难弄清楚的，使河川径流计算问题复杂化。为解决这些问题，有的学者提出了许多补给区的概念（如完全补给区、地表径流补给区、渗入补给区、季节变化补给区等），要理清这些补给区的范围比较困难，要正确估算出各种补给区的径流量则更加困难。实际上，喀斯特山区的河川径流与一般山区一样，包括了地表径流与地下径流，地表径流变化剧烈而地下径流变化缓慢。但是，它的地表径流完全是由本流域降水产生的，其地下径流有本流域降水的渗入补给，还有与相邻流域的互相交换水量，其交换水量的大小，是不能单从地下集水面积去估算的，有些地下集水面积是变化的或共用的，这就要从分析相邻流域之间地下水量交换的方向和过水能力来估算交换水量。所以，在水文计算中，

只需要采用一个面积（即地表集水面积）即可，若能搞清地下集水面积，对验证交换水量的估算值也有好处，但不是主要的计算依据。

喀斯特山区河流的地表集水面积的含义，与一般的山区河流略有不同，不少中小河流是时明时暗的，即一条河流当中可能有不少伏流段，这些伏流段有的可长达十几千米或更长。在分水岭地区，常有许多闭合的洼地，其径流都经洼地中的消水洞转入地下。因此，在确定一条河流的集水面积时，首先要把河流的来龙去脉搞清楚，要把各个闭合洼地径流的去向都搞清楚，凡是流向同一条河流的所有地表集水区及闭合洼地，都应算在该河流的地表集水面积范围内。若有一些流域或闭合洼地的径流流入地下后，有两个以上的出路，则要调查它的汛期洪水主要流向哪条河流，它就属于哪条河流的地表集水面积。所以，在喀斯特山区不能单靠地形图来确定分水线，必须结合实地调查，搞清比本流域更大范围的径流来龙去脉，才能得到正确的地表集水面积。

地表集水面积确定以后，才能参照相似的闭合流域资料或径流等值线图确定该流域的径流正常值（即 $Y_{本}$），它与实测值（即 $Y_{实}$）之差，即为流域之间的水量交换值 Δu。$\Delta u = Y_{实} - Y_{本}$。若 $\Delta u > 0$，则为盈水流域；$\Delta u < 0$，则为亏水流域。

B.3 Δu 的推求

喀斯特山区，一些水文站的实测年径流深与相邻站的资料比较，存在着系统偏大或系统偏小的情况。例如，北盘江支流拖长江的土城水文站，其上游的茨菇河与断江两处有大量泉水涌出，最枯流量有 $1.4m^3/s$，汛期可达 $10 \sim 15m^3/s$，致使此站年径流深偏大。乌江上游白泥河的向阳水文站，上游有 5 个出水洞，其中 1 个清水洞，流量稳定（$0.2 \sim 0.3m^3/s$）；两个半浑半清的，流量变化较大；另外两个浑水洞，即河流上源，清水的补给来源较远，可能来自流域外，使年径流深偏大。猫跳河上游小关口河的七眼桥水文站，由于流域内喀斯特洼地多，河床中有消水洞，枯水期在消水洞以下的河床是干的，汛期才有水流，因此该站年径流深偏小。乌江的支流波玉河，其上游在断江以上河床中有一排消水洞，枯水径流经消水洞补给西江流域的桂家湖水库，只在汛期涨水期间，水才流经波玉河。

从这些调查资料可以看出，流域之间的水量交换取决于两个因素：①消水洞以上河流的流量过程（$q-t$ 曲线）；②消水洞与地下暗河的过水能力（P）。当 $q < P$ 时，流域之间交换水量就等于消水洞以上的流量 q；当 $q > P$ 时，交换水量就等于暗河的过水能力 P。这样处理，没有考虑地下调节作用，对年径流的影响不大，对一次洪水过程可能有较大影响。

先讨论最简单的情况，若流域之间的水量交换在亏水流域只有一个消水洞，在盈水流域只有一个出水洞，其间由一条暗河相连接，其消水洞以上的流量过程线

（$q-t$ 曲线）可参照相似流域的水文站资料，用水文比拟法求得。其过水能力（P）用出水洞的最大流量代替，用 P 值在 $q-t$ 曲线上平割，割线以下部分即为一年的 Δu 值。

但是，实际情况是很复杂的。消水洞一般是分散的，各洞口的高程不一致，有的洞不明显，难以调查清楚。出水洞也是分散的，有的在悬崖陡壁上，无法调查其最大出流量；有的在河水面以下，泉水与河水混在一起，分不出泉水的确切数据。暗河也不止一条，而是多条分散的。所以，实际情况不能像最简单的情况那样，但原理是相同的，可以根据主要的消水洞以上的流量过程线与主要的出水洞的最大流量，大致确定 Δu，再与区域水文分析方法计算的结果相对照。

按照上述假设，可选择人类活动影响较小的基本闭合流域的水文站资料，设定不同的 P 值平割每年的 $q-t$ 曲线，计算得各年的 Δu 值，点绘以 P 值为参数的 Δu 与年径流的相关线，如麦翁站 $\Delta u-Q_{年}$ 关系线（见图 B.1）和牛吃水站 $\Delta u-Q_{年}$ 关系线（见图 B.2）。当 P 值较小时，Δu 是不随年径流变化的，$C_v=0$；随着 P 值的增加，Δu 随年径流成微弱的正比例关系，当 $P=10\overline{q}_{min}$ 时，（$\overline{q}_{min}$ 为历年最小日平均流量的平均值），Δu 已占年径流的一半多，其变化也不是很大，C_v 值只有年径流 C_v 的一半左右。当 $P\rightarrow q_{max}$（年最大流量）时，Δu 等于年径流，C_v 值也等于年径流的 C_v，即消水洞以上的流量全部经暗河补给其他流域，其集水面积也应该属于其他流域的一部分。麦翁站 $\Delta u-Q_{年}$ 关系线和牛吃水站 $\Delta u-Q_{年}$ 关系线是根据麦翁站与牛吃水站的资料做的，麦翁站可代表多暴雨地区洪水比重较大河流的模型，牛吃水站可代表少暴雨地区洪水比重较小河流的模型。具体的做法是：从水文资料整编成果中，抄录每年的各流量历时资料，按麦翁站 $P-\Delta u$ 关系计算表（见表 B.1）的格式进行计算，牛吃水站 $P-\Delta u$ 关系计算表见表 B.2。为使计算成果能成为通用的模式，需将所设的 P 值与计算得的 Δu 值都换算为相对数，并做出工作曲线，如麦翁站、牛吃水站 $P/\overline{q}_{min}-\Delta u/Q$ 及 $P/\overline{q}_{min}-\Delta u/P$ 关系线（见图 B.3），$P/\overline{q}_{min}$ 为暗河过水能力与暗河中多年平均最小日流量之比，它可以近似代表暗河流量的年内变幅；$\Delta\overline{u}/\overline{Q}_{年}$ 为水量交换值与消水洞以上多年平均流量的比值，它可作为亏水流域估算 Δu 值的指标，它与过水能力 P 成正比关系，在 $P/\overline{q}_{min}$ 等于 10 时，为 0.5～0.7 之间；$\Delta\overline{u}/P$ 为水量交换值与暗河过水能力的比值，它可作为盈水流域估算 Δu 值的指标，当 $P/\overline{q}_{min}$ 很小时，它等于 1.0，即 $\Delta u=P$，当 P 值增加时，它逐渐减小，当 $P/\overline{q}_{min}$ 等于 10 时，它为 0.5 左右。了解了以上关系，即可由水文调查的资料，大致估算出 Δu 值。

从区域水文分析可知，一些明显有地下水大量补入或给出的水文站，其流域平均年降水量（X）与年径流深（Y）的相关关系与其他站比较，都可以拟合成接近 45°的平行线，如图 B.4 和图 B.5 所示。

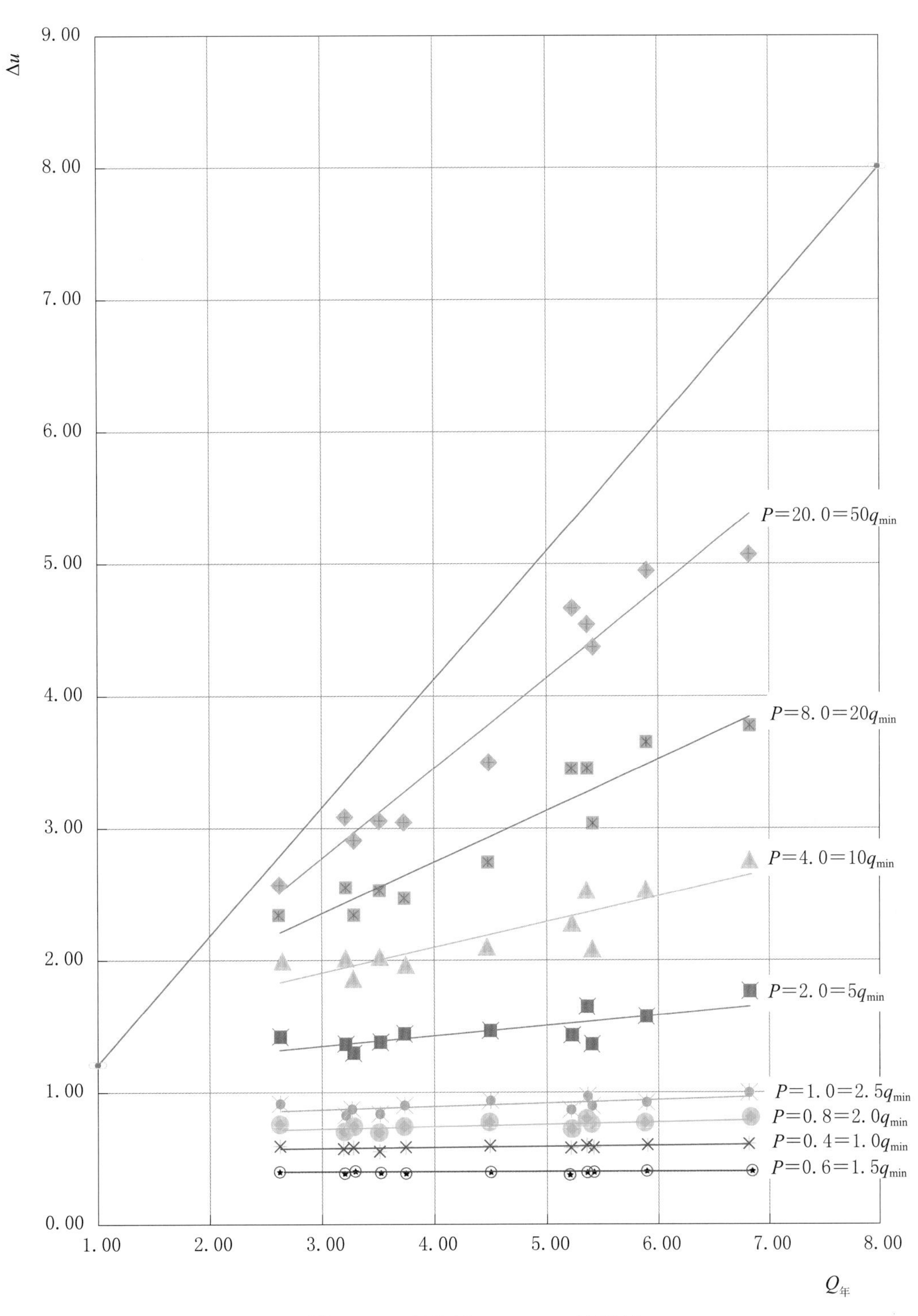

图 B.1 麦翁站 $\Delta u-Q_{年}$ 关系线

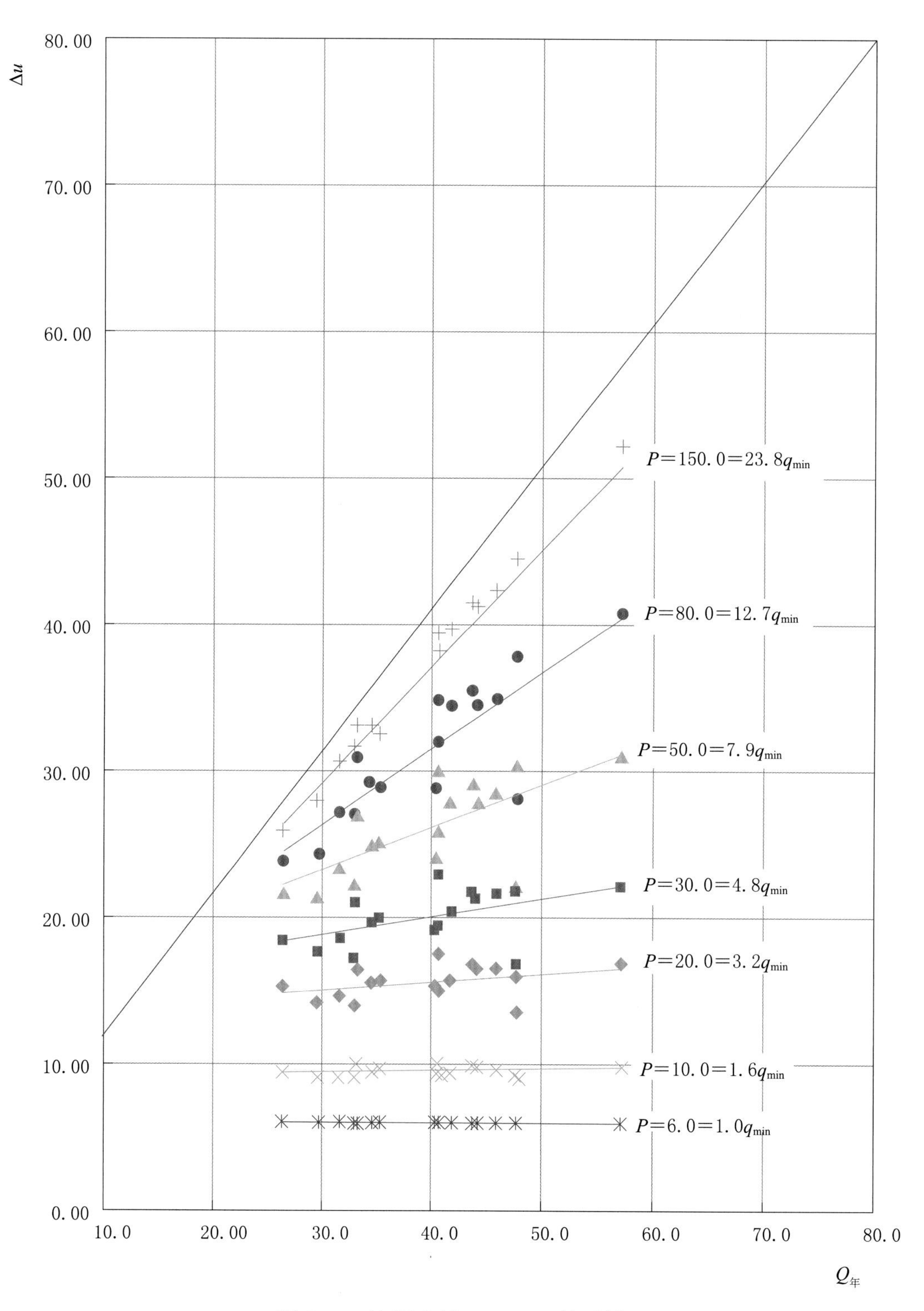

图B.2 牛吃水站 $\Delta u - Q_{年}$ 关系线

表 B.1 麦翁站 $P-\Delta u$ 关系计算表

年份	Q 年	q_{min}	$P=0.4, \overline{P}=\frac{1}{2}(P_i+P_{min})=0.35$							$P=0.5, \overline{P}=\frac{1}{2}(P_i+P_{i-1})=0.45$							$P=0.6, \overline{P}=\frac{1}{2}(P_i+P_{i-1})=0.55$							$P=0.7, \overline{P}=\frac{1}{2}(P_i+P_{i-1})=0.65$						
			t	Δt	$\overline{P}\Delta t$	$\Sigma\overline{P}\Delta t$	P_t	$P_t+\Sigma\overline{P}\Delta t$	Δu	t	Δt	$\overline{P}\Delta t$	$\Sigma\overline{P}\Delta t$	P_t	$P_t+\Sigma\overline{P}\Delta t$	Δu	t	Δt	$\overline{P}\Delta t$	$\Sigma\overline{P}\Delta t$	P_t	$P_t+\Sigma\overline{P}\Delta t$	Δu	t	Δt	$\overline{P}\Delta t$	$\Sigma\overline{P}\Delta t$	P_t	$P_t+\Sigma\overline{P}\Delta t$	Δu
1970	3.74	0.42	365	0	0	0	146	146	0.4	349	16	7.4	7.4	174.5	181.9	0.50	327	22	8.8	16.2	196.2	212.4	0.58	301	26	16.9	33.1	210.7	243.8	0.67
1971	5.36	0.51	365	0	0	0	146	146	0.4	365	0	0	0	182.5	182.5	0.50	364	1	0.6	0.6	218.4	219.0	0.60	350	14	9.1	9.7	245.0	254.7	0.70
1972	4.50	0.56	366	0	0	0	146.4	146.4	0.4	365	0	0	0	183.0	183.0	0.50	360	6	3.5	3.5	216.0	219.5	0.60	332	28	18.2	21.7	232.4	254.1	0.69
1973	3.28	0.49	365	0	0	0	146	146	0.4	357	8	0.5	0.5	178.5	179.0	0.49	316	41	22.6	23.1	189.6	212.7	0.58	281	35	22.8	45.9	196.7	242.6	0.66
1974	5.23	0.33	357	8	3.0	3.0	142.8	145.8	0.39	316	41	18.4	21.4	158.0	179.4	0.49	281	35	19.2	40.6	168.6	209.2	0.57	267	14	9.1	49.7	186.9	236.6	0.65
1975	2.63	0.26	365	0	0	0	146	146	0.4	364	1	0.4	0.4	182.0	182.4	0.50	325	39	21.4	21.8	195.0	216.8	0.59	311	14	9.1	30.9	217.7	248.6	0.68
1976	5.90	0.41	366	0	0	0	146.4	146.4	0.4	360	6	2.7	2.7	180.0	182.7	0.50	348	12	6.6	9.3	208.8	218.1	0.60	308	40	26.0	35.3	215.6	250.9	0.69
1977	6.83	0.76	365	0	0	0	146	146	0.4	365	0	0	0	182.5	182.5	0.50	365	0	0	0	219.0	219.0	0.60	365	0	0	0.0	255.5	255.5	0.70
1978	3.52	0.25	320	45	14.3	14.3	128	142.3	0.39	306	14	6.3	20.6	153.0	173.6	0.48	286	20	11.0	31.6	171.6	203.2	0.56	268	18	11.7	43.3	187.6	230.9	0.63
1979	5.41	0.31	362	3	1.1	1.1	144.8	145.9	0.4	347	15	6.8	7.9	173.5	181.4	0.50	317	30	16.5	24.4	190.2	214.6	0.59	306	11	7.2	31.6	214.2	245.8	0.67
1980	3.22	0.16	330	36	10.6	10.6	132	142.6	0.39	316	14	6.3	16.9	158.0	174.9	0.48	276	40	22.0	38.9	165.6	204.5	0.56	245	31	20.2	59.1	171.5	230.6	0.63
合计	49.62	4.46							4.37							5.44							6.43							7.37
平均	4.51	0.405							0.40							0.49							0.58							0.67

说明：Q、q_{min}、P、Δu 以 m^3/s 计，t、Δt 以天计，$\Delta u=\frac{Pt+\Sigma\overline{P}\Delta t}{一年的天数}$

表 B.2 牛吃水站 $P-\Delta u$ 关系计算表

年份	Q 年	q_{min}	$P=6.0,\overline{P}=\frac{1}{2}(P_i+P_{min})=5.5$							$P=7.0,\overline{P}=\frac{1}{2}(P_i+P_{i-1})=6.5$							$P=8.0,\overline{P}=\frac{1}{2}(P_i+P_{i-1})=7.5$							$P=9.0,\overline{P}=\frac{1}{2}(P_i+P_{i-1})=8.5$						
			t	Δt	$\overline{P}\Delta t$	$\sum\overline{P}\Delta t$	P_t	$P_t+\sum\overline{P}\Delta t$	Δu	t	Δt	$\overline{P}\Delta t$	$\sum\overline{P}\Delta t$	P_t	$P_t+\sum\overline{P}\Delta t$	Δu	t	Δt	$\overline{P}\Delta t$	$\sum\overline{P}\Delta t$	P_t	$P_t+\sum\overline{P}\Delta t$	Δu	t	Δt	$\overline{P}\Delta t$	$\sum\overline{P}\Delta t$	P_t	$P_t+\sum\overline{P}\Delta t$	Δu
1959	40.5	6.5	365	0	0	0	2190	2190.0	6.00	340	25	168.8	168.8	2380	2548.8	6.98	304	36	270.0	438.8	2432	2870.8	7.87	275	29	246.5	685.3	2475	3160.3	8.66
1960	47.8	5.52	345	21	121	121	2070	2191.0	5.99	307	38	247.0	368.0	2149	2517.0	6.88	270	37	277.5	645.5	2160	2805.5	7.67	235	35	297.5	943.0	2115	3058.0	8.36
1961	47.7	6.24	365	0	0	0	2190	2190.0	6.00	322	43	284.7	284.7	2254	2538.0	6.95	283	39	292.5	577.2	2264	2841.2	7.78	265	18	153.0	730.2	2385	3115.2	8.53
1962	33.2	7.84	365	0	0	0	2190	2190.0	6.00	365	0	0	0	2555	2555.0	7.00	364	1	7.9	7.9	2912	2919.9	8	348	16	136.0	143.9	3132	3275.9	8.98
1963	29.7	5.28	318	47	265.1	265.1	1908	2173.1	5.95	312	6	39.0	304.1	2184	2488.1	6.82	290	22	165.0	469.1	2320	2789.1	7.64	256	34	289.0	758.1	2304	3062.1	8.39
1964	41.8	5.28	351	15	84.6	84.6	2106	2190.6	5.99	333	18	117.0	201.6	2331	2532.6	6.92	320	13	97.5	299.1	2560	2859.1	7.81	298	22	187.0	486.1	2682	3168.1	8.66
1965	57.2	7.17	365	0	0	0	2190	2190.0	6.00	365	0	0	0	2555	2555.0	7.00	354	11	83.4	83.4	2832	2915.4	7.99	333	21	178.5	261.9	2997	3258.9	8.93
1966	31.6	4.84	328	37	200.5	200.5	1968	2168.5	5.94	307	21	136.5	337.0	2149	2486.0	6.81	285	22	165.0	502.0	2280	2782.0	7.62	279	6	51.0	553.0	2511	3064.0	8.39
1969	33.1	5.1	335	30	166.5	166.5	2010	2176.5	5.96	310	25	162.5	329.0	2170	2499.0	6.85	301	9	67.5	396.5	2408	2804.5	7.68	266	35	297.5	694.0	2394	3088.0	8.46
1970	45.9	6.05	365	0	0	0	2190	2190.0	6.00	358	7	45.7	45.7	2506	2551.7	6.99	323	35	262.5	308.2	2584	2892.2	7.92	317	6	51.0	359.2	2853	3212.2	8.80
1971	43.8	7	365	0	0	0	2190	2190.0	6.00	365	0	0	0	2555	2555.0	7.00	351	14	105.0	105.0	2808	2913.0	7.98	333	18	153.0	258.0	2997	3255.0	8.92
1972	35.3	5.37	365	1	5.7	5.7	2190	2195.7	6.00	361	4	26.0	31.7	2527	2558.7	6.99	330	31	232.5	264.2	2640	2904.2	7.93	300	30	255.0	519.2	2700	3219.2	8.80
1975	26.5	5.59	351	14	81.1	81.1	2106	2187.1	5.99	334	17	110.5	191.6	2338	2529.6	6.93	315	19	142.5	334.1	2520	2854.1	7.82	306	9	76.5	410.6	2754	3164.6	8.67
1976	44.2	7.57	366	0	0	0	2196	2196.0	6.00	366	0	0	0	2562	2562.0	7.00	357	9	70.1	70.1	2856	2926.1	7.99	334	23	195.5	265.6	3006	3271.6	8.94
1977	40.6	9.89	365	0	0	0	2190	2190.0	6.00	365	0	0	0	2555	2555.0	7.00	365	0	0	0	2920	2920.0	8	365	0	0	0	3285	3285.0	9.00
1978	34.6	6.59	365	0	0	0	2190	2190.0	6.00	342	23	156.3	156.3	2394	2550.0	6.99	316	26	195.0	351.3	2528	2879.3	7.89	302	14	119.0	470.3	2718	3188.3	8.74
1980	40.7	5.23	354	12	67.4	67.4	2124	2191.4	5.99	319	35	227.5	294.9	2233	2527.9	6.91	309	10	75.0	369.9	2472	2841.9	7.76	292	17	144.5	514.4	2628	3142.4	8.61
合计	674.2	107.06							101.81							118.02							133.35							147.84
平均	39.7	6.30							5.99							6.94							7.84							8.70

说明：Q、q_{min}、P、Δu 以 m^3/s 计，t、Δt 以天计，$\Delta u=\frac{Pt+\sum\overline{P}\Delta t}{一年的天数}$

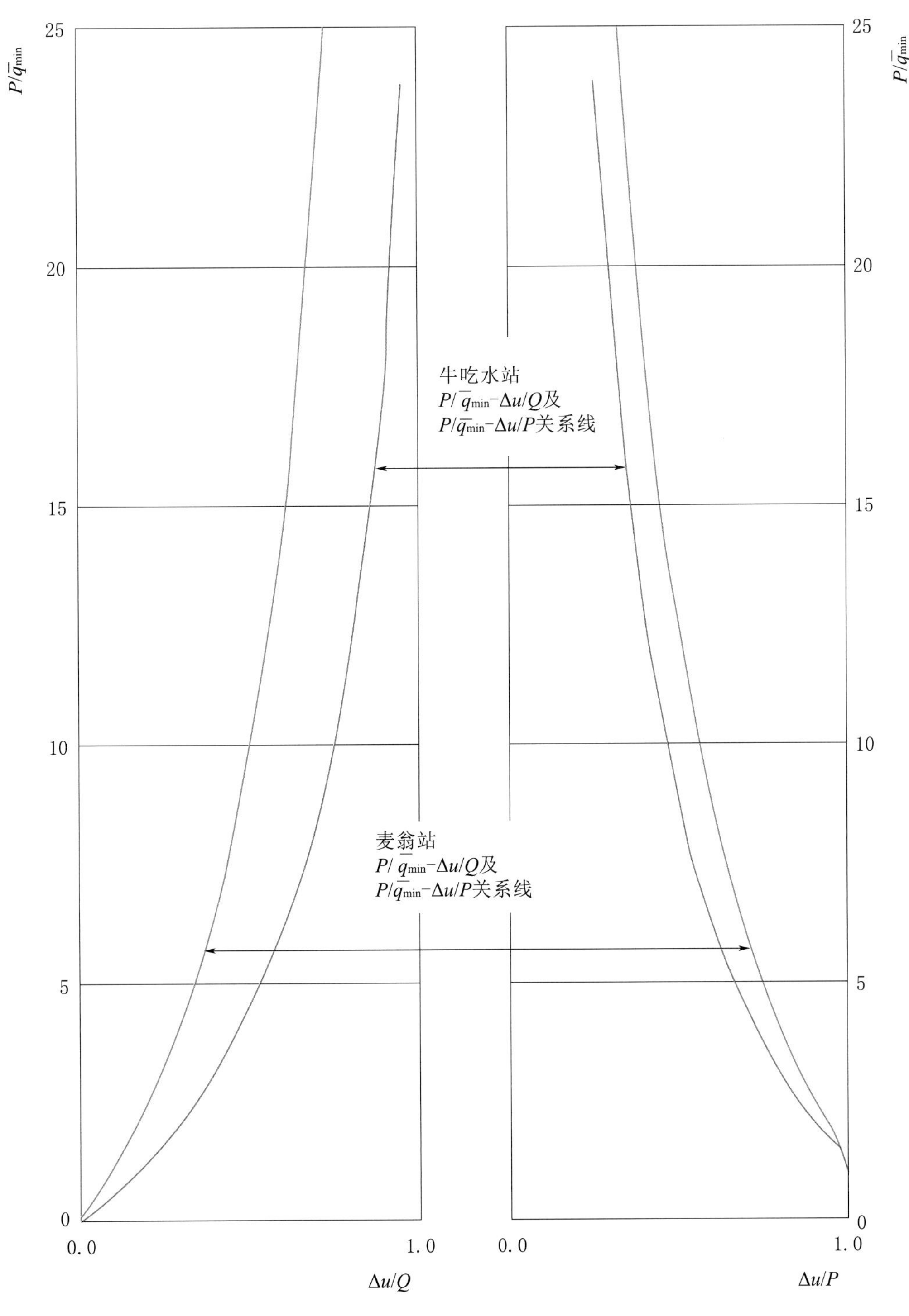

图 B.3 麦翁站、牛吃水站 $P/\overline{q}_{\min}-\Delta u/Q$ 及 $P/\overline{q}_{\min}-\Delta u/P$ 关系线

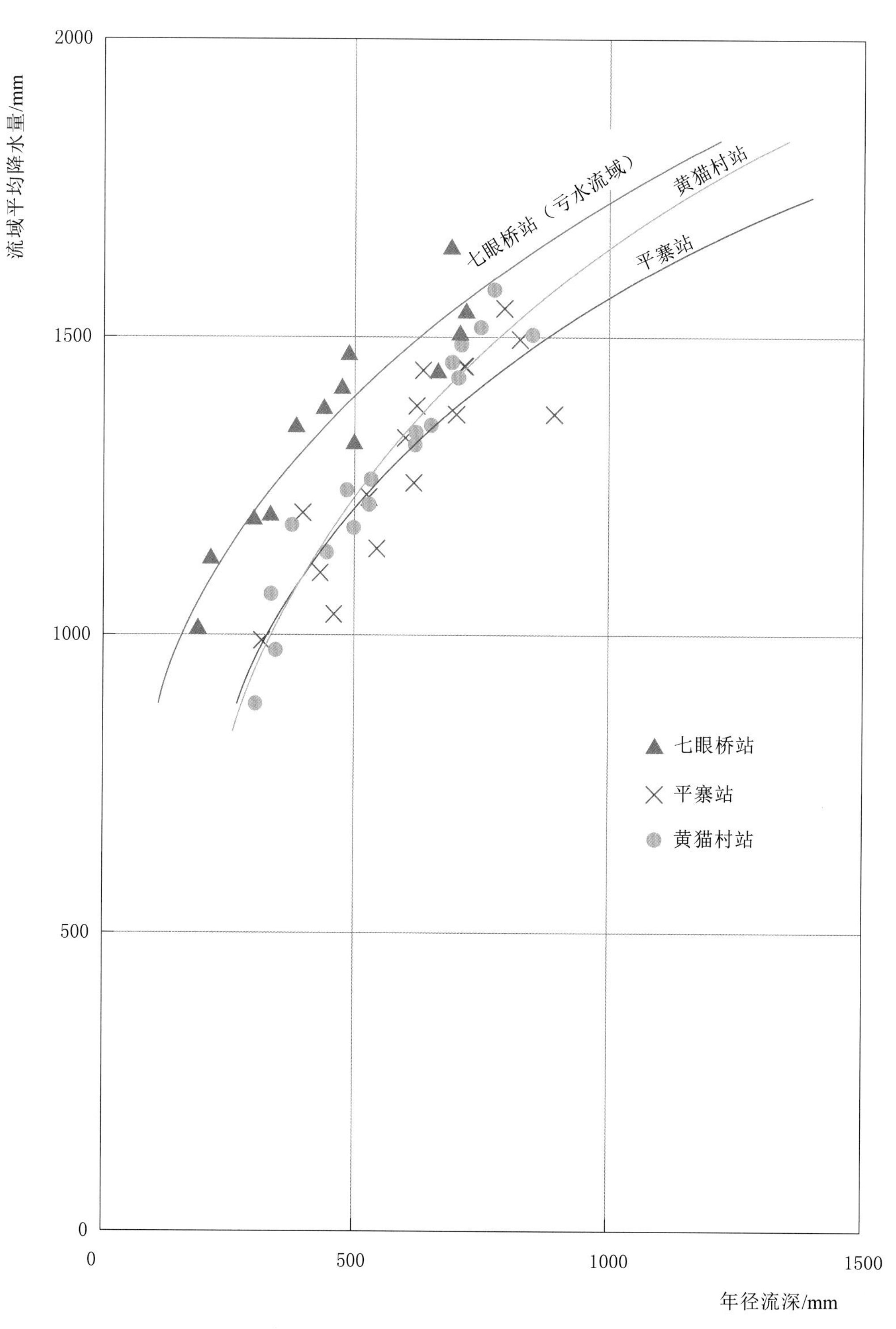

图B.4 流域平均降水量与年径流深的关系曲线（一）

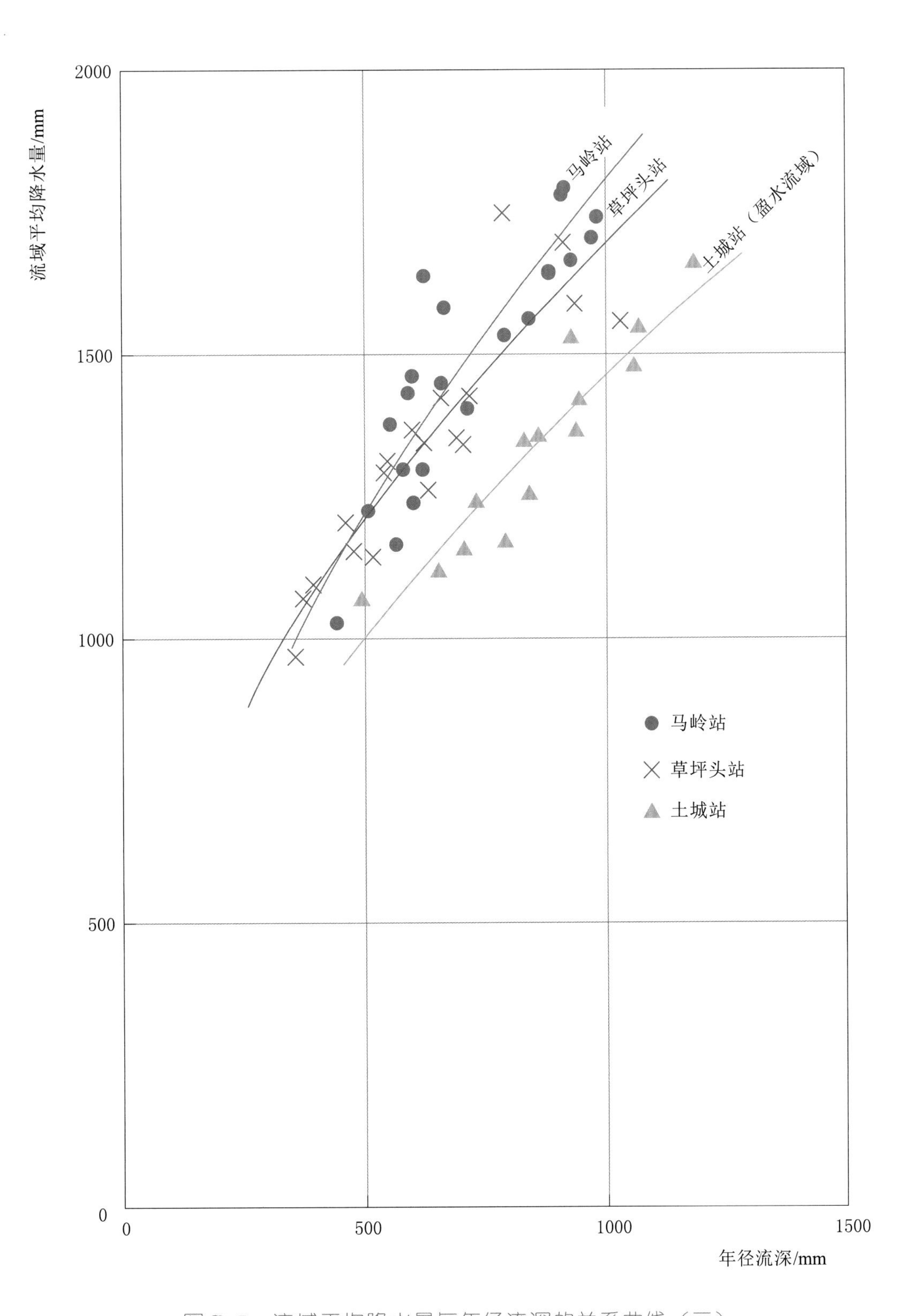

图 B.5　流域平均降水量与年径流深的关系曲线（二）

七眼桥、平寨、黄猫村三个站都在猫跳河上游，流域自然地理条件相似，陆地蒸发量接近，它们的年降水径流相关线本应相近，但七眼桥属于有水量给出的亏水流域，其相关线偏在基本闭合流域（平寨与黄猫村）的左边。土城、草坪头、马岭三个站相邻，因土城站属于有水量补入的盈水流域，其相关线就偏在基本闭合流域（草坪头与马岭）的右边。从图B.4还可以看出，尽管亏水流城与盈水流域的年降水径流相关线位置相差较远，但它们基本上是平行的，这说明在喀斯特山区非闭合流域，流域之间的水量交换值 Δu 在丰、平、枯年份之间的差别不大，也就是年际变化比较小，可以近似看作常量。这个结果与上述以 P 平割 $q-t$ 线分析的结果，是相吻合的。例如土城站，其调查估计的泉水流量年内变幅可达10倍左右，但各年的 Δu 差别很小。在用区城水文分析的办法来估计 Δu 时，是先根据闭合（或基本闭合）流域的资料，做出陆地蒸发量（Z）等值线图，查得所需流域的 Z 值，再由水量平衡方程式计算得 $\Delta u=X-Y-Z$。

具体确定 Δu 的步骤是：先由水量平衡方程式计算得 $\Delta u_{算}$，此 $\Delta u_{算}$ 包括了 X、Y、Z 三项的误差在内，若 $\Delta u_{算}$ 很小，即可认为该流域是基本闭合的，Δu 可以忽略不计。若 $\Delta u_{算}$ 较大，就应考虑流域的闭合情况，做进一步的调查复核。从盈水流域出露的泉水，可以调查到暗河的最小流量与过水能力（即最大流量），两者之比即暗河流量的年内变幅，由图B.3可以估算出 $\Delta u_{调}$，当 $\Delta u_{算}$ 与 $\Delta u_{调}$ 相差很小时，在其间合理取值即为 Δu；若相差很大时，则应根据 X、Y、Z 各项的允许误差适当修正 $\Delta u_{算}$，复查有关调查资料，适当修正 $\Delta u_{调}$，使两者接近，再合理选取 Δu。

B.4 实测径流（$Y_{实}$）与本流域径流（$Y_{本}$）

实测径流是指河川中实际存在的径流，本流域径流是指本流域内降水所形成的总径流（包括地表径流与地下径流）。在喀斯特山区非闭合流域，这两者是不相等的，差值即 Δu，$Y_{实}=Y_{本}\pm\Delta u$。在做区域水文分析计算时，需要的是 $Y_{本}$，只有 $Y_{本}$ 才能用来探讨年径流的地区分布规律，探讨降水、径流与陆地蒸发三个要素之间的平衡关系，做出各种水文要素等值线图。但是工程设计需要的是 $Y_{实}$，只有 $Y_{实}$ 才是设计流域实际上存在的径流量。这就需要解决好两个问题：①把各水文站的 $Y_{实}$ 变为 $Y_{本}$；②把各设计流域查图得到的 $Y_{本}$ 变成 $Y_{实}$。

一些非闭合流域的水文站，若 Δu 较大，则 $Y_{实}$ 与 $Y_{本}$ 的差别明显，对年径流的参数影响很大。例如土城水文站的集水面积 $966km^2$，按实测流量计算，多年平均流量 $\overline{Q}_{实}=25.8m^3/s$，年径流深 $Y_{实}=843mm$，$C_{v实}=0.26$，与周围站比较，$Y_{实}$ 偏大，$C_{v实}$ 偏小。经地区三要素综合平衡分析，Δu 为 $6m^3/s$ 左右。它与调查资料估算的基本吻合。若从每年的实测流量中都减去 $6m^3/s$，可以近似得到本流域的年流量系列，计算得 $\overline{Q}_{本}=19.8m^3/s$，$Y_{本}=647mm$，$C_{v本}=0.32$，与周围各站的年径流参数就显得比较一致了。又如七眼桥水文站，集水面积 $28km^2$，按实测流量计算，$\overline{Q}_{实}=0.397m^3/s$，$Y_{实}=447mm$，$C_{v实}=0.43$，与周围站比较，$Y_{实}$偏小，$C_{v实}$偏大。经分析 Δu 为 $0.15m^3/s$ 左右，每年的实测流量都加上 $0.15m^3/s$ 后，得 $\overline{Q}_{本}=0.547m^3/s$，$Y_{本}=617mm$，$C_{v本}=0.34$，与周围站也比较一致了，见表 B.3 和表 B.4。

表 B.3　土城站径流参数表

参　数	实测值	计算值	采用值	参证站参考值		
				草坪头站	高车站	小寨站
均值 $\overline{Y}$	843	647	647	623	629	369
变差系数 C_v	0.26	0.34	0.32	0.33	0.35	0.36

表 B.4　七眼桥站径流参数表

参　数	实测值	计算值	采用值	参证站参考值		
				平寨站	黄猫村站	老郎寨站
均值 $\overline{Y}$	477	617	617	620	578	509
变差系数 C_v	0.43	0.32	0.34	0.31	0.32	0.33

对于受相邻流域水量交换影响的河段，工程设计上需要的是 $Y_{实}$，需要将由查图得到的 $Y_{本}$ 年径流参数，设法求出 Δu，再换算出 $Y_{实}$ 的年径流参数。对均值而言，$\overline{Y}_{实}=\overline{Y}_{本}\pm\Delta\overline{u}$，有水量补入的盈水流域为 $+\Delta\overline{u}$，有水量给出的亏水流域为 $-\Delta\overline{u}$。计算 C_v 时，若 Δu 可视为不随年径流变化的值，每年的年径流都要加上（或减去）差不多相同的 Δu 值，所以，本流域年径流系列的均方差 $\sigma_{本}$ 与实测系列的均方差 $\sigma_{实}$ 是接近相等的，可互换，则

$$C_{v实}=\frac{\sigma}{\overline{Y}_{实}}=\left(\frac{\overline{Y}_{本}}{\overline{Y}_{本}\pm\Delta u}\right)C_{v本}$$

有水量补入的盈水流域，$C_{v实}<C_{v本}$；有水量给出的亏水流域，$C_{v实}>C_{v本}$。实际上 Δu 随年径流稍微有些变化，$C_{v实}$ 的取值应该在 $C_{v本}$ 与公式计算的 $C_{v实}$ 之间，而接近于按公式计算的 $C_{v实}$。

B.5　无资料地区估算 Δu 的方法

在贵州省山区，根据受人类活动影响较小的基本闭合流域水文站的枯水资料分析可知，枯水模数的地区变化有一定的规律可循，即各地都存在着枯水模数的正常值。由前述分析可知，喀斯特山区非闭合流域之间的水量交换，主要是在枯水和比较枯的流量中进行的，枯水流量和泉水流量的年内变幅，都与交换水量 Δu 存在着密切的关

系。所以，在无资料地区可通过枯水分析和水文调查的方法来大致估算 Δu。

在盈水流域，先要进行设计断面的枯水调查，了解该断面的枯水流量比正常条件（即受人类活动影响较小的基本闭合流域）下的枯水流量大多少，再进行全流域的泉水调查，了解枯水流量比正常值大的数量与那些泉水的枯水流量相接近，判断那些泉水可能是由外流域补给的。再进一步了解这些泉水流量的变幅，若变幅都很小，则 Δu 就接近于调查的平均枯水流量与该流域枯水流量正常值的差数；若泉水流量的变幅较大（一般在10～20倍以内，若倍数过高，则该泉水的补给面积和水量都应算在本流域内了），Δu 应等于这个数的若干倍，倍数可按泉水年内变幅的 $\frac{1}{2}$～$\frac{1}{3}$ 取用。若泉水的最大流量（即暗河的过水能力）调查得比较准确，可按图B.3的 $P/\overline{q}_{\min}-\Delta u/P$ 的关系曲线估计 Δu。再分析这样定的 Δu 值是否合适。这样只从盈水流域的枯水调查估计的 Δu 值还需验证，最好能查明泉水补给来源的亏水流域，按消水洞以上的集水面积计算年径流 $Q_{年}$，再按图B.3 $P/\overline{q}_{\min}-\Delta u/Q_{年}$ 的关系曲线估计 Δu，两者差不多即可合理取值，两者差别大时，则要深入做调查，找出原因，重新估计，再合理取值。麦翁站和牛吃水站 Δu 分析成果分别见表B.5和表B.6。

在亏水流域，也要先做设计断面的枯水调查，分析它比设计流域枯水流量的正常值小多少，若流域内的消水洞是分散的，则根据消水洞的发育情况，按此差值的若干倍估算 Δu，消水洞明显的，倍数可先按3～5取用，消水不够明显的，按1～3取用，再分析是否合适。若消水河段集中，在枯水季节会形成该河段以下断流，则可根据调查的断流天数，估计该河段以上流域的水量损失 Δu，其关系见表B.7。

若经暗河补给盈水流域的出水点明显，又便于调查，则应查清出水点的枯水流量及流量变幅，参考图B.3估计 Δu。以上所提到的情况，能调查到的应该尽量搞清，从不同途径估算的 Δu，互相验证比较，以便能取得最合理的成果。

在做流域规划时，要注意弄清楚 Δu 的来龙去脉，因为盈水流域与亏水流域总是相邻的，从大范围看，水量应该是平衡的。所以，在喀斯特山区，分析论证某一条河流的水量是否合理时，必然要涉及相邻流域，只有把较大范围的水量盈亏情况搞清楚了，才能对该条河流水量的合理性做出结论。例如，经过分析北盘江干流的水量是合理的，支流拖长江上城水文站多了 $6m^3/s$ 的流量，最近已调查落实是来自北盘江上游草香河（茨营附近），拖长江增加了 $6m^3/s$，草香河就应减去相同的数，当汇至北盘江干流时又平衡了。又如猫跳河上游七眼桥站少了 $0.15m^3/s$ 的流量，是补给下游的，所以下游河流就不必再扣掉这部分流量，可以直接采用查图所得的 $Y_{本}$ 的年径流参数。但乌江支流波玉河所少的流量是补给西江流域的桂家湖水库，所以，波玉河各个河段的水量都应减少相同的数，而桂家湖以下河段都应增加这个数。

表 B.5 麦翁站 Δu 值分析表

年份	$Q_{年}$	q_{min}	P																			说明
			0.40	0.50	0.60	0.70	0.80	0.90	1.00	1.50	2.00	3.00	4.00	5.00	6.00	7.00	8.00	9.00	10.00	15.00	20.00	
1970	3.74	0.42	0.40	0.50	0.58	0.69	0.75	0.82	0.90	1.21	1.44	1.76	1.97	2.12	2.25	2.37	2.47	2.56	2.63	2.88	3.04	
1971	5.36	0.51	0.40	0.50	0.60	0.70	0.79	0.88	0.97	1.34	1.65	2.16	2.54	2.83	3.08	3.28	3.44	3.58	3.70	4.20	4.54	
1972	4.50	0.56	0.40	0.50	0.60	0.69	0.78	0.86	0.94	1.24	1.47	1.83	2.11	2.33	2.49	2.63	2.74	2.83	2.92	3.26	3.49	
1973	3.28	0.49	0.40	0.49	0.58	0.66	0.74	0.81	0.87	1.12	1.30	1.62	1.86	2.02	2.15	2.25	2.34	2.42	2.48	2.74	2.91	
1974	5.23	0.33	0.39	0.49	0.57	0.65	0.72	0.79	0.86	1.17	1.43	1.90	2.30	2.65	2.97	3.23	3.45	3.63	3.78	4.35	4.66	
1975	2.63	0.26	0.40	0.50	0.59	0.68	0.76	0.84	0.91	1.20	1.42	1.75	1.98	2.12	2.22	2.29	2.34	2.39	2.42	2.53	2.57	
1976	5.90	0.41	0.40	0.50	0.60	0.69	0.77	0.84	0.92	1.26	1.57	2.10	2.53	2.91	3.20	3.43	3.64	3.82	3.97	4.55	4.94	
1977	6.83	0.76	0.40	0.50	0.60	0.70	0.80	0.90	0.99	1.42	1.76	2.31	2.75	3.08	3.34	3.57	3.77	3.94	4.10	4.69	5.08	
1978	3.52	0.25	0.39	0.48	0.56	0.63	0.70	0.77	0.84	1.13	1.38	1.76	2.02	2.20	2.33	2.43	2.52	2.59	2.65	2.89	3.06	
1979	5.41	0.31	0.40	0.50	0.59	0.67	0.75	0.82	0.89	1.15	1.36	1.75	2.09	2.39	2.63	2.84	3.03	3.20	3.35	3.96	4.37	
1980	3.22	0.16	0.39	0.48	0.56	0.63	0.70	0.76	0.83	1.13	1.37	1.76	2.02	2.21	2.35	2.46	2.55	2.63	2.69	2.94	3.08	
合计	49.62	4.46	4.37	5.44	6.43	7.39	8.26	9.09	9.92	13.37	16.15	20.70	24.17	26.86	29.01	30.78	32.29	33.59	34.69	38.99	41.74	
平均	4.51	0.405	0.40	0.49	0.58	0.67	0.75	0.83	0.90	1.22	1.47	1.88	2.20	2.44	2.64	2.80	2.94	3.05	3.15	3.54	3.79	
C_v	0.30	0.42	0.01	0.02	0.03	0.04	0.05	0.05	0.06	0.08	0.09	0.11	0.13	0.15	0.16	0.18	0.19	0.19	0.20	0.23	0.24	计算值
P/q_{min}			1.00	1.25	1.50	1.75	2.00	2.25	2.50	3.75	5.00	7.50	10.00	12.50	15.00	17.50	20.00	22.50	25.00	37.50	50.00	泉水流量变幅
$\Delta\overline{u}/q_{min}$			1.00	1.23	1.45	1.68	1.88	2.08	2.25	3.05	3.68	4.70	5.50	6.10	6.60	7.00	7.35	7.62	7.88	8.85	9.48	盈水流域用
$\Delta\overline{u}/\overline{Q}_{年}$			0.09	0.11	0.13	0.15	0.17	0.18	0.20	0.27	0.33	0.42	0.49	0.54	0.59	0.62	0.65	0.68	0.70	0.78	0.84	亏水流域用
$\Delta\overline{u}/P$			1.00	0.98	0.97	0.96	0.94	0.92	0.90	0.81	0.74	0.63	0.55	0.49	0.44	0.40	0.37	0.34	0.32	0.24	0.19	盈水流域用

表 B.6 牛吃水站 Δu 值分析表

年份	$Q_{年}$	q_{min}	P																			说明
			6.0	7.0	8.0	9.0	10.0	15.0	20.0	25.0	30.0	35.0	40.0	45.0	50.0	60.0	70.0	80.0	90.0	100.0	150.0	
1959	40.5	6.50	6.00	6.98	7.87	8.66	9.38	12.29	15.23	17.44	19.21	20.69	21.99	23.12	24.11	25.90	27.48	28.81	29.96	30.97	34.60	
1960	47.8	5.52	5.99	6.88	7.67	8.36	8.95	11.43	13.43	15.18	16.76	18.21	19.58	20.85	22.06	24.31	26.35	28.14	29.68	31.03	36.56	
1961	47.7	6.24	6.00	6.95	7.78	8.53	9.26	12.74	16.01	19.03	21.74	24.25	26.56	28.61	30.42	33.53	36.01	37.96	39.48	40.66	44.49	
1962	33.2	7.84	6.00	7.00	8.00	8.98	9.89	13.68	16.58	18.99	21.09	22.90	24.47	25.86	27.04	28.90	30.22	31.03	31.49	31.84	33.07	
1963	29.7	5.26	5.95	6.82	7.64	8.39	9.06	11.91	14.19	16.09	17.62	18.84	19.82	20.61	21.32	22.55	23.56	24.40	25.08	25.67	28.00	
1964	41.8	5.28	5.99	6.92	7.81	8.66	9.42	12.75	15.63	18.13	20.39	22.45	24.36	26.17	27.82	30.58	32.82	34.54	35.80	36.73	39.80	
1965	57.2	7.17	6.00	7.00	7.99	8.93	9.82	13.67	16.80	19.56	22.16	24.60	26.88	29.02	31.06	34.80	38.08	40.93	43.42	45.56	52.20	
1966	31.6	4.84	5.94	6.81	7.62	8.39	9.14	12.24	14.64	16.68	18.47	20.04	21.39	22.51	23.46	24.99	26.20	27.14	27.90	28.54	30.66	
1969	33.1	5.10	5.96	6.85	7.68	8.46	9.16	11.93	13.95	15.71	17.28	18.69	19.93	21.11	22.21	24.11	25.69	27.03	28.21	29.14	31.81	
1970	45.9	6.05	6.00	6.99	7.92	8.80	9.65	12.83	16.55	19.33	21.68	23.67	25.44	27.05	28.49	30.99	33.12	34.91	36.44	37.77	42.43	
1971	43.8	7.00	6.00	7.00	7.98	8.92	9.82	13.75	16.79	19.38	21.75	23.94	25.89	27.61	29.10	31.65	33.78	35.49	36.85	37.96	41.52	
1972	35.3	5.37	6.00	6.99	7.93	8.80	9.59	13.02	15.75	18.02	19.90	21.55	22.95	24.11	25.08	26.66	27.91	28.92	29.74	30.41	32.59	
1975	26.5	5.59	5.99	6.93	7.82	8.67	9.49	12.86	15.22	17.02	18.39	19.44	20.29	20.99	21.60	22.58	23.32	23.89	24.34	24.71	25.95	
1976	44.2	7.57	6.00	7.00	7.99	8.94	9.79	13.45	16.54	19.16	21.37	23.30	25.01	26.52	27.90	30.39	32.60	34.53	36.10	37.33	41.29	
1977	40.6	9.89	6.00	7.00	8.00	9.00	10.00	14.29	17.57	20.36	22.90	25.19	17.16	28.74	29.99	31.99	33.57	34.84	35.89	36.77	39.37	
1978	34.6	6.59	6.00	6.99	7.89	8.74	9.52	12.86	15.62	17.87	19.69	21.30	22.70	23.90	24.96	26.74	28.15	29.29	30.17	30.88	33.27	
1980	40.7	5.23	5.99	6.91	7.76	8.61	9.35	12.52	15.05	17.34	19.45	21.32	22.99	24.51	25.87	28.23	30.19	32.04	33.41	34.50	38.19	
合计	674.2	107.04	101.81	118.02	133.35	147.84	161.29	218.22	265.55	305.29	339.85	370.38	397.41	421.35	442.49	478.90	509.05	533.89	553.96	570.47	625.80	
平均	39.7	6.30	5.99	6.94	7.84	8.70	9.49	12.84	15.62	17.96	19.99	21.79	23.38	24.79	26.03	28.17	29.94	31.41	32.59	33.56	36.81	
C_v	0.20	0.21	0.00	0.01	0.02	0.02	0.03	0.06	0.07	0.08	0.09	0.10	0.11	0.12	0.12	0.13	0.14	0.15	0.16	0.16	0.18	计算值
P/q_{min}			0.95	1.11	1.27	1.43	1.59	2.38	3.17	3.97	4.76	5.56	6.35	7.14	7.94	9.52	11.11	12.70	14.29	15.87	23.81	泉水流量变幅
$\overline{\Delta u}/\overline{q}_{min}$			0.95	1.10	1.24	1.38	1.51	2.04	2.48	2.85	3.17	3.46	3.71	3.93	4.13	4.47	4.75	4.99	5.17	5.33	5.84	盈水流域用
$\overline{\Delta u}/\overline{Q}_{年}$			0.15	0.17	0.20	0.22	0.24	0.32	0.39	0.45	0.50	0.55	0.59	0.62	0.66	0.71	0.75	0.79	0.82	0.85	0.93	亏水流域用
$\overline{\Delta u}/P$			1.00	0.99	0.98	0.97	0.95	0.86	0.78	0.72	0.67	0.62	0.58	0.55	0.52	0.47	0.43	0.39	0.36	0.34	0.25	盈水流域用

表 B.7　　河流断流情况

河流断流情况	$P/\overline{q}_{min}$	$\Delta u/Q$
断流　1d	1	0.1 左右
断流　90d	2～3	0.2～0.3
断流　180d	5 左右	0.3～0.5
断流　270d	10 左右	0.5～0.7
断流　330d	25 左右	0.7～1.0

B.6　问题与建议

贵州省喀斯特山区中有许多中小河流是非闭合流域，其年径流计算不易准确，致使有些水库蓄不到设计的来水量，而另一些水库的来水量又比设计值大。即使是水资源正式成果提供使用了，在非闭合流域生搬硬套地使用年径流参数等值线图，也可能产生较大的出入。只有采用水文调查与区域水文分析相结合的方法，才有可能得到比较满意的结果。

附录C　贵州省地表水资源成果图

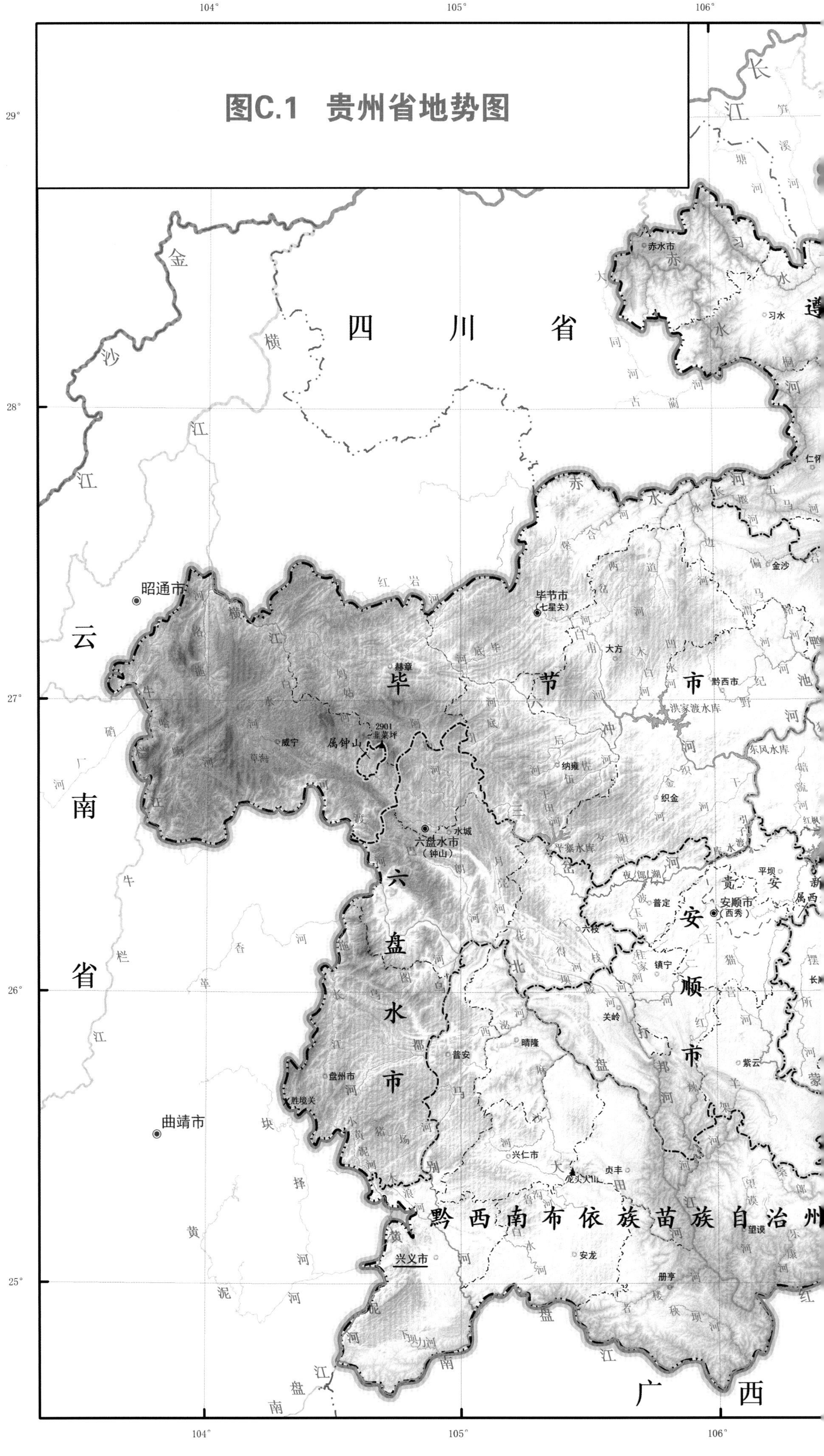

图C.1 贵州省地势图

104°
105°
106°
29°
28°
27°
26°
25°

四川省
云南省
广西
毕节市
六盘水市
安顺市
黔西南布依族苗族自治州
赤水市
习水
金沙
毕节市（七星关）
大方
黔西市
赫章
威宁
属钟山
2901 韭菜坪
六盘水市（钟山）
水城
纳雍
织金
洪家渡水库
东风水库
平寨水库
普定
安顺市（西秀）
平坝
镇宁
六枝
关岭
紫云
晴隆
普安
盘州市
胜境关
兴仁市
贞丰
龙头大山
兴义市
安龙
册亨
望谟
昭通市
曲靖市
金沙江
横江
赤水河
牛栏江
北盘江
南盘江
黄泥河
长江

104°
105°
106°

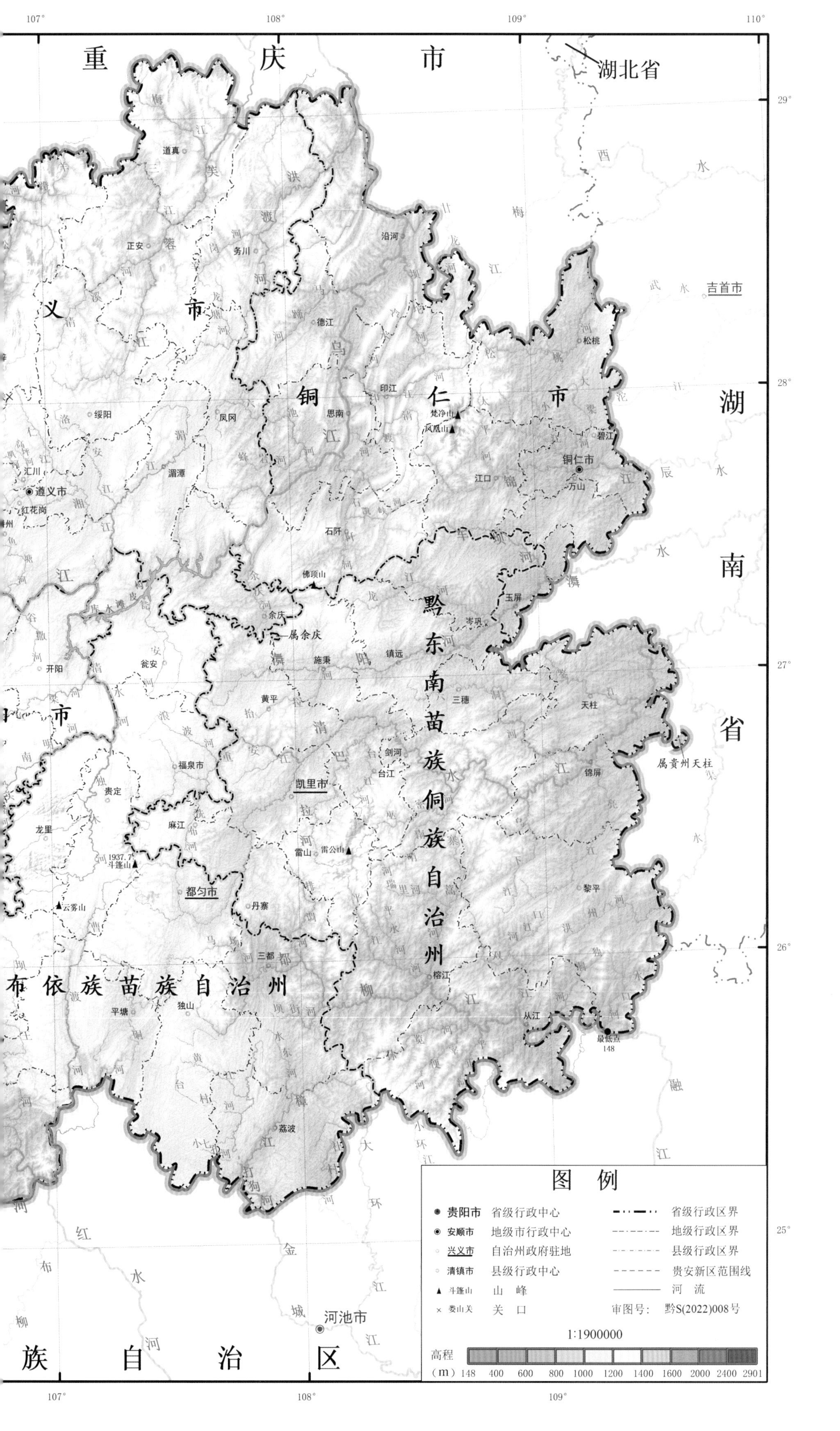

107°
108°
109°
110°
29°
28°
27°
26°
25°
重　庆　市
湖北省
吉首市
湖
南
省
义
市
铜　仁　市
黔东南苗族侗族自治州
布依族苗族自治州
族　自　治　区
道真
正安
务川
沿河
德江
印江
思南
梵净山
凤凰山
松桃
碧江
铜仁市
万山
江口
石阡
佛顶山
余庆
属余庆
施秉
镇远
岑巩
玉屏
三穗
天柱
属贵州天柱
锦屏
黎平
从江
最低点
148
榕江
剑河
台江
凯里市
雷山
雷公山
丹寨
三都
都匀市
麻江
福泉市
黄平
瓮安
开阳
贵定
龙里
1937.7
斗篷山
云雾山
平塘
独山
荔波
小七孔
绥阳
凤冈
湄潭
汇川
遵义市
红花岗
河池市
乌江
清水江
舞阳河
都柳江
红水河
图　例
贵阳市　省级行政中心
安顺市　地级市行政中心
兴义市　自治州政府驻地
清镇市　县级行政中心
斗篷山　山　峰
娄山关　关　口
省级行政区界
地级行政区界
县级行政区界
贵安新区范围线
河　流
审图号：　黔S(2022)008号
1:1900000
高程
（m）148　400　600　800　1000　1200　1400　1600　2000　2400　2901

图C.2 贵州省行政区划及河流水系图

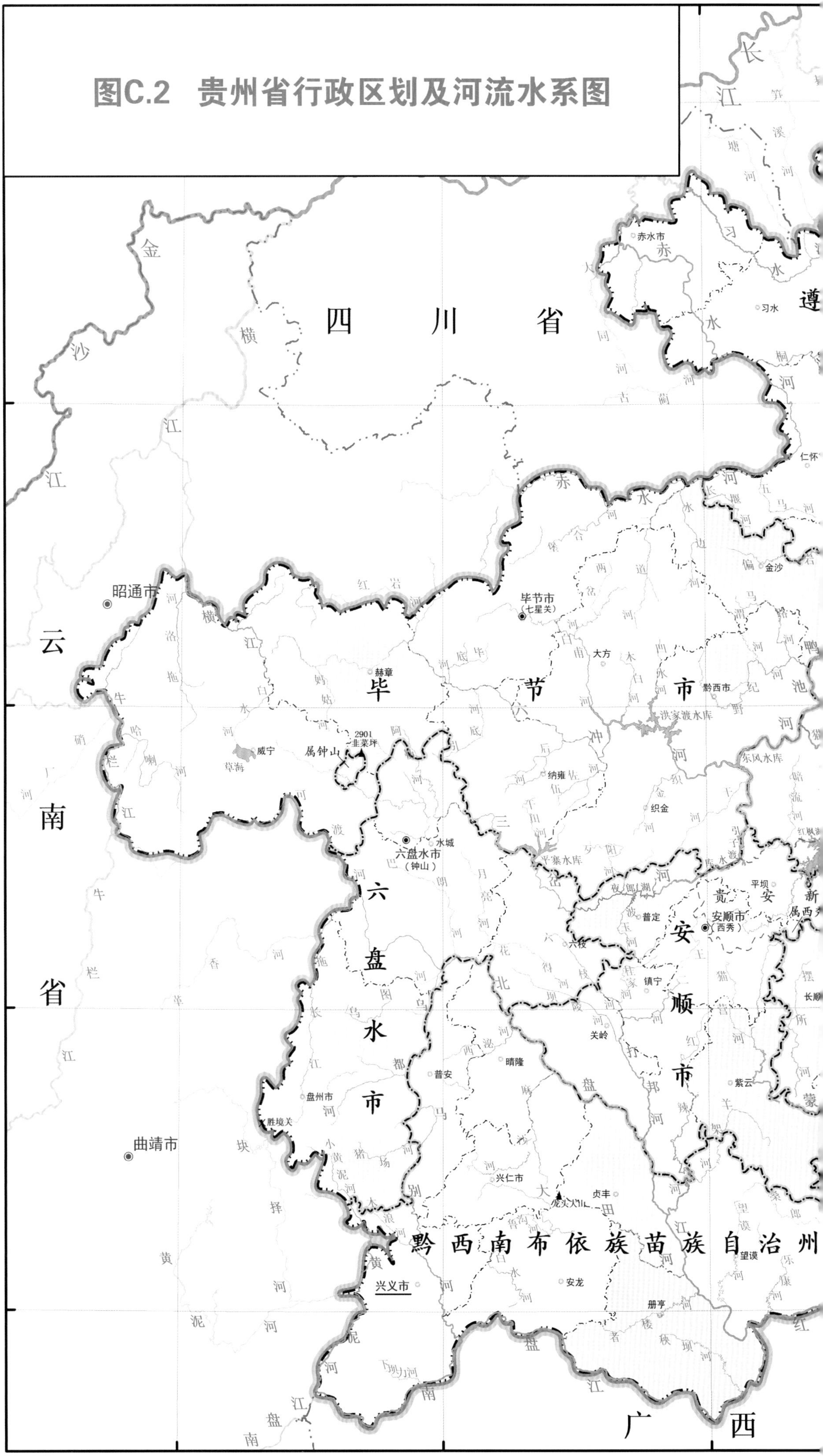

104° 105° 106°

29° 28° 27° 26° 25°

四川省

云南省

广西

毕节市

六盘水市

安顺市

黔西南布依族苗族自治州

赤水市 习水 仁怀 金沙 毕节市（七星关） 大方 黔西市 赫章 威宁 草海 属钟山 2901 韭菜坪 纳雍 织金 洪家渡水库 东风水库 六盘水市（钟山） 水城 平寨水库 普定 安顺市（西秀） 平坝 六枝 镇宁 关岭 晴隆 普安 盘州市 胜境关 兴仁市 贞丰 龙头山 紫云 兴义市 安龙 册亨 望谟 昭通市 曲靖市

金沙江 长江 赤水河 乌江 北盘江 南盘江 红水河 牛栏江 黄泥河

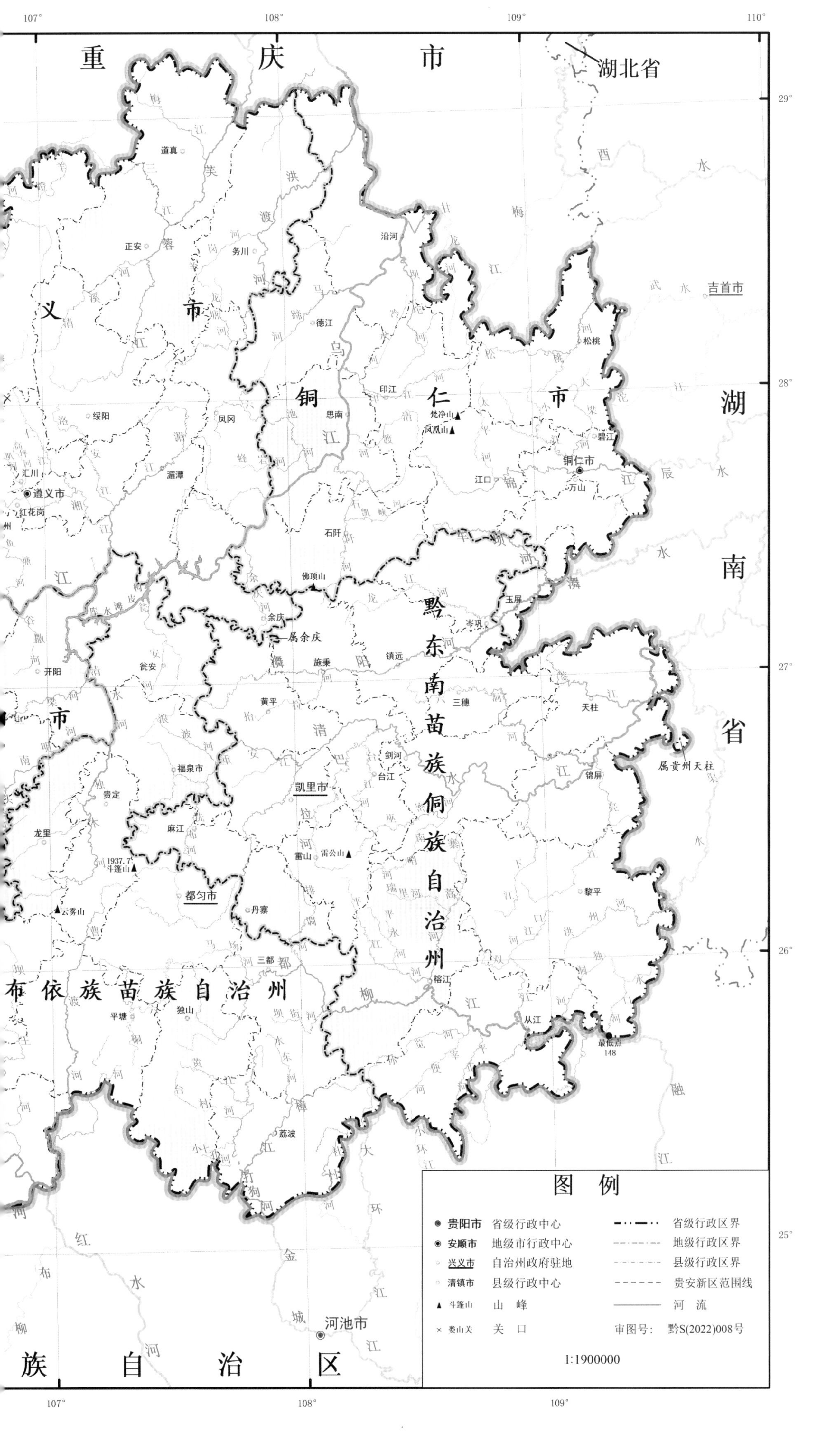

重 庆 市
湖北省
吉首市
湖 南 省
铜 仁 市
黔东南苗族侗族自治州
布依族苗族自治州
族 自 治 区
遵义市
凯里市
都匀市
河池市
图 例
贵阳市 省级行政中心
安顺市 地级市行政中心
兴义市 自治州政府驻地
清镇市 县级行政中心
斗篷山 山 峰
娄山关 关 口
省级行政区界
地级行政区界
县级行政区界
贵安新区范围线
河 流
审图号：黔S(2022)008号
1:1900000

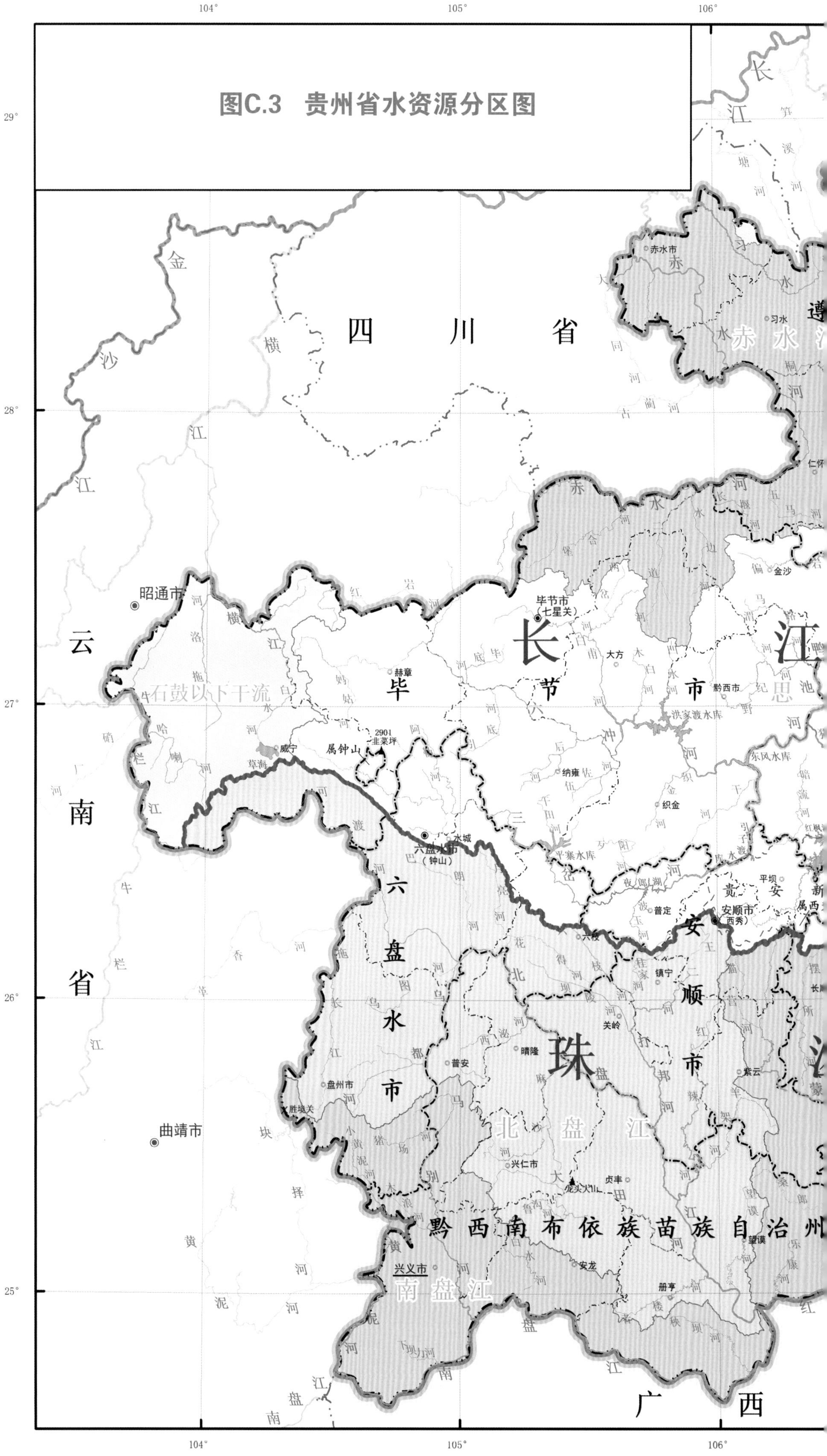

图C.3 贵州省水资源分区图

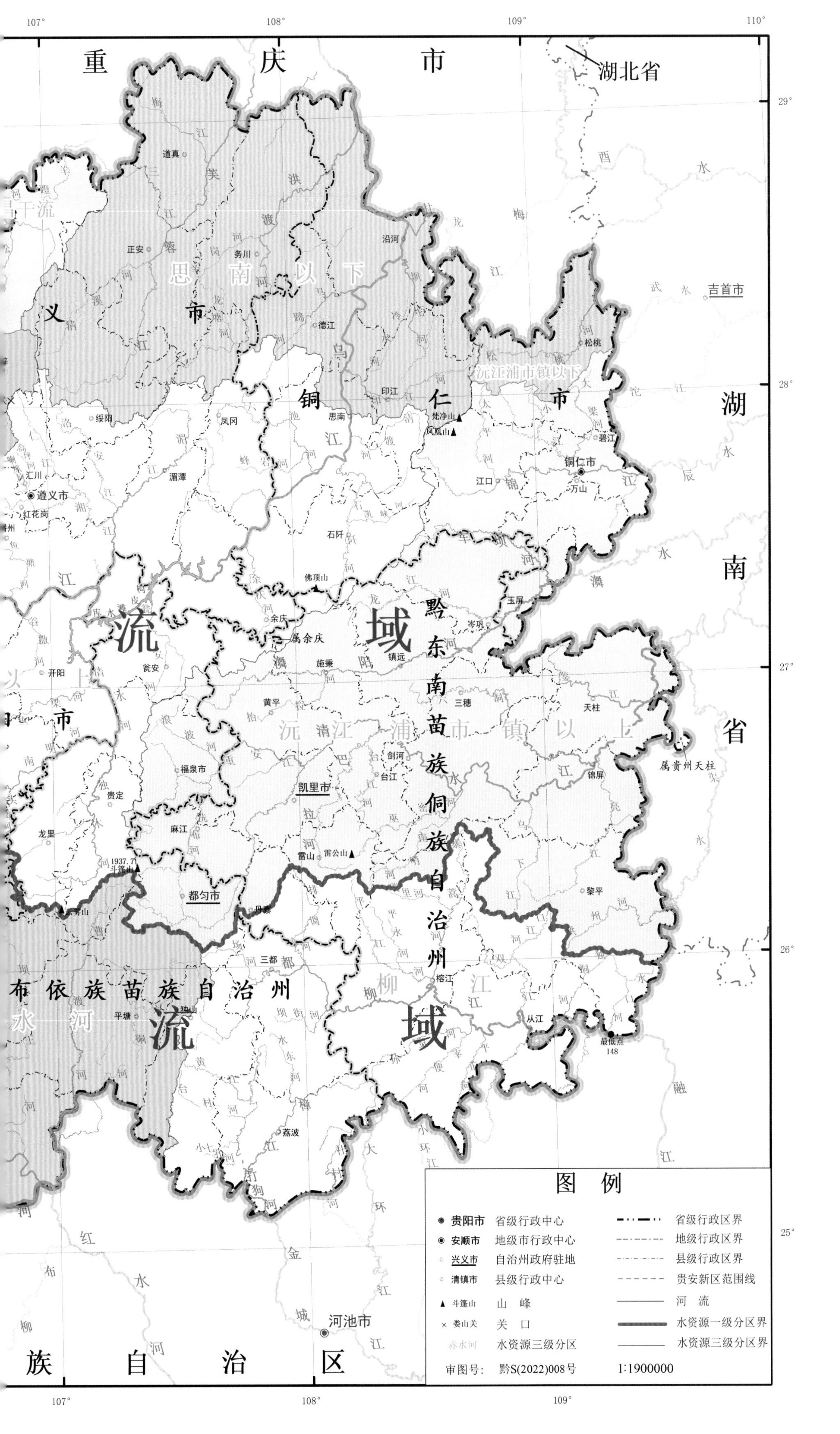
重庆市
湖北省
湖南省
遵义市
铜仁市
黔东南苗族侗族自治州
布依族苗族自治州
族自治区
思南以下
沅江浦市镇以下
沅江浦市镇以上
流域
柳江
水河
道真
正安
务川
沿河
德江
松桃
吉首市
印江
思南
梵净山
凤凰山
碧江
铜仁市
万山
江口
石阡
佛顶山
玉屏
岑巩
镇远
三穗
天柱
属贵州天柱
余庆
属余庆
施秉
黄平
剑河
台江
锦屏
凯里市
雷山
雷公山
黎平
绥阳
凤冈
湄潭
汇川
遵义市
红花岗
开阳
瓮安
福泉市
贵定
龙里
麻江
都匀市
丹寨
三都
榕江
从江
最低点
148
平塘
独山
荔波
斗篷山
河池市
图例
贵阳市 省级行政中心
安顺市 地级市行政中心
兴义市 自治州政府驻地
清镇市 县级行政中心
斗篷山 山峰
娄山关 关口
赤水河 水资源三级分区
省级行政区界
地级行政区界
县级行政区界
贵安新区范围线
河流
水资源一级分区界
水资源三级分区界
审图号: 黔S(2022)008号
1:1900000
107°
108°
109°
110°
29°
28°
27°
26°
25°

图C.4 贵州省基本雨量站分布图

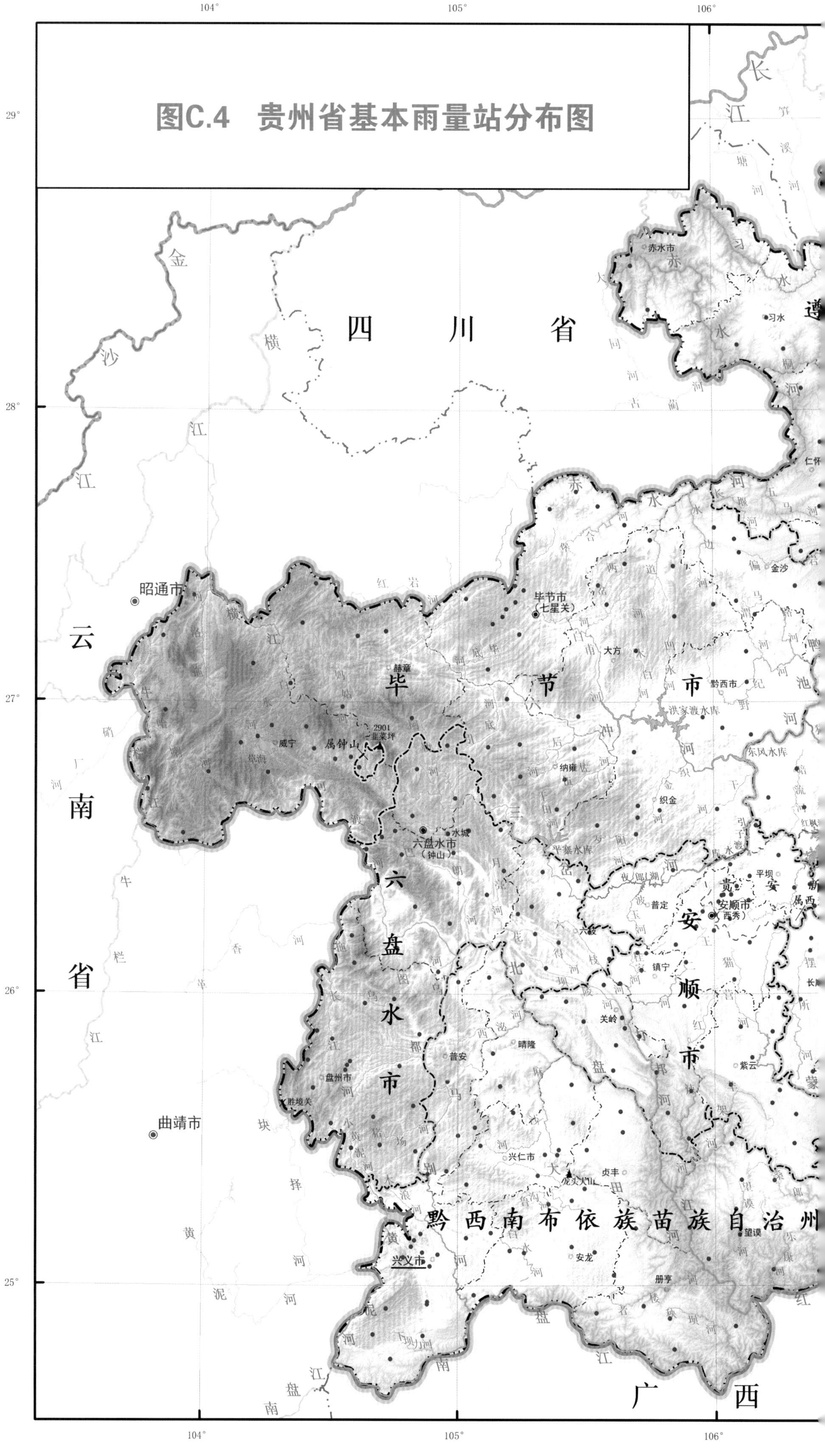

104°
105°
106°
29°
28°
27°
26°
25°

四川省
云南省
广西
毕节市
六盘水市
安顺市
黔西南布依族苗族自治州
昭通市
曲靖市
赤水市
习水
仁怀
金沙
毕节市（七星关）
大方
黔西市
洪家渡水库
东风水库
赫章
威宁
草海
2901
韭菜坪
属钟山
纳雍
织金
水城
六盘水市（钟山）
平寨水库
普定
安顺市（西秀）
平坝
六枝
镇宁
关岭
晴隆
普安
盘州市
胜境关
紫云
兴仁市
贞丰
龙头大山
兴义市
安龙
册亨
望谟

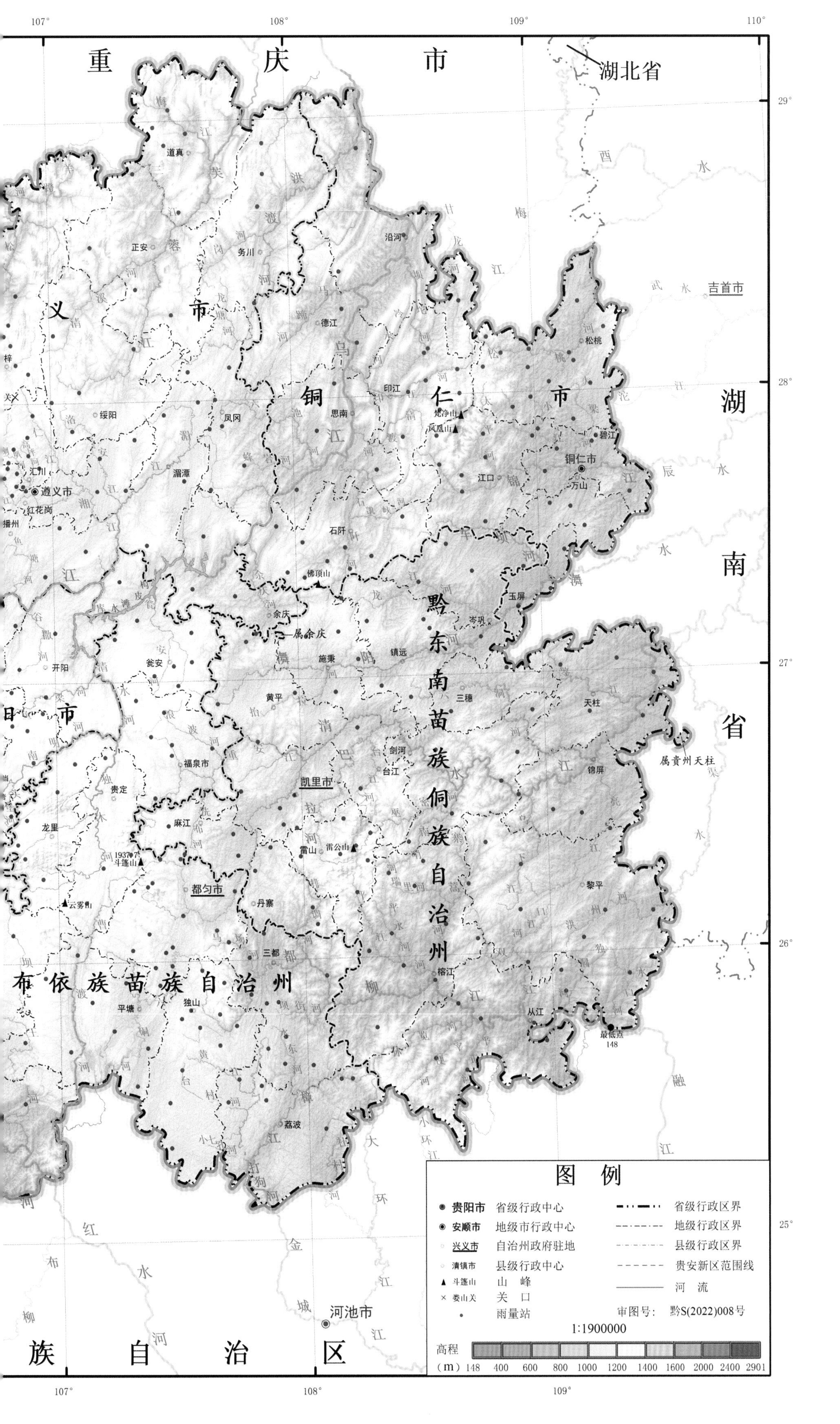

重庆市
湖北省
吉首市
湖南省
铜仁市
遵义市
黔东南苗族侗族自治州
布依族苗族自治州
族自治区
河池市
道真
正安
务川
沿河
德江
印江
思南
凤冈
绥阳
湄潭
汇川
遵义市
红花岗
播州
松桃
碧江
铜仁市
万山
江口
梵净山
凤凰山
石阡
佛顶山
余庆
属余庆
玉屏
岑巩
镇远
施秉
黄平
三穗
天柱
属贵州天柱
开阳
瓮安
福泉市
贵定
龙里
麻江
凯里市
剑河
台江
锦屏
雷山
雷公山
黎平
都匀市
丹寨
斗篷山
云雾山
三都
榕江
从江
最低点
148
平塘
独山
荔波
乌江
清水江
都柳江
图例
贵阳市 省级行政中心
安顺市 地级市行政中心
兴义市 自治州政府驻地
清镇市 县级行政中心
斗篷山 山峰
娄山关 关口
雨量站
省级行政区界
地级行政区界
县级行政区界
贵安新区范围线
河流
审图号：黔S(2022)008号
1:1900000
高程（m）148 400 600 800 1000 1200 1400 1600 2000 2400 2901
107°
108°
109°
110°
29°
28°
27°
26°
25°

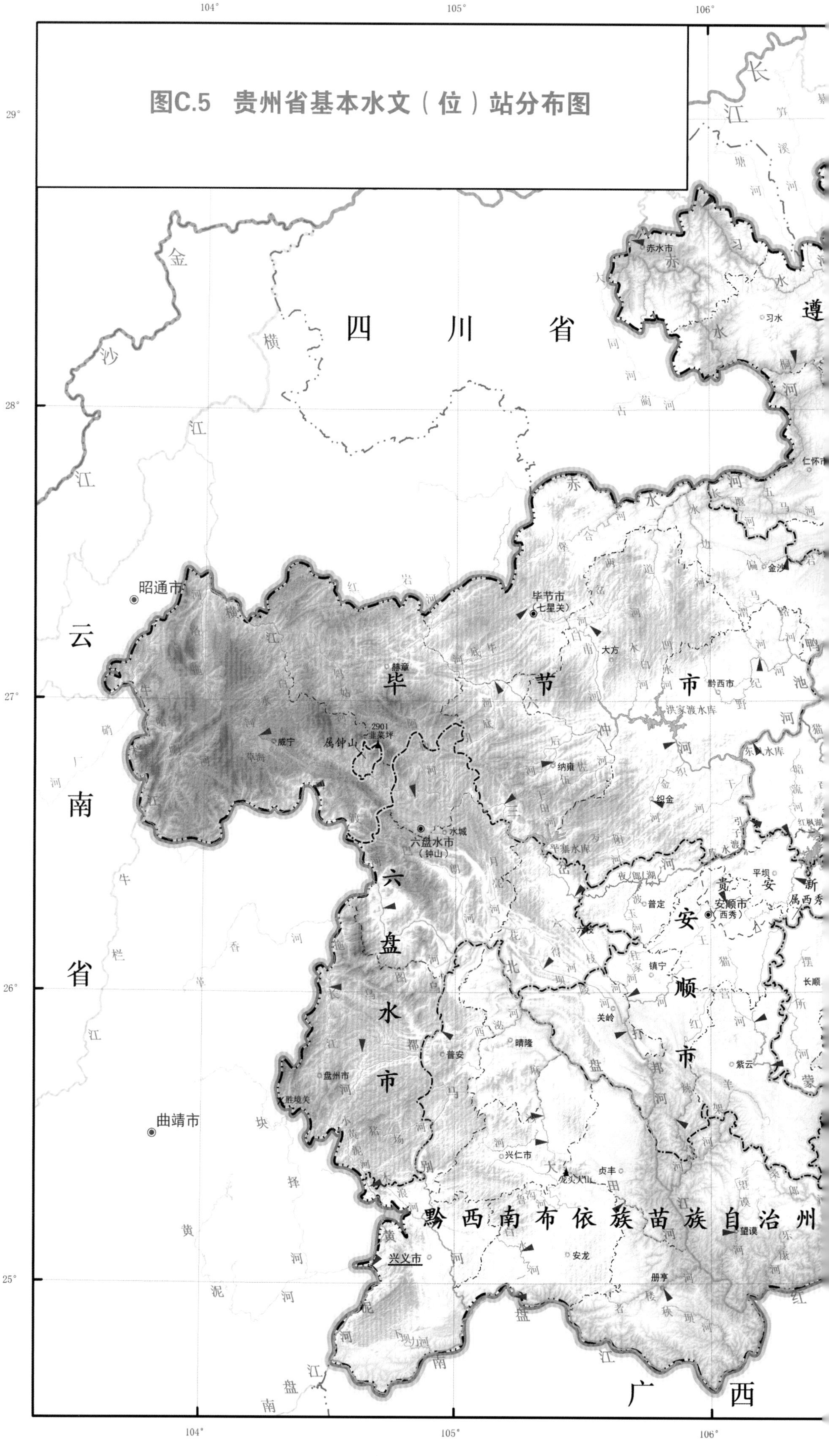

图C.5 贵州省基本水文（位）站分布图

104° 105° 106°

29° 28° 27° 26° 25°

四川省

云南省

广西

毕节市

六盘水市

安顺市

黔西南布依族苗族自治州

昭通市

曲靖市

赤水市

习水

毕节市（七星关）

大方

黔西市

洪家渡水库

纳雍

织金

赫章

威宁

草海

2901 韭菜坪

六盘水市（钟山）

水城

平寨水库

夜郎湖

普定

安顺市（西秀）

平坝

六枝

镇宁

关岭

紫云

晴隆

普安

盘州市

胜境关

兴仁市

贞丰

龙头大山

望谟

安龙

册亨

兴义市

金沙

仁怀市

长顺

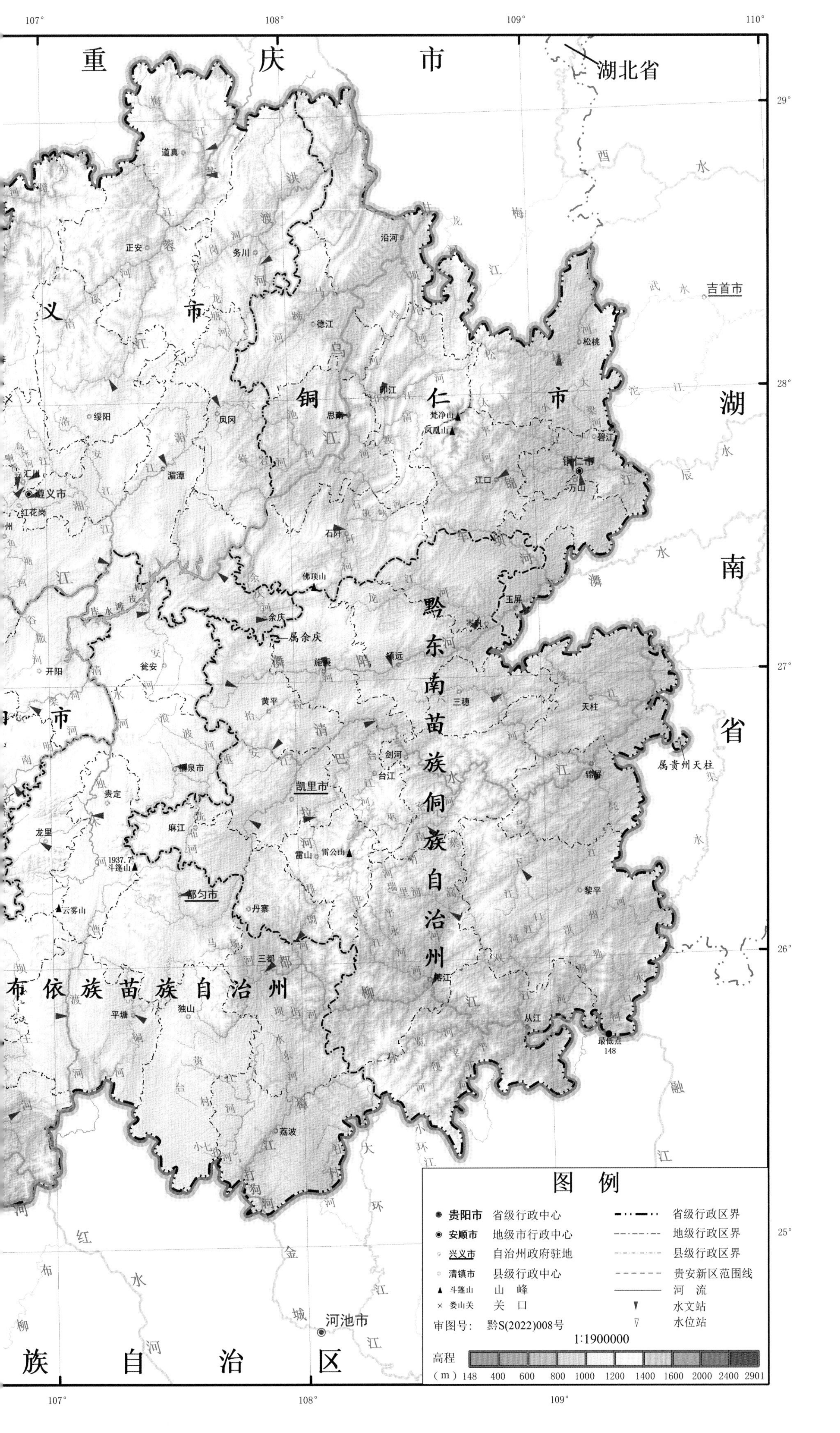

重庆市
湖北省
遵义市
铜仁市
湖南省
黔东南苗族侗族自治州
布依族苗族自治州
族自治区
道真
正安
务川
沿河
德江
思南
印江
松桃
凤冈
绥阳
湄潭
遵义市
汇川
红花岗
梵净山
凤凰山
碧江
铜仁市
万山
江口
石阡
佛顶山
余庆
属余庆
玉屏
岑巩
镇远
施秉
黄平
瓮安
开阳
三穗
天柱
属贵州天柱
剑河
台江
凯里市
福泉市
贵定
龙里
麻江
锦屏
雷山
雷公山
1937.7
斗篷山
都匀市
云雾山
丹寨
黎平
三都
榕江
从江
最低点
148
平塘
独山
荔波
河池市
吉首市
乌江
清水江
都柳江
图例
贵阳市 省级行政中心
安顺市 地级市行政中心
兴义市 自治州政府驻地
清镇市 县级行政中心
斗篷山 山峰
娄山关 关口
审图号：黔S(2022)008号
省级行政区界
地级行政区界
县级行政区界
贵安新区范围线
河流
水文站
水位站
1:1900000
高程
(m) 148 400 600 800 1000 1200 1400 1600 2000 2400 2901
107°
108°
109°
110°
29°
28°
27°
26°
25°

图C.6 贵州省地表水水质站分布图

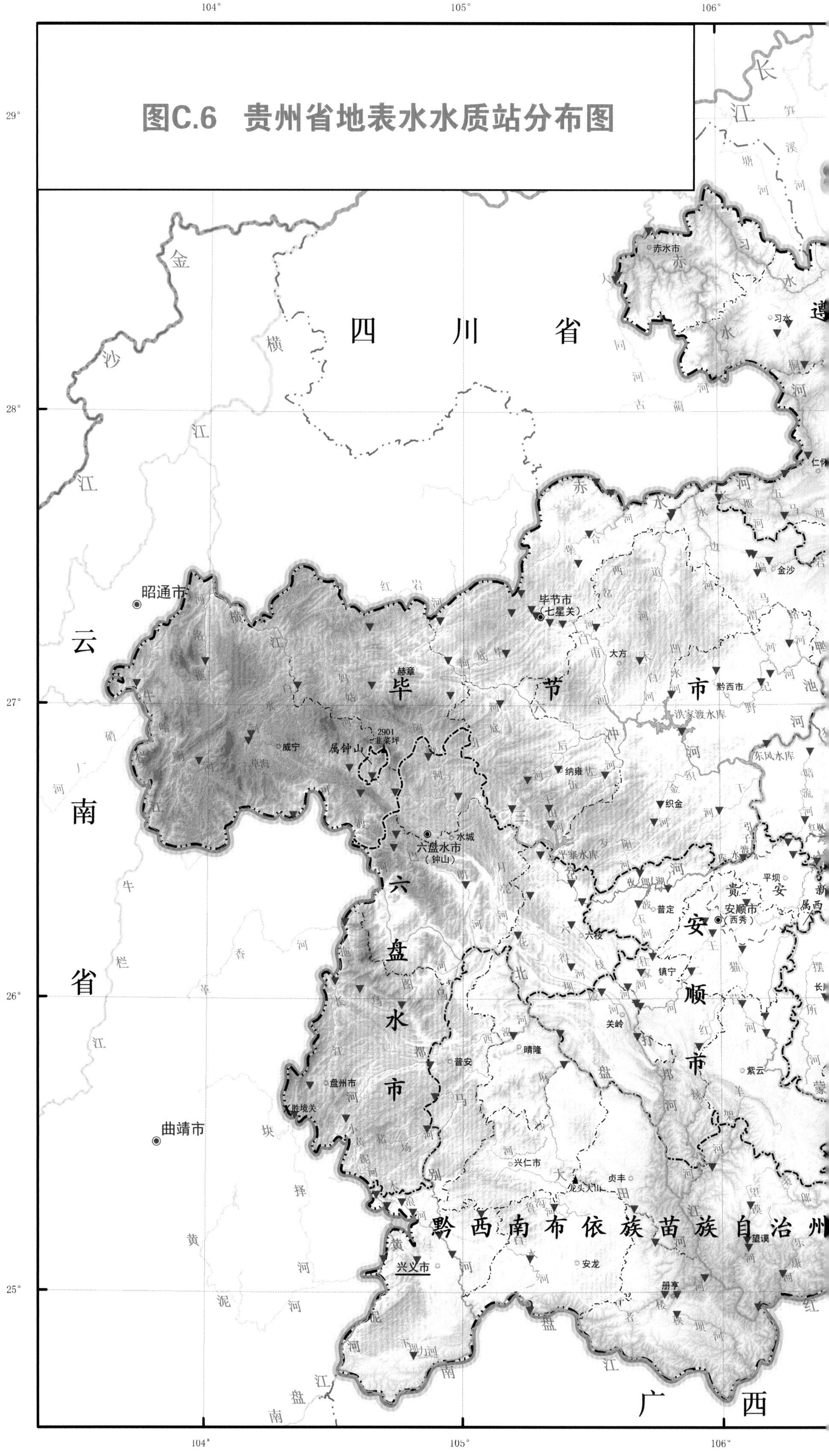

104° 105° 106°

29° 28° 27° 26° 25°

四川省

云南省

广西

毕节市

六盘水市

安顺市

黔西南布依族苗族自治州

昭通市

曲靖市

赤水市

习水

仁怀

金沙

毕节市（七星关）

大方

黔西市

赫章

威宁

2901 韭菜坪

属钟山

纳雍

织金

六盘水市（钟山）

水城

平坝

安顺市（西秀）

普定

镇宁

六枝

关岭

紫云

晴隆

普安

盘州市

胜境关

兴仁市

贞丰

龙头大山

兴义市

安龙

册亨

望谟

洪家渡水库

东风水库

平寨水库

金沙江

长江

赤水河

北盘江

南盘江

黄泥河

104° 105° 106°

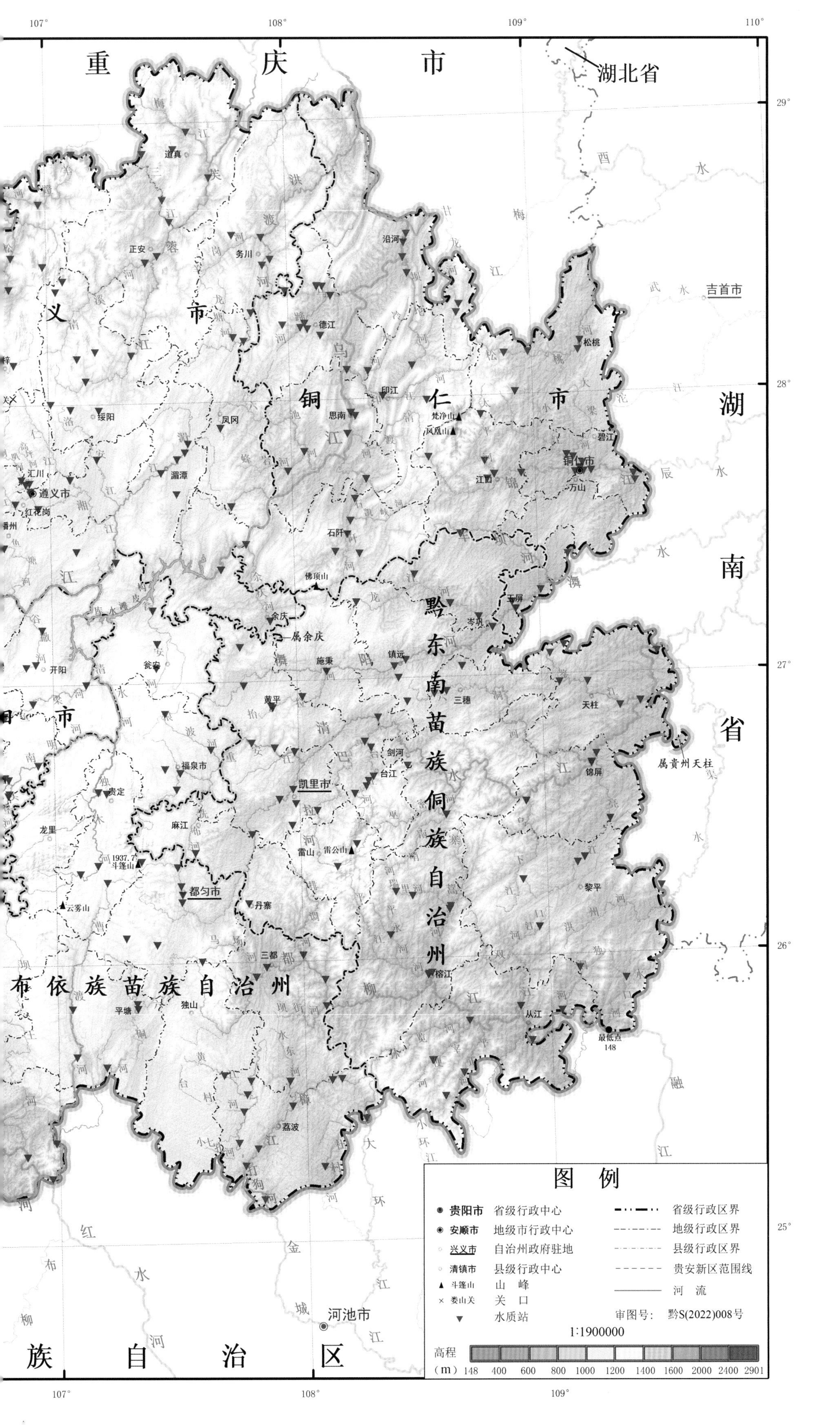
重庆市
湖北省
湖南省
黔东南苗族侗族自治州
铜仁市
布依族苗族自治州
族自治区
吉首市
河池市
属贵州天柱
属余庆
凯里市
都匀市
铜仁市
遵义市
道真
正安
务川
沿河
德江
松桃
印江
思南
凤冈
绥阳
湄潭
江口
碧江
万山
石阡
佛顶山
余庆
玉屏
岑巩
镇远
施秉
黄平
三穗
天柱
剑河
台江
锦屏
福泉市
贵定
麻江
龙里
雷山
雷公山
丹寨
黎平
三都
榕江
从江
最低点 148
平塘
独山
荔波
开阳
瓮安
汇川
红花岗
播州
梵净山
凤凰山
斗篷山
云雾山
图例
贵阳市 省级行政中心
安顺市 地级市行政中心
兴义市 自治州政府驻地
清镇市 县级行政中心
斗篷山 山峰
娄山关 关口
水质站
省级行政区界
地级行政区界
县级行政区界
贵安新区范围线
河流
审图号: 黔S(2022)008号
1:1900000
高程 (m) 148 400 600 800 1000 1200 1400 1600 2000 2400 2901
107° 108° 109° 110°
29° 28° 27° 26° 25°

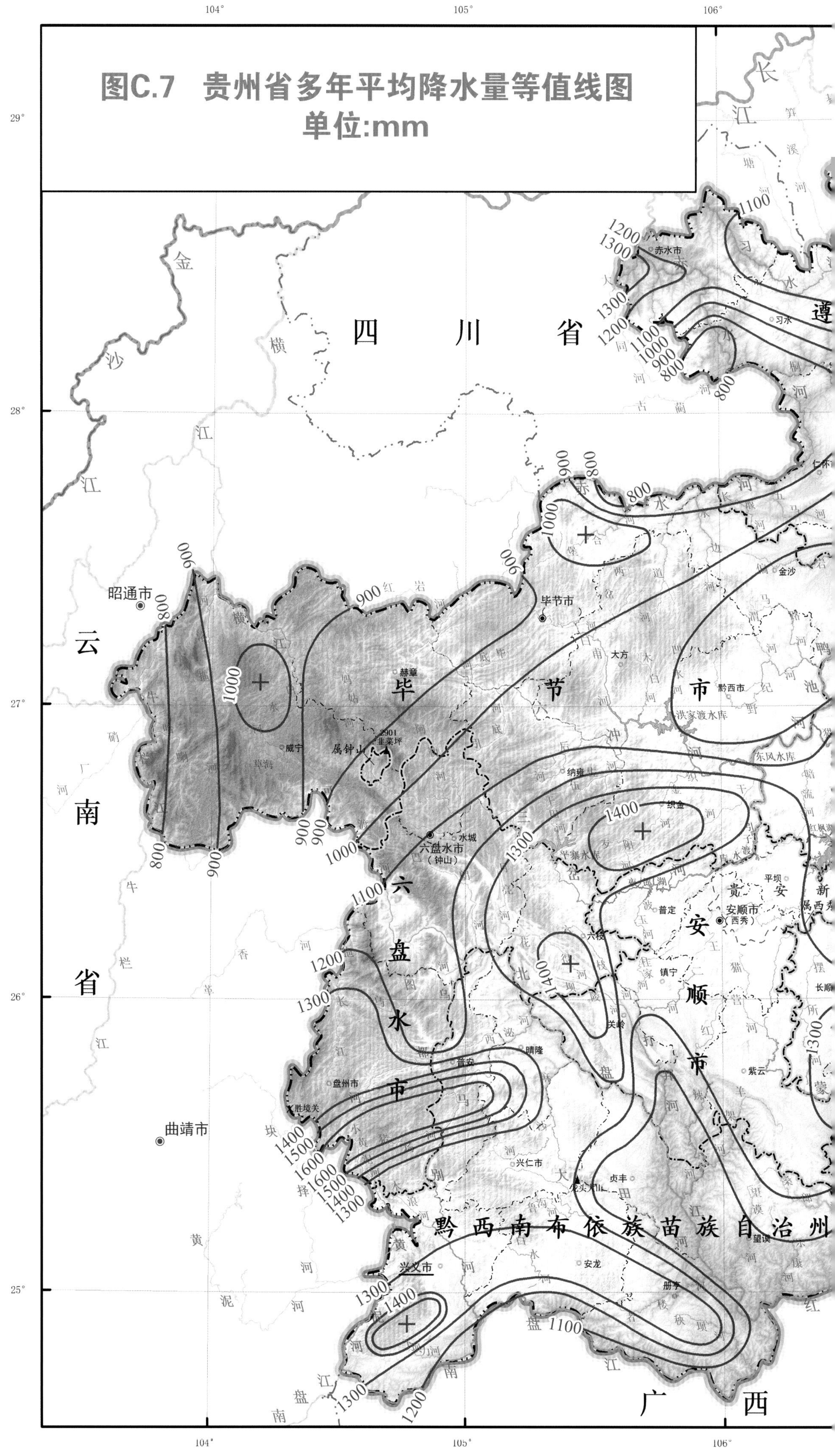

图C.7　贵州省多年平均降水量等值线图

单位:mm

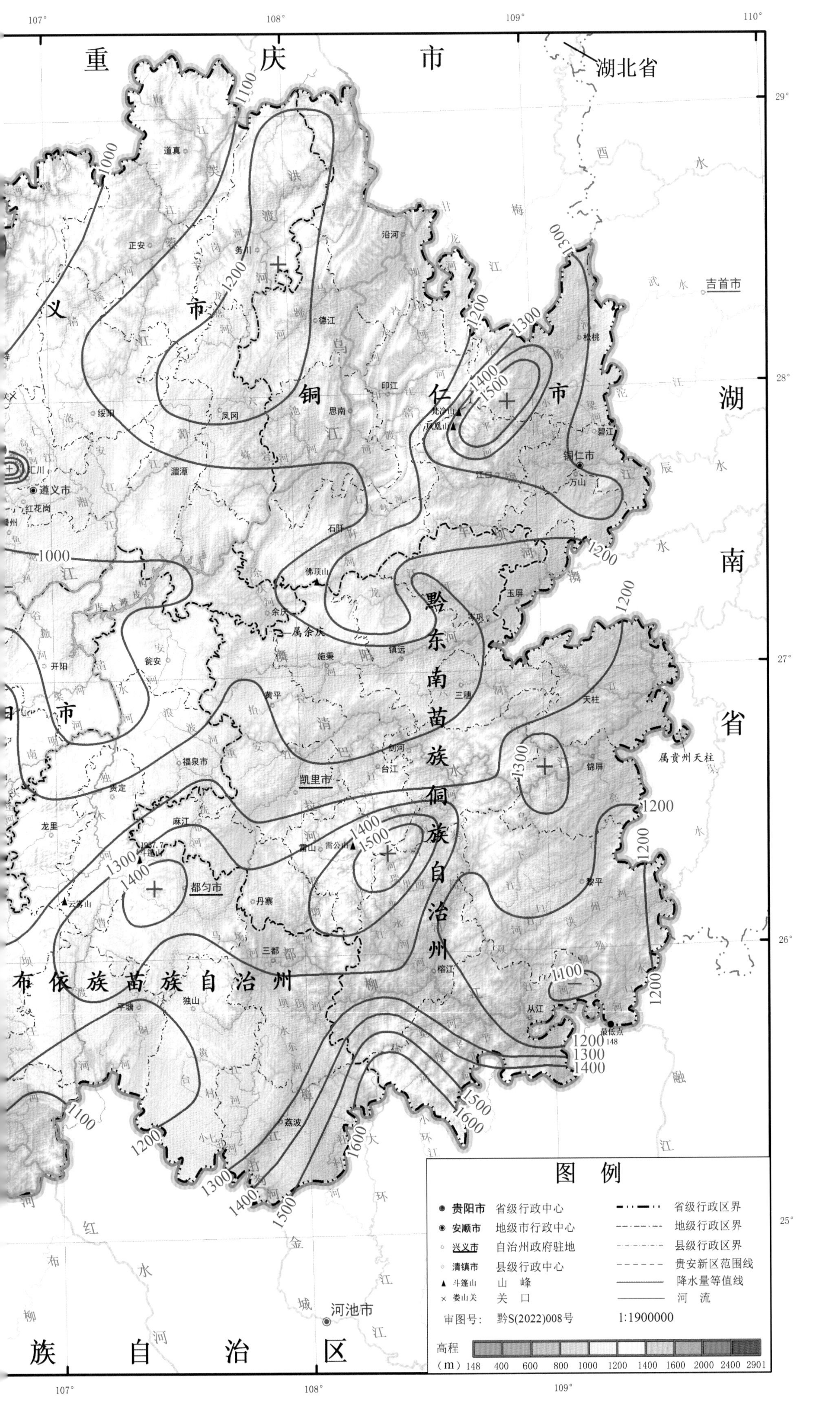

重 庆 市
湖北省
铜 仁 市
湖 南 省
黔东南苗族侗族自治州
布依族苗族自治州
族 自 治 区
图 例
贵阳市 省级行政中心
安顺市 地级市行政中心
兴义市 自治州政府驻地
清镇市 县级行政中心
斗篷山 山 峰
娄山关 关 口
省级行政区界
地级行政区界
县级行政区界
贵安新区范围线
降水量等值线
河 流
审图号: 黔S(2022)008号
1:1900000
高程 (m) 148 400 600 800 1000 1200 1400 1600 2000 2400 2901

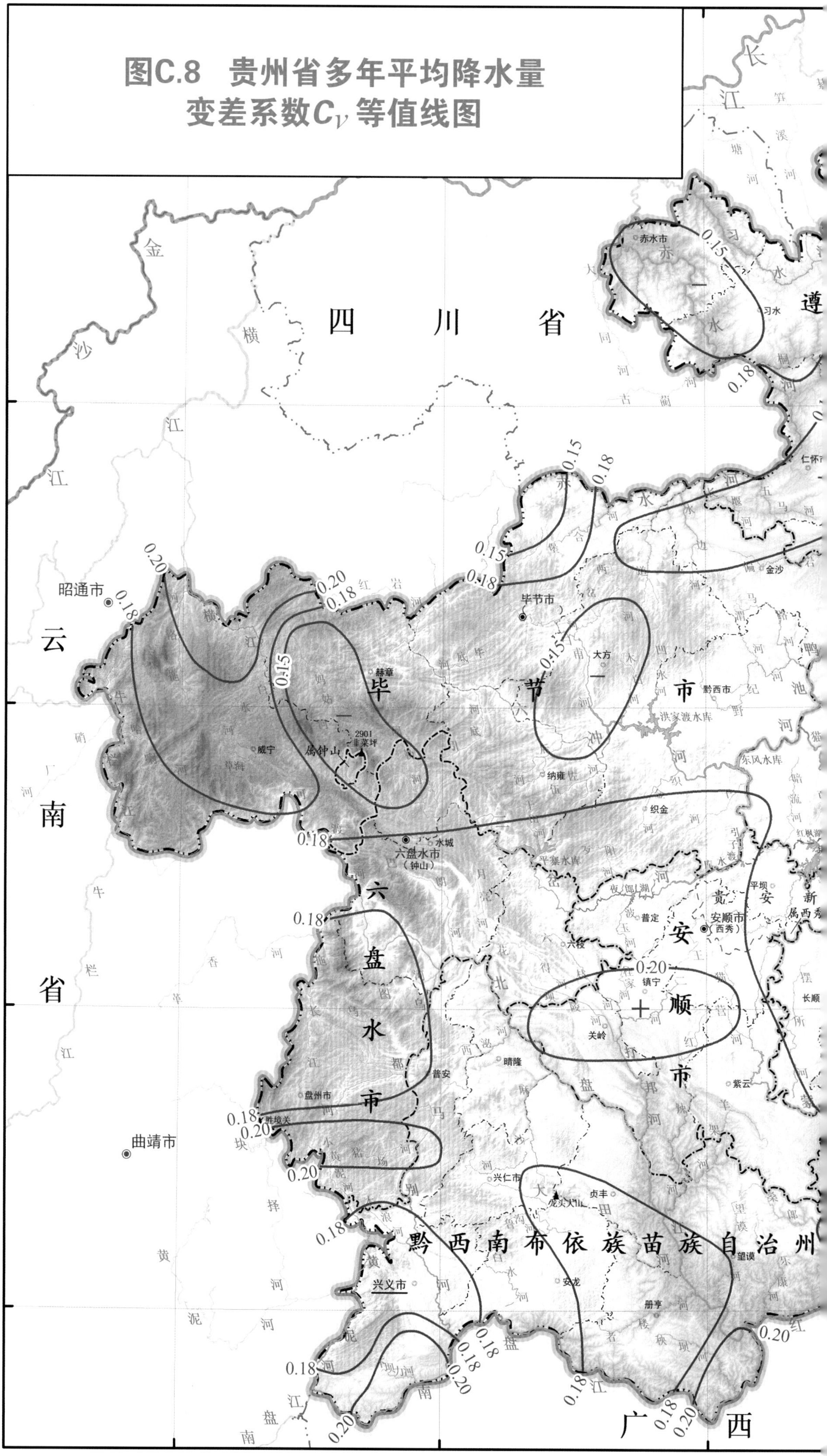

图C.8　贵州省多年平均降水量变差系数C_V等值线图

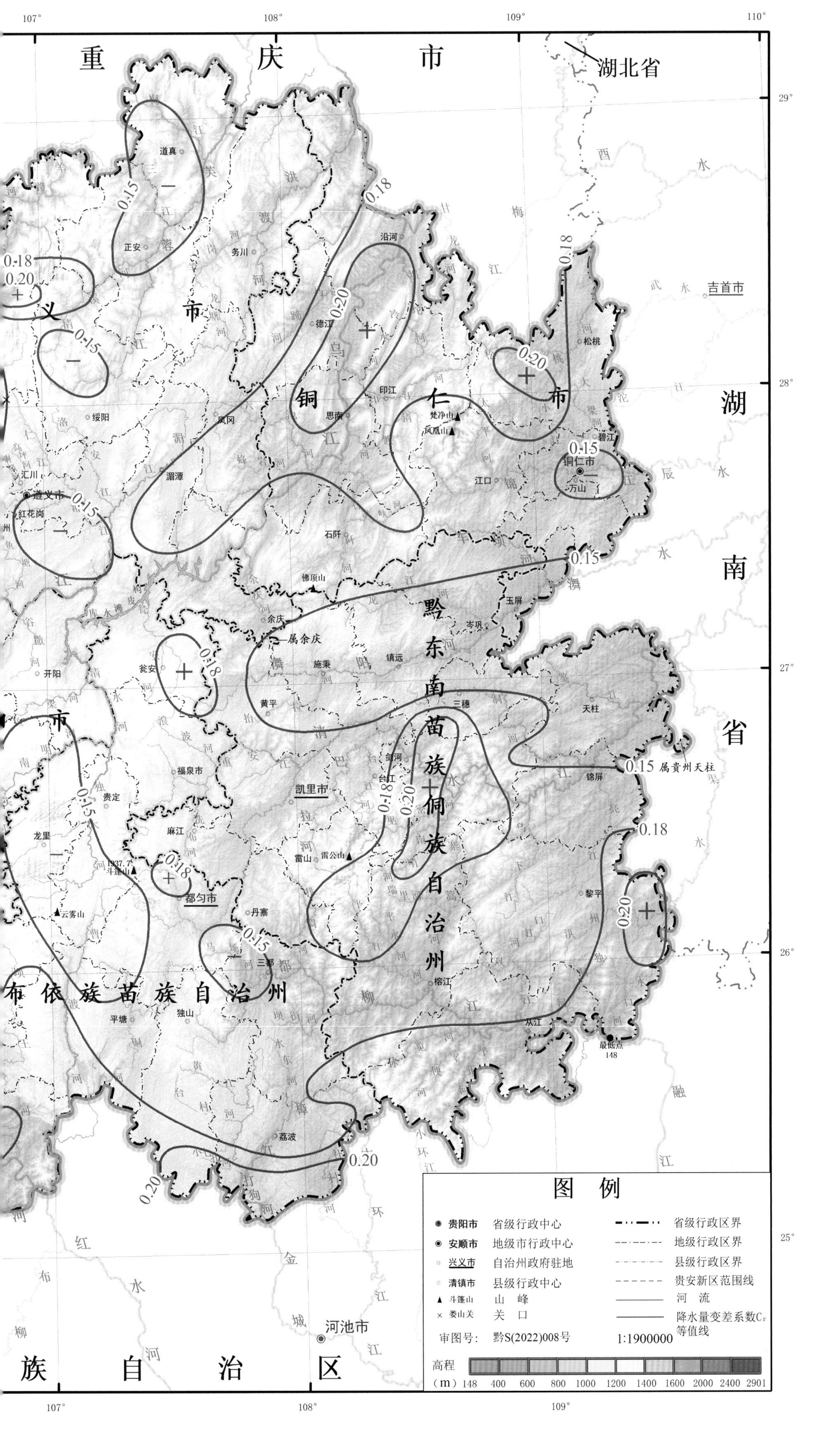

重庆市
湖北省
湖南省
铜仁市
黔东南苗族侗族自治州
布依族苗族自治州
族自治区
吉首市
河池市
道真
正安
务川
沿河
德江
松桃
印江
思南
凤冈
绥阳
湄潭
梵净山
凤凰山
碧江
铜仁市
万山
江口
遵义市
红花岗
汇川
石阡
佛顶山
余庆
属余庆
玉屏
岑巩
镇远
施秉
黄平
瓮安
开阳
三穗
天柱
属贵州天柱
锦屏
剑河
台江
凯里市
福泉市
贵定
麻江
龙里
雷山
雷公山
斗篷山
都匀市
云雾山
丹寨
三都
黎平
榕江
从江
最低点
148
独山
平塘
荔波
0.15
0.18
0.20
图例
贵阳市 省级行政中心
安顺市 地级市行政中心
兴义市 自治州政府驻地
清镇市 县级行政中心
斗篷山 山峰
娄山关 关口
省级行政区界
地级行政区界
县级行政区界
贵安新区范围线
河流
降水量变差系数Cv等值线
审图号：黔S(2022)008号
1:1900000
高程（m）148 400 600 800 1000 1200 1400 1600 2000 2400 2901
107°
108°
109°
110°
29°
28°
27°
26°
25°

图C.9 贵州省多年平均连续最大四个月降水量占全年降水量百分率图

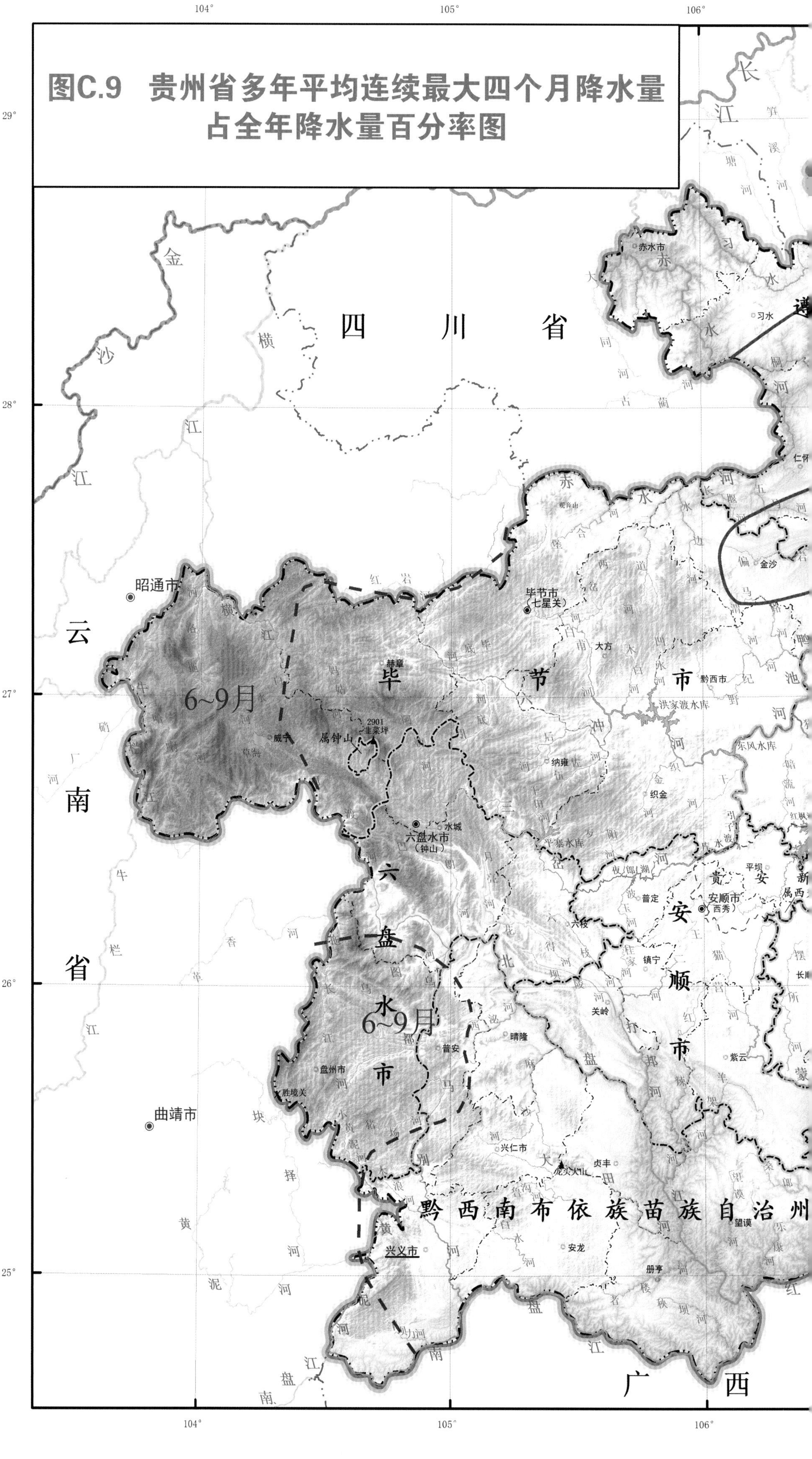

104° 105° 106°

29° 28° 27° 26° 25°

四 川 省

云 南 省

广 西

毕 节 市

六 盘 水 市

安 顺 市

黔西南布依族苗族自治州

6~9月

6~9月

昭通市

曲靖市

赤水市

习水

毕节市（七星关）

大方

黔西市

赫章

威宁

韭菜坪

属钟山

六盘水市（钟山）

水城

纳雍

织金

洪家渡水库

东风水库

平寨水库

金沙

仁怀

普定

安顺市（西秀）

平坝

镇宁

关岭

紫云

晴隆

普安

盘州市

胜境关

兴仁市

贞丰

龙头大山

望谟

兴义市

安龙

册亨

104° 105° 106°

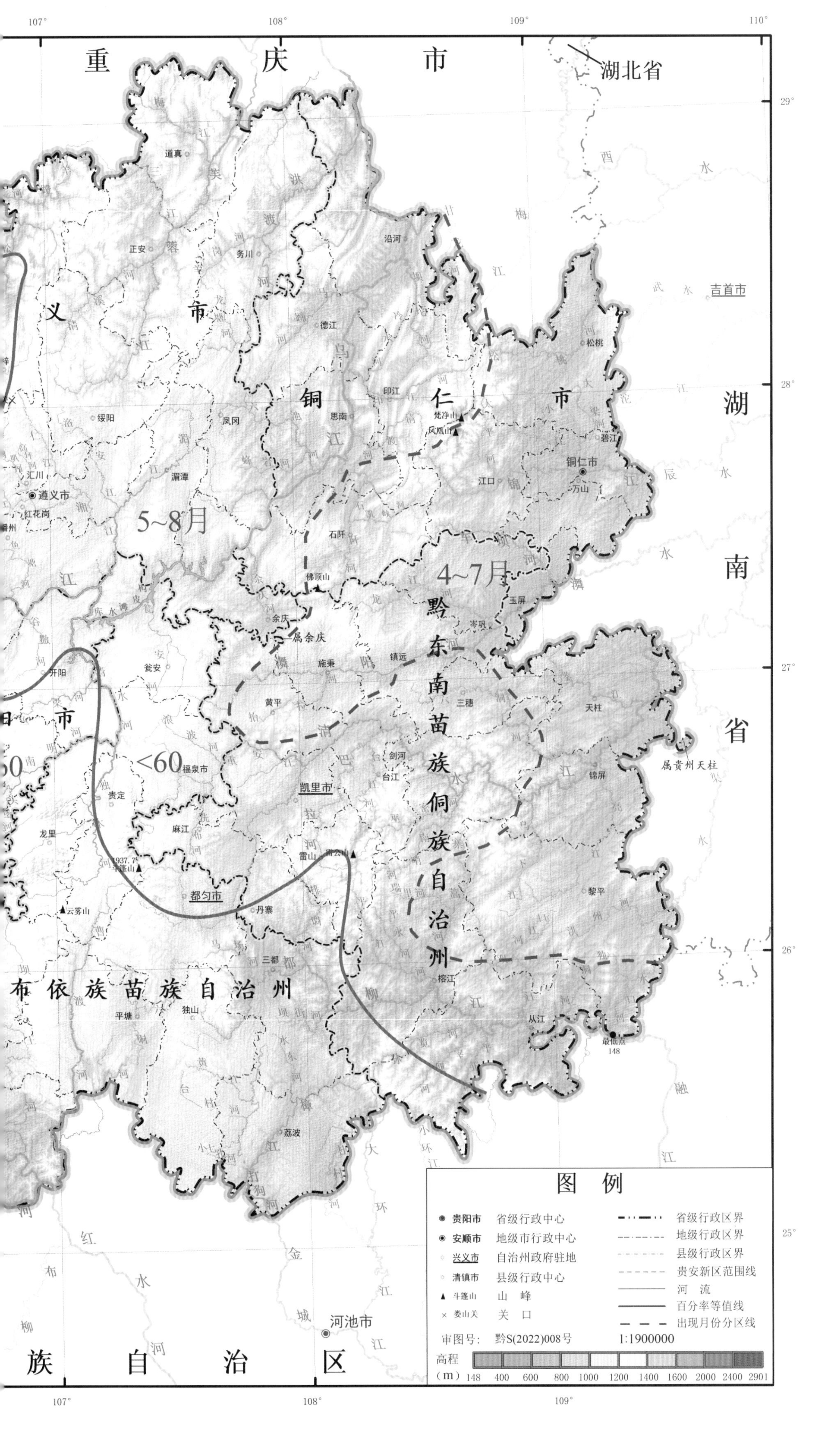

重 庆 市
湖北省
吉首市
湖 南 省
义 市
铜 仁 市
黔东南苗族侗族自治州
布依族苗族自治州
族 自 治 区
5~8月
4~7月
<60
道真
正安
务川
沿河
德江
绥阳
凤冈
思南
印江
梵净山
凤凰山
碧江
铜仁市
万山
江口
松桃
湄潭
汇川
遵义市
红花岗
石阡
佛顶山
玉屏
岑巩
余庆
属余庆
镇远
施秉
瓮安
开阳
黄平
三穗
天柱
属贵州天柱
剑河
台江
锦屏
福泉市
凯里市
贵定
麻江
龙里
1937.7
斗篷山
雷山
雷公山
都匀市
丹寨
云雾山
黎平
三都
榕江
从江
最低点
148
平塘
独山
荔波
河池市
图 例
贵阳市 省级行政中心
安顺市 地级市行政中心
兴义市 自治州政府驻地
清镇市 县级行政中心
斗篷山 山 峰
娄山关 关 口
省级行政区界
地级行政区界
县级行政区界
贵安新区范围线
河 流
百分率等值线
出现月份分区线
审图号：黔S(2022)008号
1:1900000
高程（m）
148 400 600 800 1000 1200 1400 1600 2000 2400 2901
107°
108°
109°
110°
29°
28°
27°
26°
25°

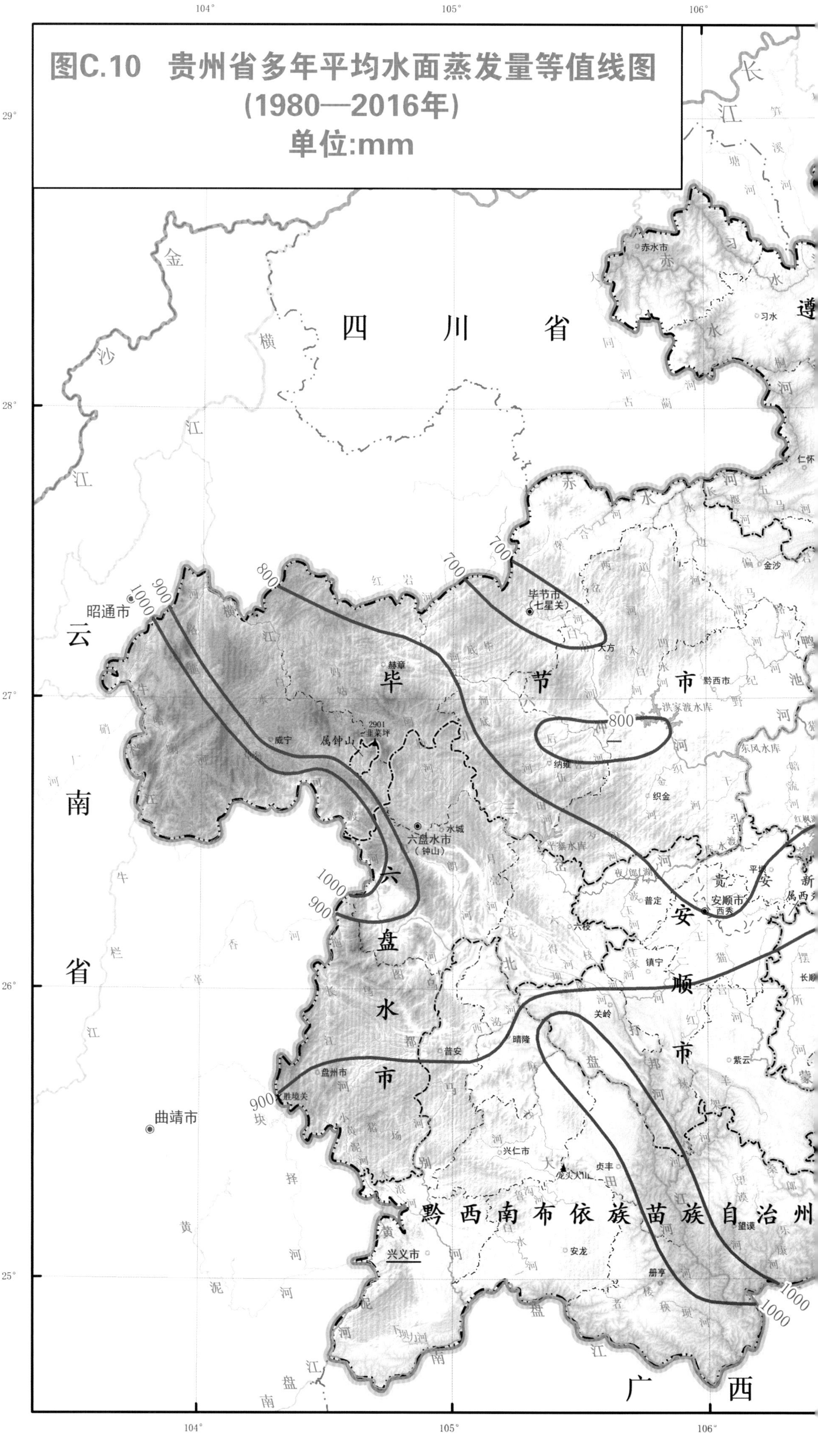

图C.10　贵州省多年平均水面蒸发量等值线图
(1980—2016年)
单位:mm

104°　105°　106°

29°　28°　27°　26°　25°

四　川　省

云　南　省

广　西

毕　节　市

六　盘　水　市

安　顺　市

黔　西　南　布　依　族　苗　族　自　治　州

遵

昭通市　曲靖市　赤水市　习水　仁怀　金沙　毕节市（七星关）　大方　黔西市　洪家渡水库　东风水库　赫章　威宁　韭菜坪　2901　属钟山　纳雍　织金　六盘水市（钟山）　水城　平寨水库　普定　安顺市　西秀　平坝　六枝　镇宁　关岭　紫云　长顺　晴隆　普安　盘州市　胜境关　兴仁市　贞丰　龙头大山　望谟　兴义市　安龙　册亨

金沙江　横江　长江　赤水河　乌江　北盘江　南盘江　黄泥河　红水河

700　700　800　800　900　1000　1000　900　900　1000　1000

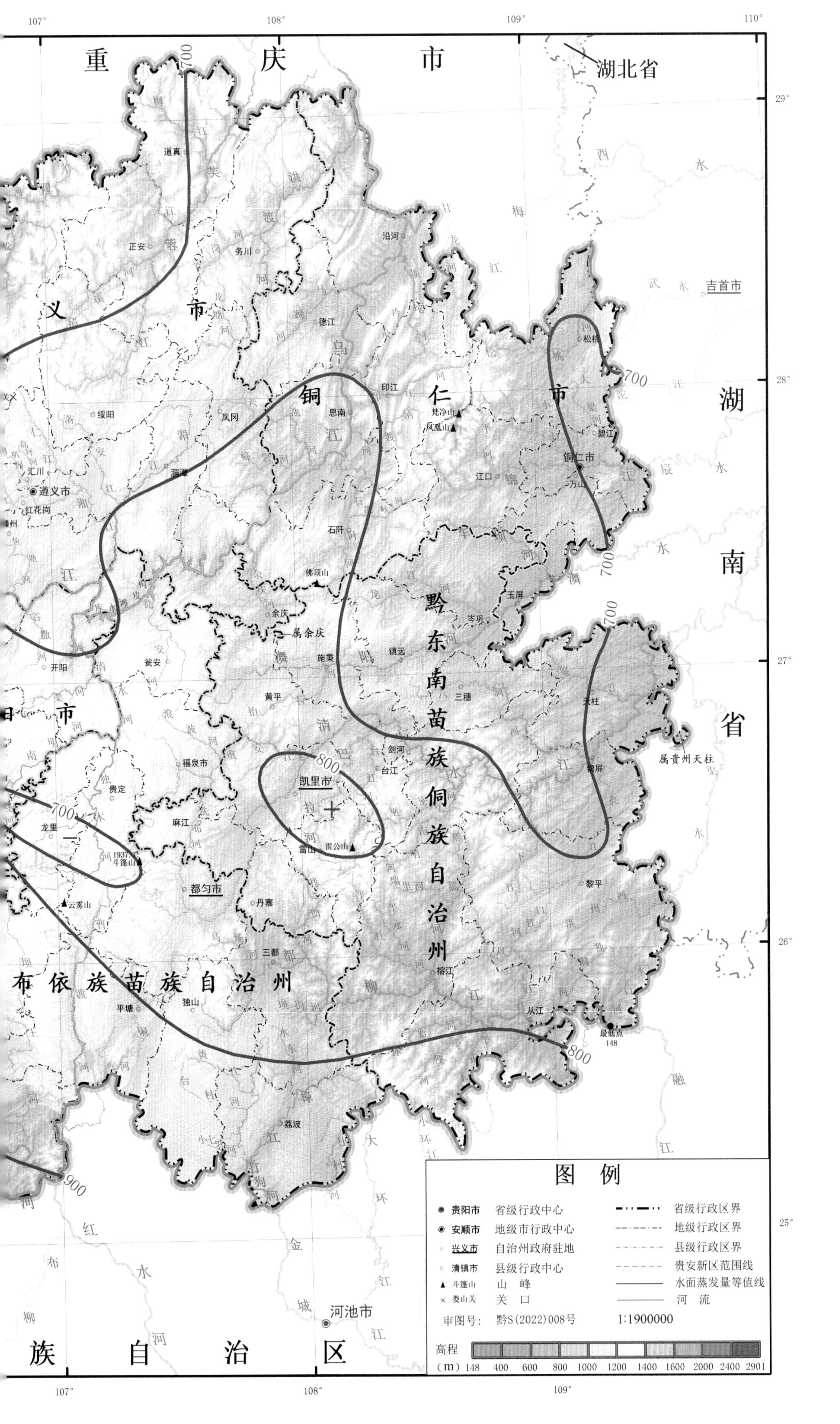

重庆市
湖北省
吉首市
湖南省
铜仁市
黔东南苗族侗族自治州
布依族苗族自治州
族自治区
道真
正安
务川
沿河
德江
印江
思南
凤冈
绥阳
湄潭
汇川
遵义市
红花岗
石阡
佛顶山
余庆
属余庆
施秉
镇远
岑巩
玉屏
松桃
碧江
铜仁市
万山
江口
梵净山
凤凰山
开阳
瓮安
黄平
三穗
天柱
属贵州天柱
剑河
台江
凯里市
雷山
雷公山
锦屏
黎平
福泉市
贵定
龙里
麻江
1937.2
斗篷山
都匀市
丹寨
云雾山
三都
榕江
从江
最低点
148
平塘
独山
荔波
河池市
700
800
900
107°
108°
109°
110°
29°
28°
27°
26°
25°
图 例
贵阳市 省级行政中心
安顺市 地级市行政中心
兴义市 自治州政府驻地
清镇市 县级行政中心
斗篷山 山 峰
娄山关 关 口
省级行政区界
地级行政区界
县级行政区界
贵安新区范围线
水面蒸发量等值线
河 流
审图号: 黔S(2022)008号
1:1900000
高程 (m) 148 400 600 800 1000 1200 1400 1600 2000 2400 2901

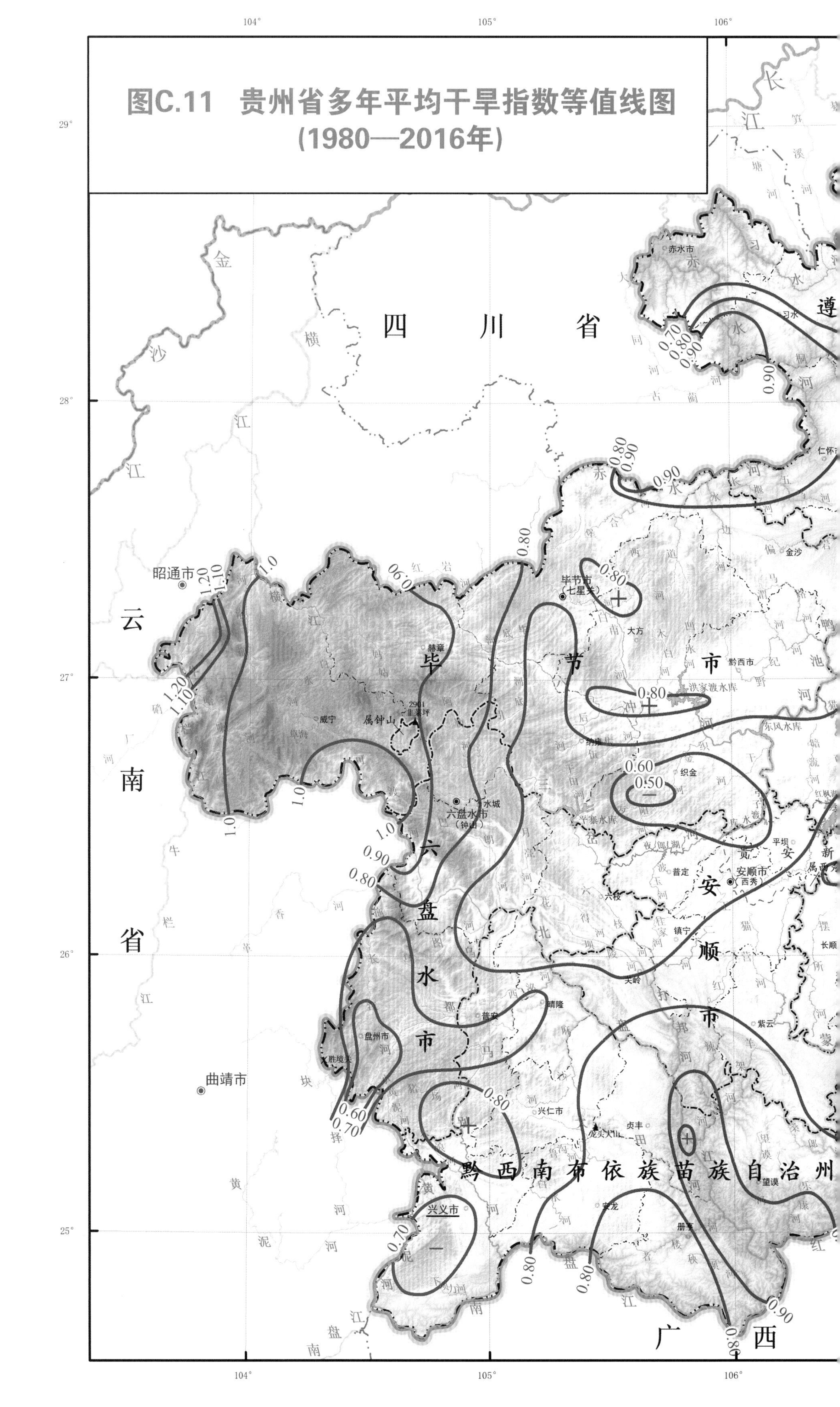
图C.11 贵州省多年平均干旱指数等值线图
(1980—2016年)
四 川 省
云 南 省
广 西
毕节市
六盘水市
安顺市
黔西南布依族苗族自治州
昭通市
曲靖市
赤水市
毕节市(七星关)
大方
黔西市
洪家渡水库
东风水库
织金
纳雍
赫章
威宁
属钟山
六盘水市(钟山)
水城
平坝
安顺市(西秀)
普定
六枝
镇宁
关岭
紫云
晴隆
普安
盘州市
兴仁市
贞丰
安龙
册亨
望谟
兴义市
平寨水库
金沙
仁怀市
长顺
0.70
0.80
0.90
1.0
1.10
1.20
0.60
0.50
104°
105°
106°
29°
28°
27°
26°
25°

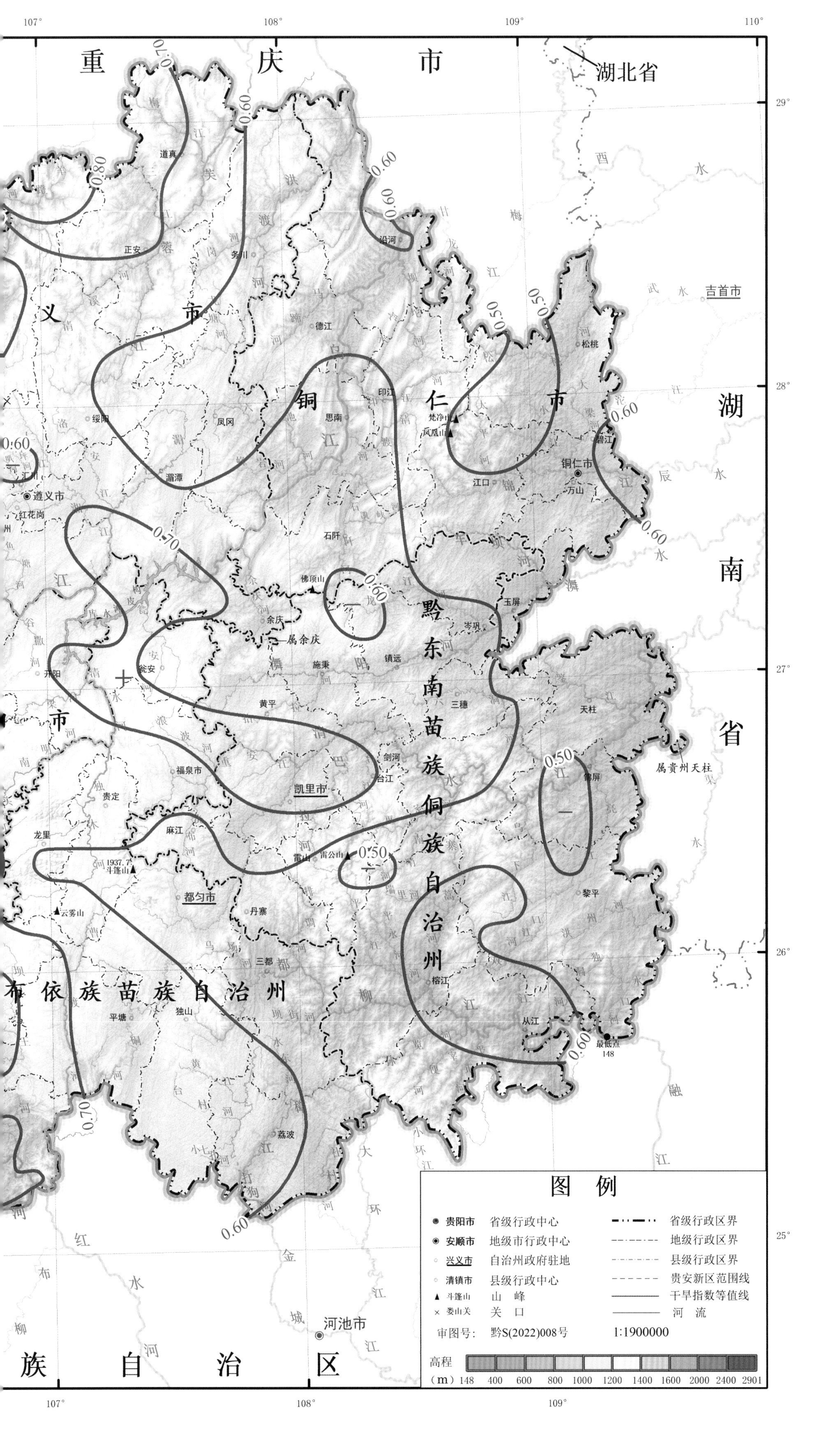
重庆市
湖北省
湖南省
铜仁市
黔东南苗族侗族自治州
布依族苗族自治州
族自治区
河池市
吉首市
属贵州天柱
道真
正安
务川
沿河
德江
印江
思南
凤冈
绥阳
湄潭
遵义市
红花岗
松桃
梵净山
凤凰山
江口
铜仁市
万山
石阡
佛顶山
余庆
属余庆
镇远
岑巩
玉屏
施秉
瓮安
开阳
黄平
三穗
天柱
福泉市
剑河
凯里市
台江
锦屏
贵定
麻江
龙里
雷山
雷公山
1937.7
斗篷山
都匀市
丹寨
云雾山
黎平
三都
榕江
从江
最低点
148
平塘
独山
荔波
图例
贵阳市 省级行政中心
安顺市 地级市行政中心
兴义市 自治州政府驻地
清镇市 县级行政中心
斗篷山 山峰
娄山关 关口
省级行政区界
地级行政区界
县级行政区界
贵安新区范围线
干旱指数等值线
河流
审图号：黔S(2022)008号
1:1900000
高程（m）
148 400 600 800 1000 1200 1400 1600 2000 2400 2901
0.50
0.60
0.70
0.80
107°
108°
109°
110°
25°
26°
27°
28°
29°

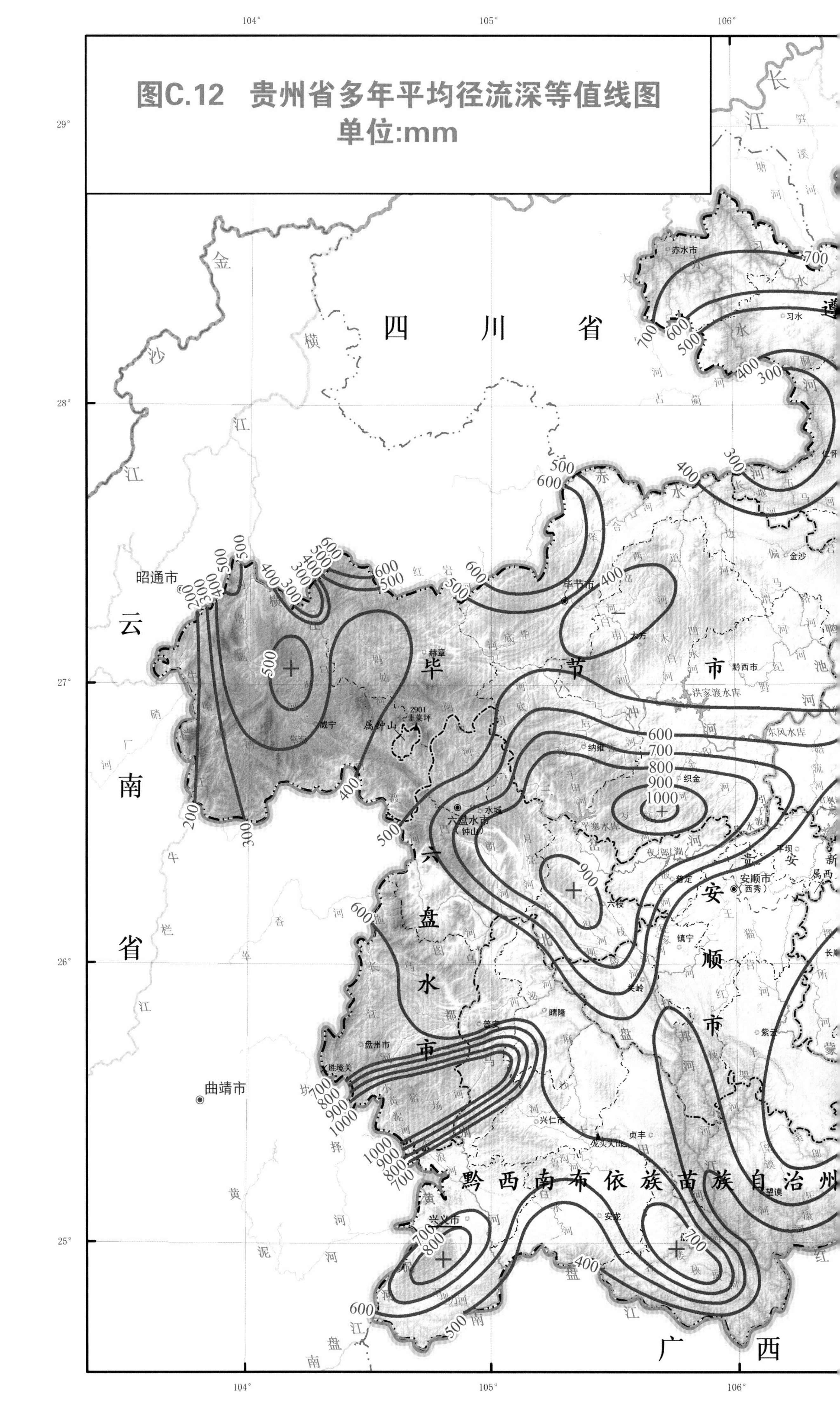
图C.12 贵州省多年平均径流深等值线图
单位:mm
四川省
云南省
广西
毕节市
六盘水市
安顺市
黔西南布依族苗族自治州
昭通市
曲靖市
赤水市
毕节市
大方
黔西市
纳雍
织金
六盘水市
水城
安顺市
普定
镇宁
关岭
晴隆
普安
盘州市
兴仁市
贞丰
兴义市
安龙
望谟
紫云
威宁
赫章
洪家渡水库
东风水库
104°
105°
106°
29°
28°
27°
26°
25°

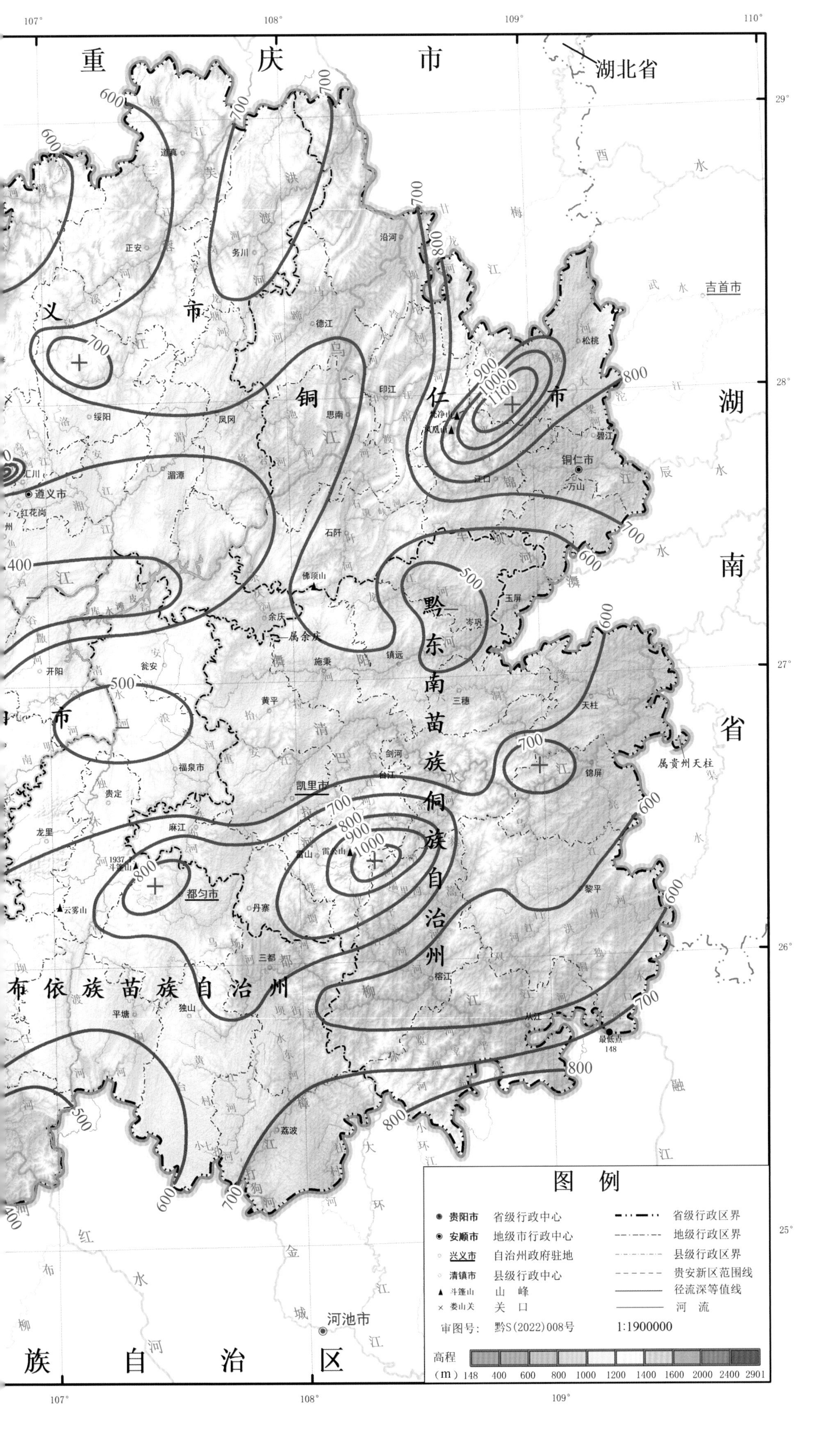

重庆市
湖北省
湖南省
铜仁市
黔东南苗族侗族自治州
布依族苗族自治州
族自治区
吉首市
铜仁市
凯里市
都匀市
遵义市
河池市
道真
务川
正安
沿河
德江
印江
思南
松桃
碧江
万山
江口
石阡
凤冈
绥阳
湄潭
余庆
属余庆
施秉
镇远
岑巩
玉屏
三穗
天柱
属贵州天柱
锦屏
剑河
台江
黎平
榕江
从江
雷山
丹寨
三都
麻江
福泉市
黄平
瓮安
开阳
贵定
龙里
平塘
独山
荔波
梵净山
凤凰山
佛顶山
雷公山
斗篷山
云雾山
最低点
148
图例
贵阳市 省级行政中心
安顺市 地级市行政中心
兴义市 自治州政府驻地
清镇市 县级行政中心
斗篷山 山峰
娄山关 关口
省级行政区界
地级行政区界
县级行政区界
贵安新区范围线
径流深等值线
河流
审图号：黔S(2022)008号
1:1900000
高程 (m) 148 400 600 800 1000 1200 1400 1600 2000 2400 2901

图C.13 贵州省多年平均径流系数等值线图

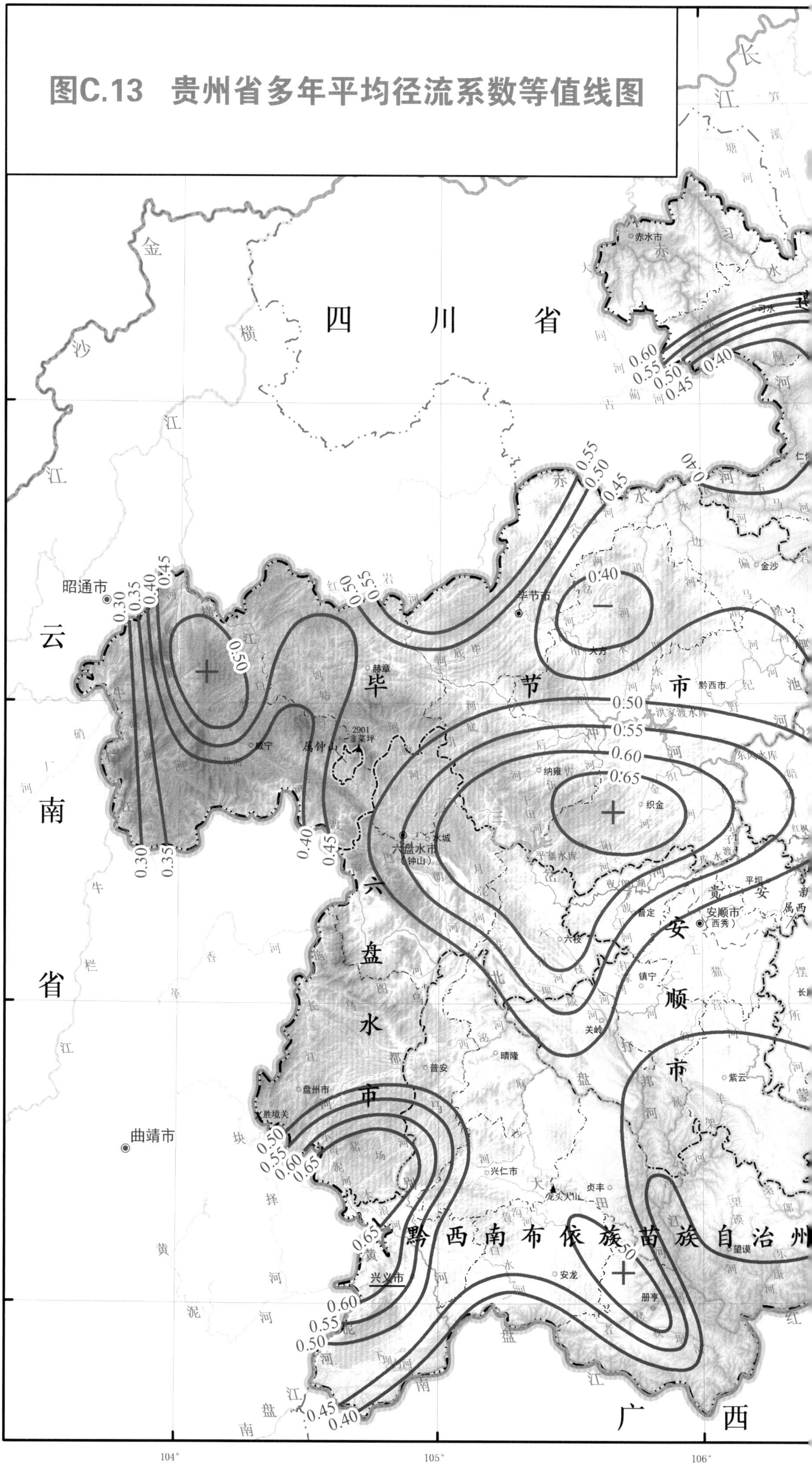

104° 105° 106°

29° 28° 27° 26° 25°

四 川 省

云 南 省

广 西

毕 节 市

六 盘 水 市

安 顺 市

黔 西 南 布 依 族 苗 族 自 治 州

昭通市 曲靖市 赤水市 毕节市 大方 黔西市 织金 纳雍 六盘水市（钟山） 水城 威宁 赫章 普定 安顺市（西秀） 镇宁 关岭 晴隆 普安 盘州市 兴仁市 贞丰 安龙 册亨 兴义市 望谟 紫云 六枝 平坝 金沙 习水 仁怀

0.30 0.35 0.40 0.45 0.50 0.55 0.60 0.65

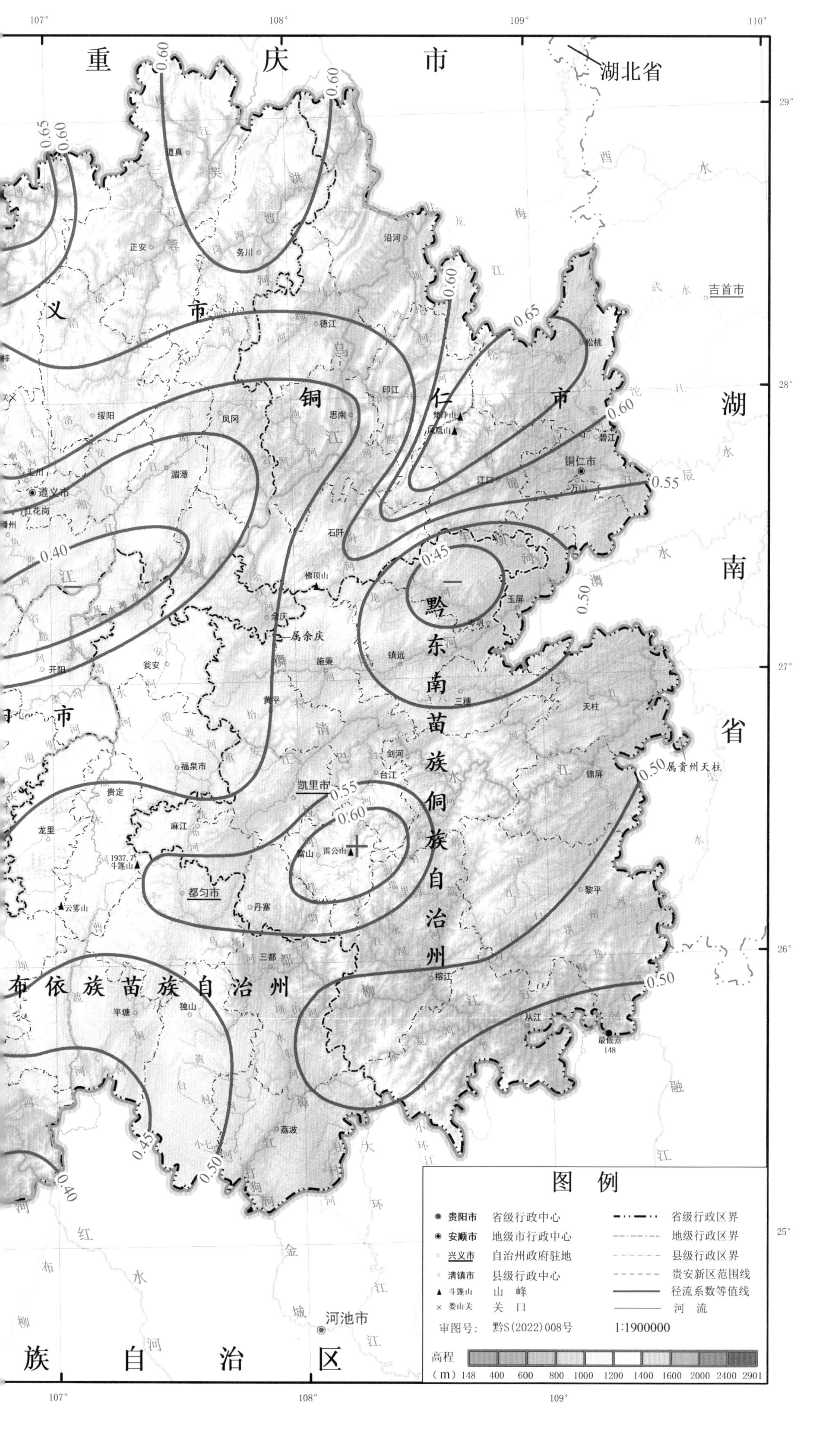

重庆市
湖北省
湖南省
铜仁市
黔东南苗族侗族自治州
布依族苗族自治州
族自治区
吉首市
松桃
碧江
铜仁市
万山
江口
梵净山
凤凰山
印江
思南
沿河
德江
务川
道真
正安
绥阳
凤冈
湄潭
遵义市
红花岗
石阡
佛顶山
余庆
属余庆
施秉
镇远
岑巩
玉屏
三穗
天柱
属贵州天柱
锦屏
剑河
台江
凯里市
雷山
雷公山
丹寨
黎平
榕江
从江
最低点
148
三都
都匀市
麻江
福泉市
黄平
瓮安
开阳
贵定
龙里
斗篷山
1937.7
云雾山
平塘
独山
荔波
河池市
0.40
0.45
0.50
0.55
0.60
0.65
图例
贵阳市 省级行政中心
安顺市 地级市行政中心
兴义市 自治州政府驻地
清镇市 县级行政中心
斗篷山 山峰
娄山关 关口
省级行政区界
地级行政区界
县级行政区界
贵安新区范围线
径流系数等值线
河流
审图号：黔S(2022)008号
1:1900000
高程(m)
148 400 600 800 1000 1200 1400 1600 2000 2400 2901
107° 108° 109° 110°
29° 28° 27° 26° 25°

图C.14 贵州省多年平均连续最大四个月径流量占全年径流量百分率图

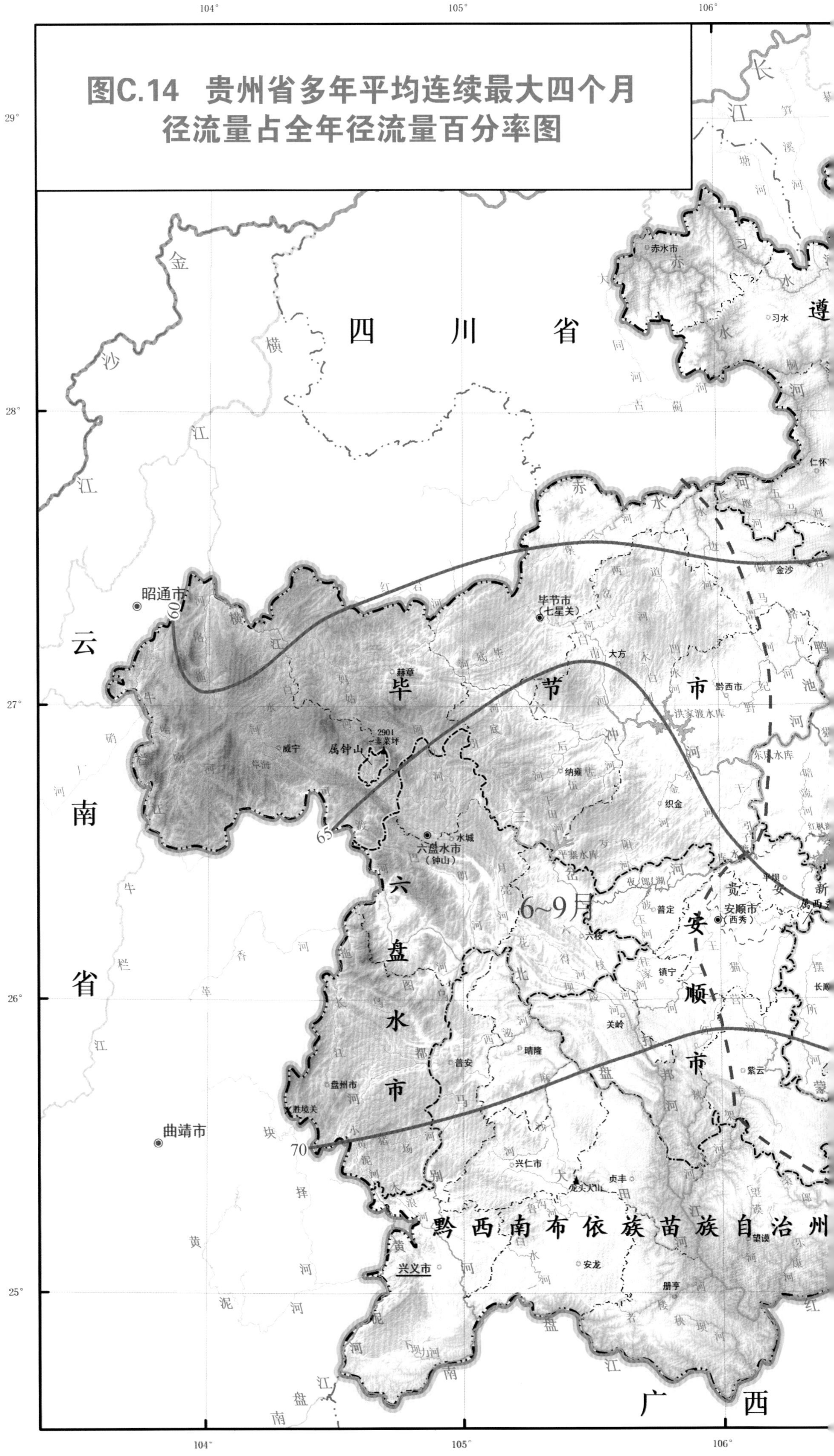

104° 105° 106°

29° 28° 27° 26° 25°

四川省

云南省

广西

毕节市

六盘水市

安顺市

黔西南布依族苗族自治州

遵

昭通市

曲靖市

赤水市

习水

仁怀

金沙

毕节市（七星关）

大方

黔西市

赫章

威宁

2901 韭菜坪

属钟山

纳雍

织金

六盘水市（钟山）

水城

平寨水库

洪家渡水库

东风水库

普定

安顺市（西秀）

平坝

六枝

镇宁

关岭

紫云

晴隆

普安

盘州市

胜境关

兴仁市

贞丰

龙头大山

望谟

兴义市

安龙

册亨

6~9月

60

65

70

长江

金沙江

赤水河

北盘江

南盘江

黄泥河

104° 105° 106°

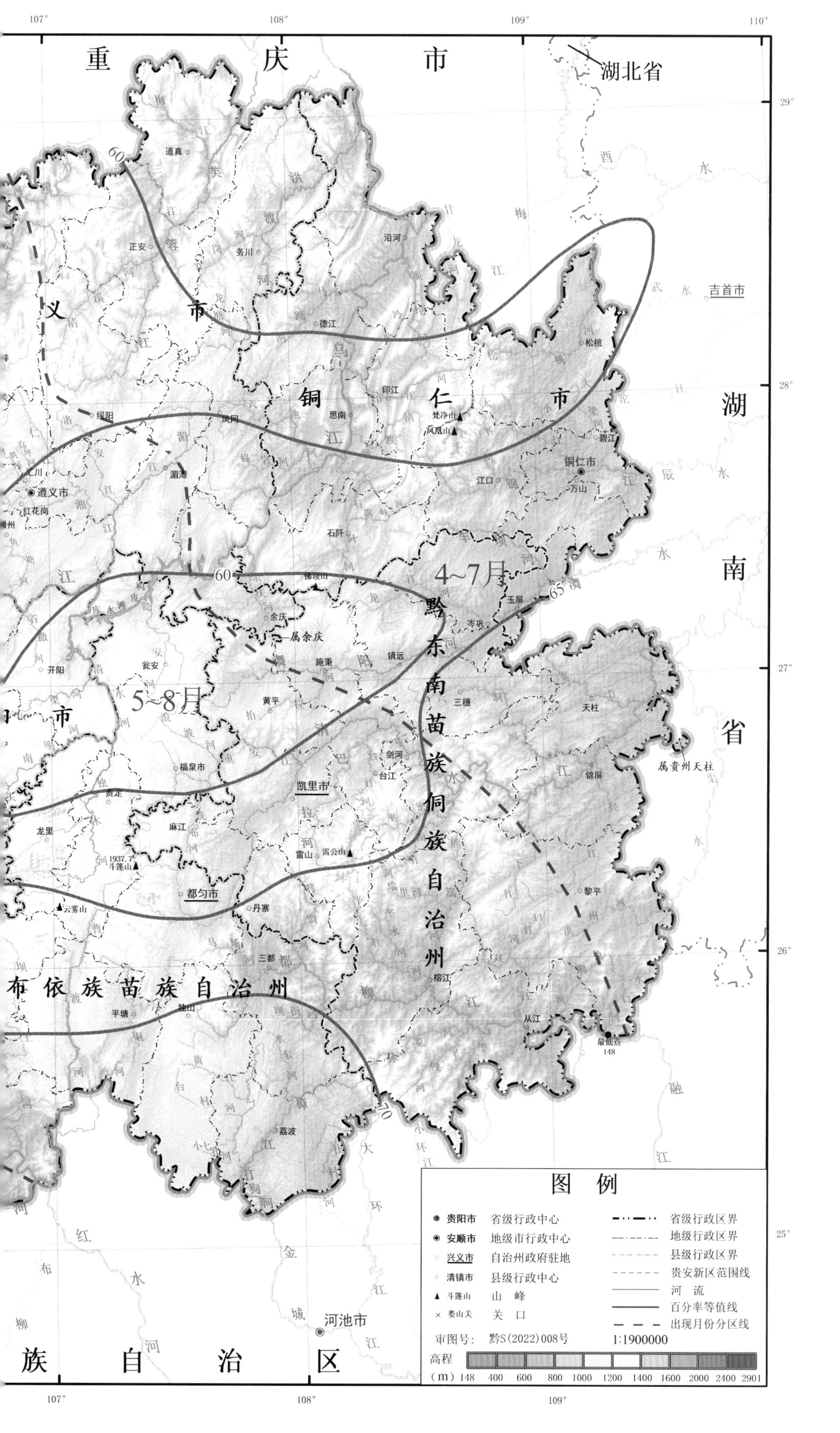

重庆市
湖北省
湖南省
铜仁市
黔东南苗族侗族自治州
布依族苗族自治州
族自治区
4~7月
5~8月
60
65
70
道真
正安
务川
沿河
德江
印江
思南
松桃
绥阳
凤冈
湄潭
遵义市
红花岗
石阡
梵净山
凤凰山
碧江
铜仁市
江口
万山
吉首市
佛顶山
余庆
属余庆
施秉
镇远
玉屏
岑巩
开阳
瓮安
黄平
三穗
天柱
属贵州天柱
剑河
台江
锦屏
福泉市
凯里市
贵定
龙里
麻江
雷山
雷公山
1937.7 斗篷山
都匀市
云雾山
丹寨
黎平
三都
榕江
从江
最低点 148
平塘
独山
荔波
河池市
图例
贵阳市 省级行政中心
安顺市 地级市行政中心
兴义市 自治州政府驻地
清镇市 县级行政中心
斗篷山 山峰
娄山关 关口
省级行政区界
地级行政区界
县级行政区界
贵安新区范围线
河流
百分率等值线
出现月份分区线
审图号：黔S(2022)008号
1:1900000
高程 (m) 148 400 600 800 1000 1200 1400 1600 2000 2400 2901
107°
108°
109°
110°
29°
28°
27°
26°
25°

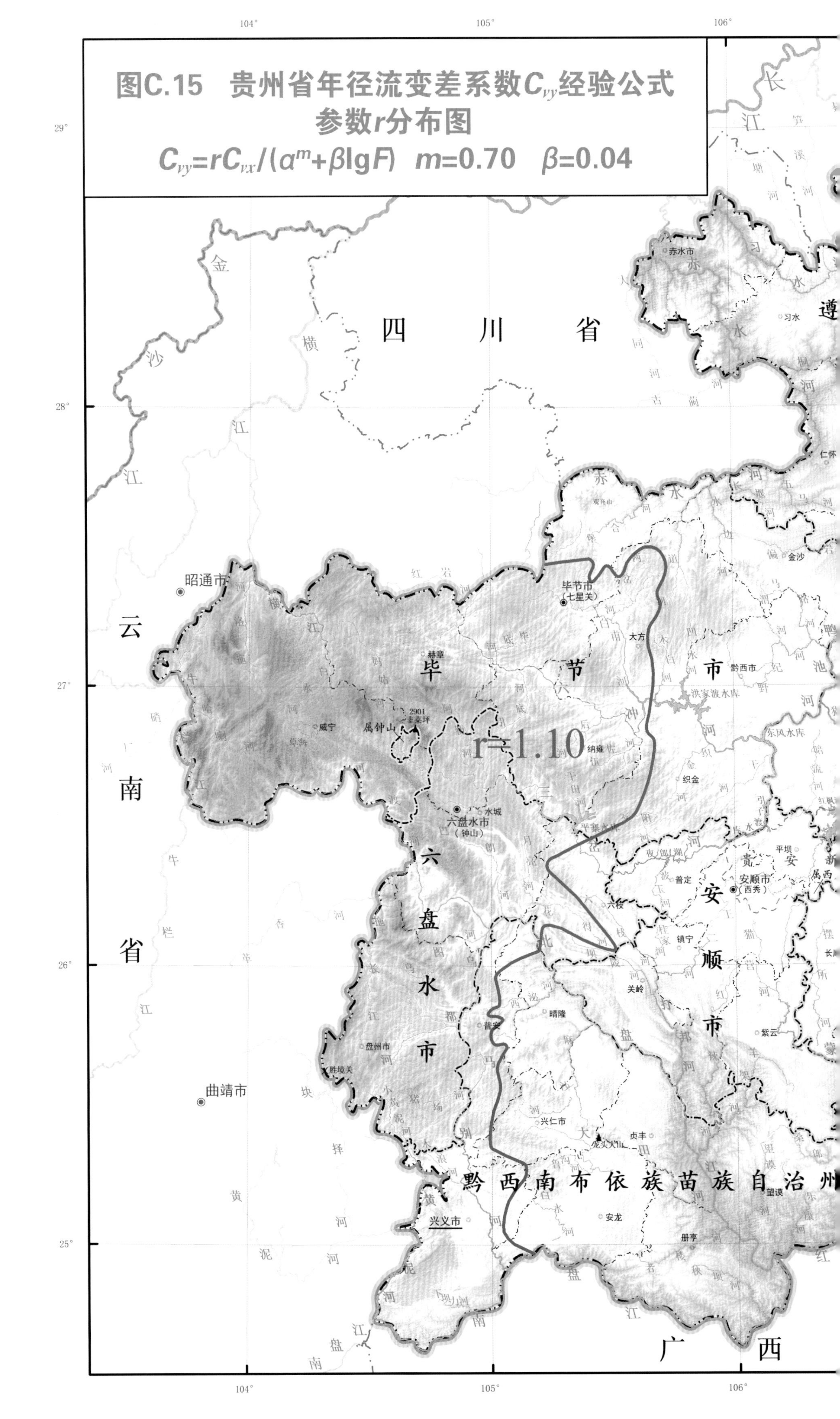

图C.15　贵州省年径流变差系数C_{vy}经验公式参数r分布图

$$C_{vy}=rC_{vx}/(\alpha^m+\beta\lg F)\quad m=0.70\quad \beta=0.04$$

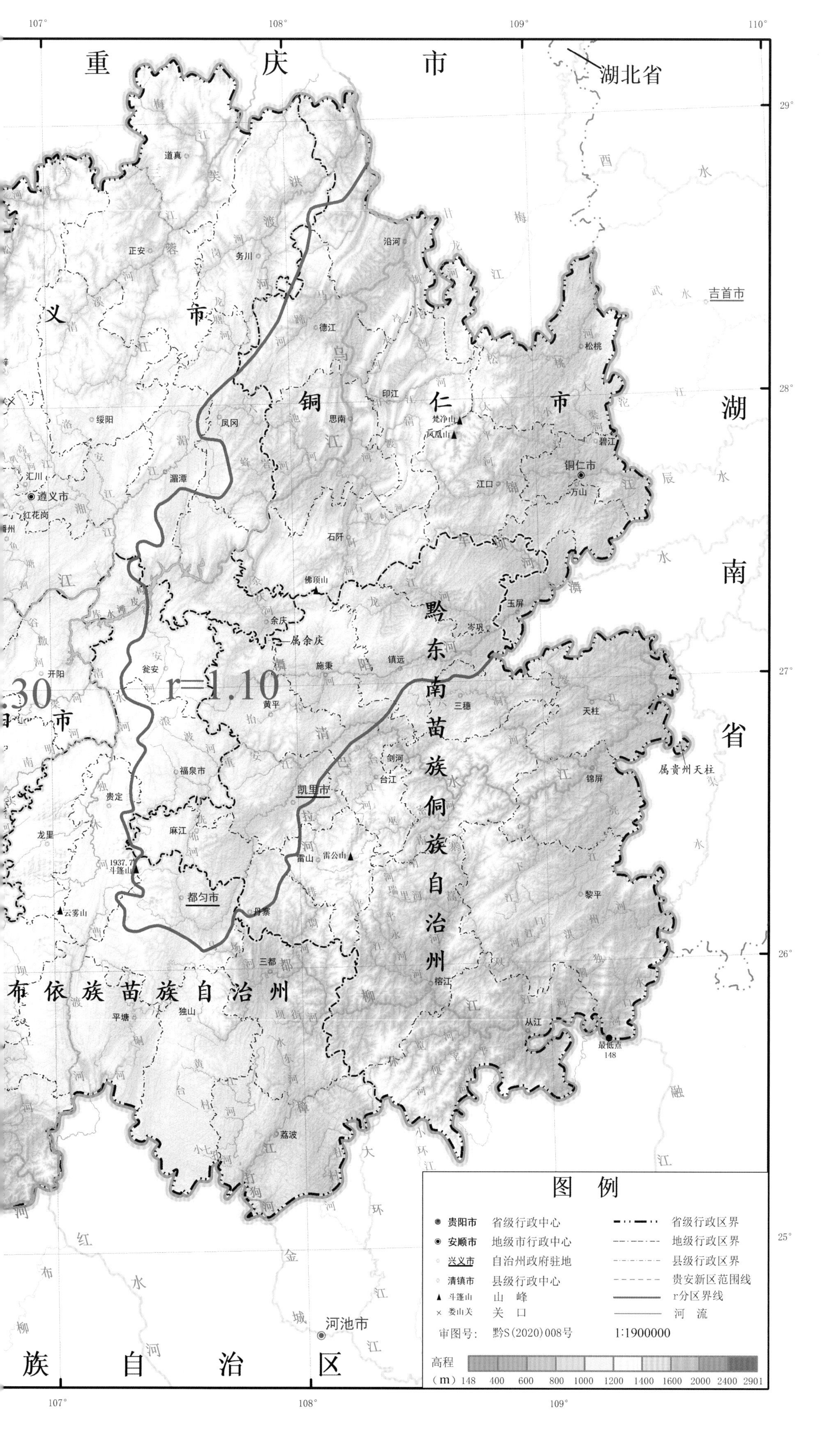

重　庆　市
湖北省
义　市
铜　仁　市
湖
南
省
黔东南苗族侗族自治州
布依族苗族自治州
族　自　治　区
道真
正安
务川
沿河
德江
印江
松桃
思南
凤冈
绥阳
梵净山
凤凰山
碧江
铜仁市
万山
江口
湄潭
汇川
遵义市
红花岗
石阡
佛顶山
玉屏
余庆
岑巩
属余庆
镇远
施秉
瓮安
开阳
黄平
三穗
天柱
属贵州天柱
剑河
台江
福泉市
凯里市
锦屏
贵定
龙里
麻江
雷山
雷公山
1937.7
斗篷山
都匀市
丹寨
黎平
云雾山
三都
榕江
独山
平塘
从江
最低点
148
荔波
吉首市
河池市
r=1.10
107°
108°
109°
110°
29°
28°
27°
26°
25°
图　例
贵阳市　省级行政中心
安顺市　地级市行政中心
兴义市　自治州政府驻地
清镇市　县级行政中心
斗篷山　山　峰
娄山关　关　口
省级行政区界
地级行政区界
县级行政区界
贵安新区范围线
r分区界线
河　流
审图号：黔S(2020)008号
1:1900000
高程
(m) 148 400 600 800 1000 1200 1400 1600 2000 2400 2901

图C.16　贵州省多年平均降水入渗补给模数分布图

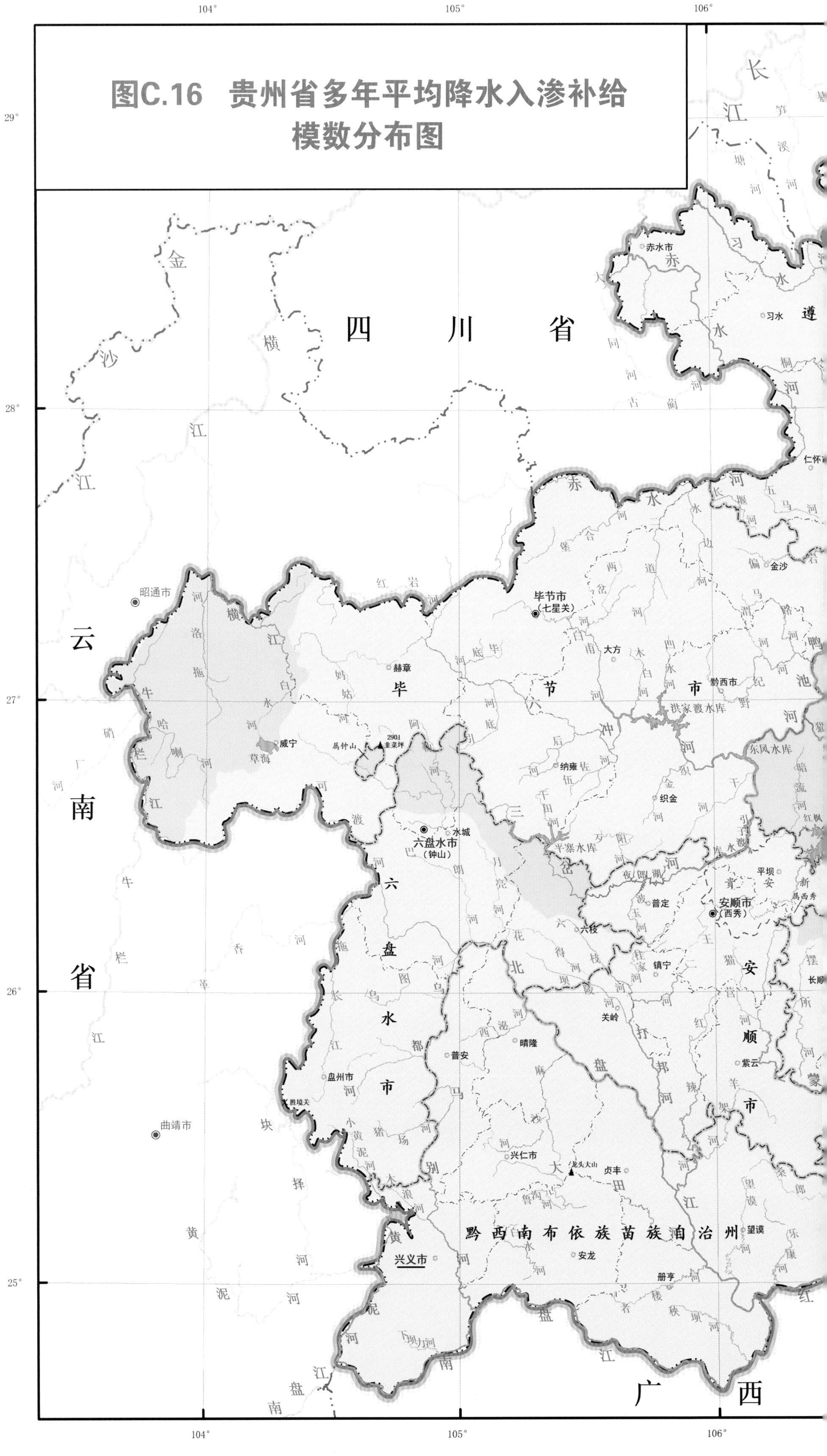

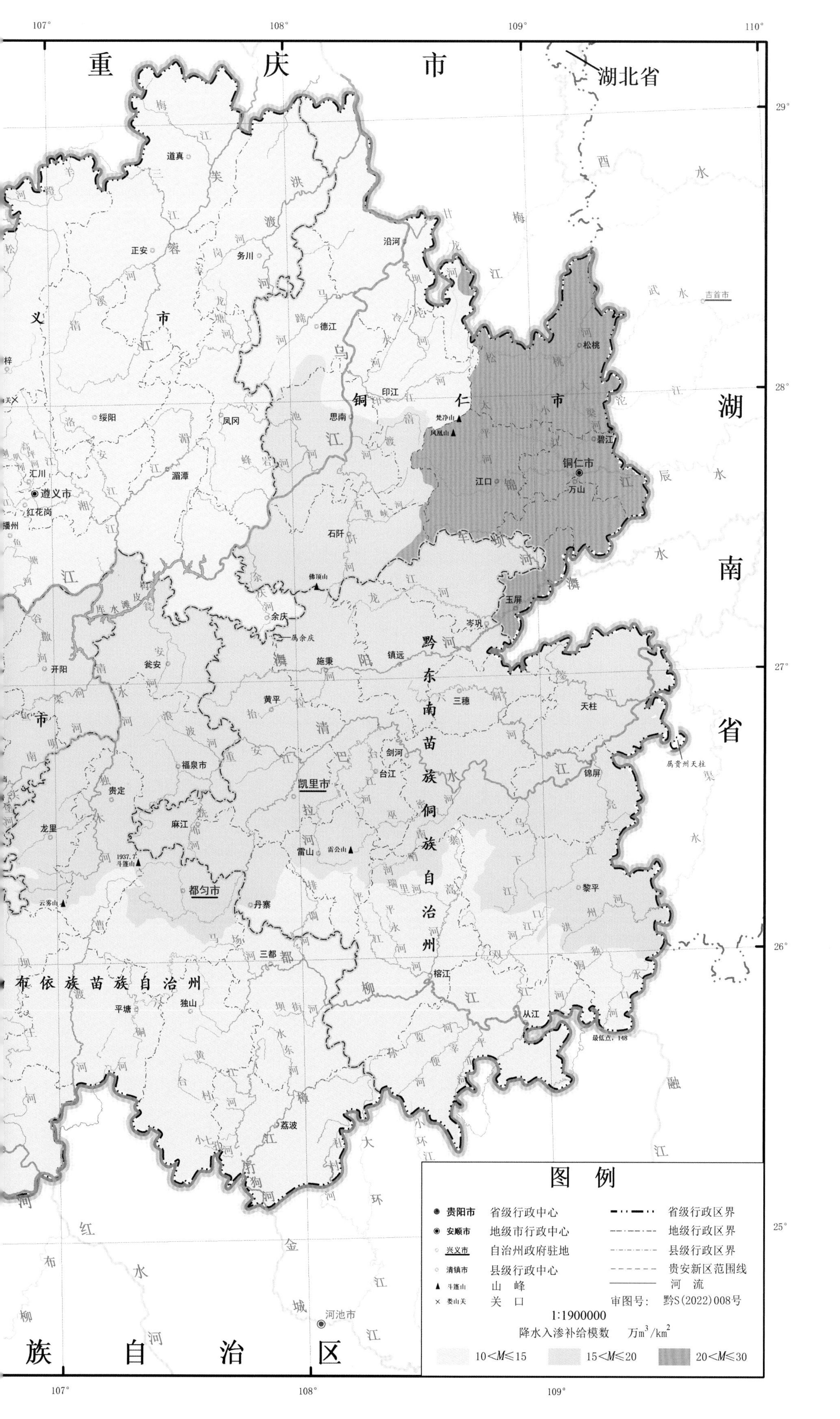

107°
108°
109°
110°
29°
28°
27°
26°
25°
重庆市
湖北省
湖南省
铜仁市
黔东南苗族侗族自治州
布依族苗族自治州
族自治区
道真
正安
务川
沿河
德江
印江
思南
松桃
碧江
铜仁市
万山
江口
石阡
梵净山
凤凰山
佛顶山
余庆
属余庆
玉屏
岑巩
镇远
施秉
黄平
三穗
天柱
属贵州天柱
锦屏
剑河
台江
凯里市
雷山
雷公山
黎平
榕江
从江
最低点，148
丹寨
三都
都匀市
麻江
福泉市
贵定
龙里
瓮安
开阳
绥阳
凤冈
湄潭
汇川
遵义市
红花岗
播州
平塘
独山
荔波
云雾山
1937.7
斗篷山
吉首市
河池市
乌江
清水江
舞阳河
都柳江
图例
贵阳市　省级行政中心
安顺市　地级市行政中心
兴义市　自治州政府驻地
清镇市　县级行政中心
斗篷山　山峰
娄山关　关口
省级行政区界
地级行政区界
县级行政区界
贵安新区范围线
河流
审图号：黔S(2022)008号
1:1900000
降水入渗补给模数　万m³/km²
10<M≤15
15<M≤20
20<M≤30

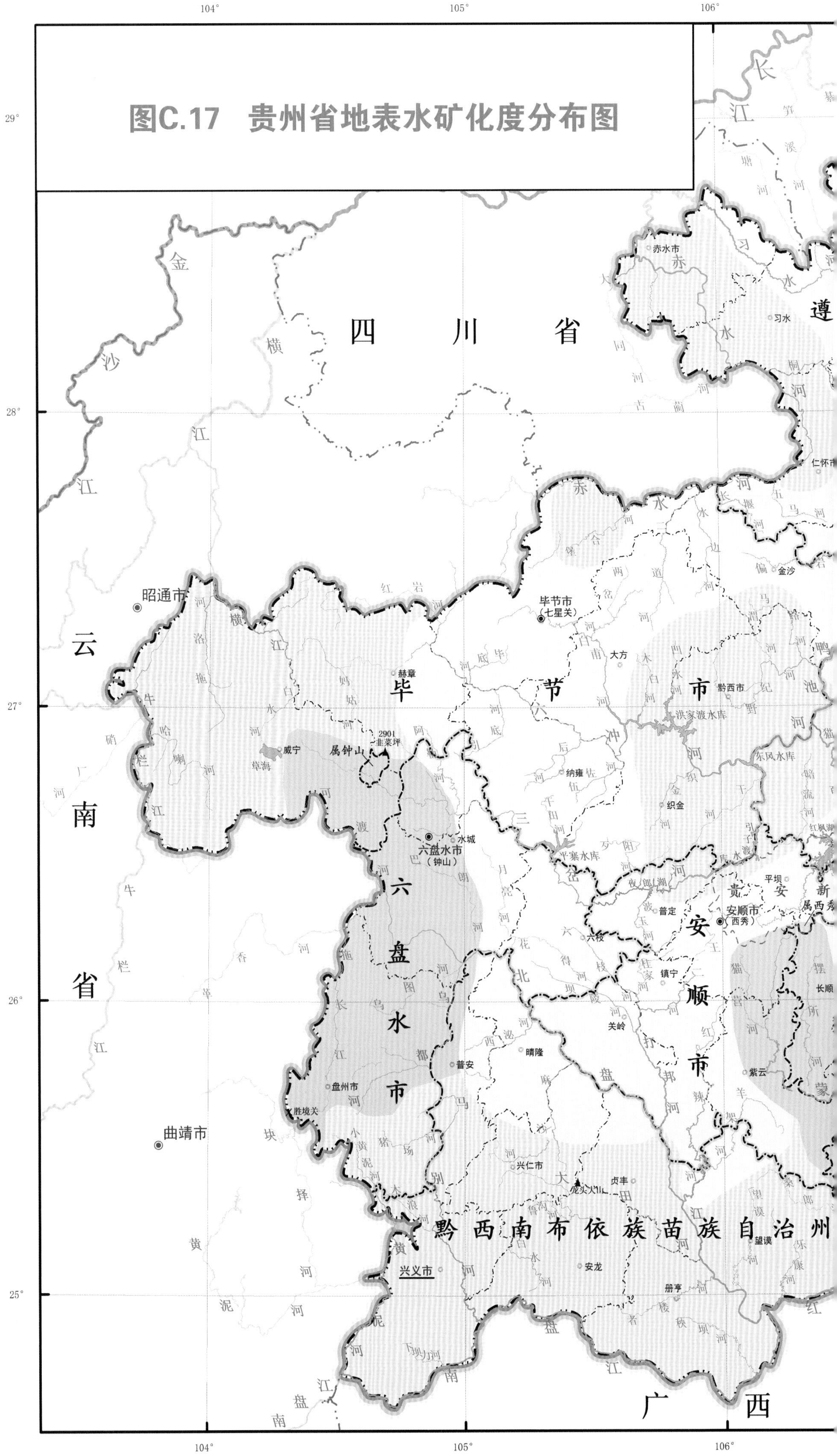

图C.17　贵州省地表水矿化度分布图

四川省

云南省

毕节市

六盘水市

安顺市

黔西南布依族苗族自治州

广西

遵

昭通市

曲靖市

毕节市（七星关）

六盘水市（钟山）

安顺市（西秀）

赤水市

习水

仁怀市

金沙

大方

黔西市

洪家渡水库

东风水库

赫章

威宁

草海

属钟山

2901 韭菜坪

水城

纳雍

织金

平寨水库

夜郎湖

普定

六枝

镇宁

平坝

关岭

晴隆

普安

盘州市

胜境关

紫云

长顺

兴仁市

贞丰

龙头大山

望谟

安龙

兴义市

册亨

104°

105°

106°

29°

28°

27°

26°

25°

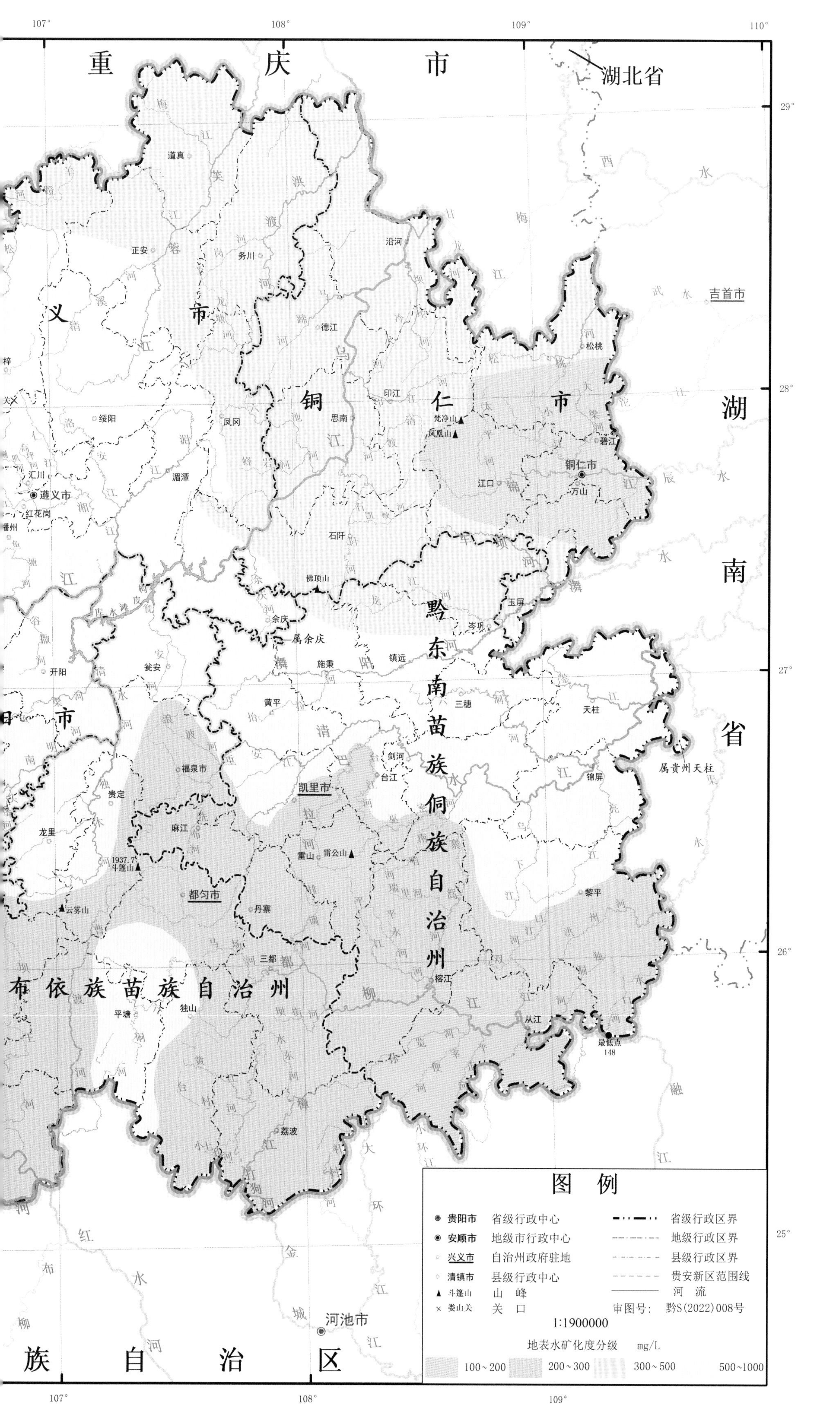

重庆市
湖北省
湖南省
义市
铜仁市
黔东南苗族侗族自治州
布依族苗族自治州
族自治区
吉首市
河池市
道真
正安
务川
沿河
德江
印江
思南
松桃
凤冈
绥阳
湄潭
梵净山
凤凰山
碧江
铜仁市
江口
万山
遵义市
汇川
红花岗
石阡
佛顶山
余庆
属余庆
玉屏
岑巩
镇远
施秉
瓮安
开阳
黄平
三穗
天柱
属贵州天柱
剑河
台江
锦屏
凯里市
福泉市
贵定
麻江
龙里
雷山
雷公山
黎平
1937.7
斗篷山
都匀市
云雾山
丹寨
三都
榕江
从江
最低点
148
平塘
独山
荔波
图例
贵阳市 省级行政中心
安顺市 地级市行政中心
兴义市 自治州政府驻地
清镇市 县级行政中心
斗篷山 山峰
娄山关 关口
省级行政区界
地级行政区界
县级行政区界
贵安新区范围线
河流
审图号：黔S(2022)008号
1:1900000
地表水矿化度分级 mg/L
100～200
200～300
300～500
500～1000

图C.18 贵州省地表水总硬度分布图

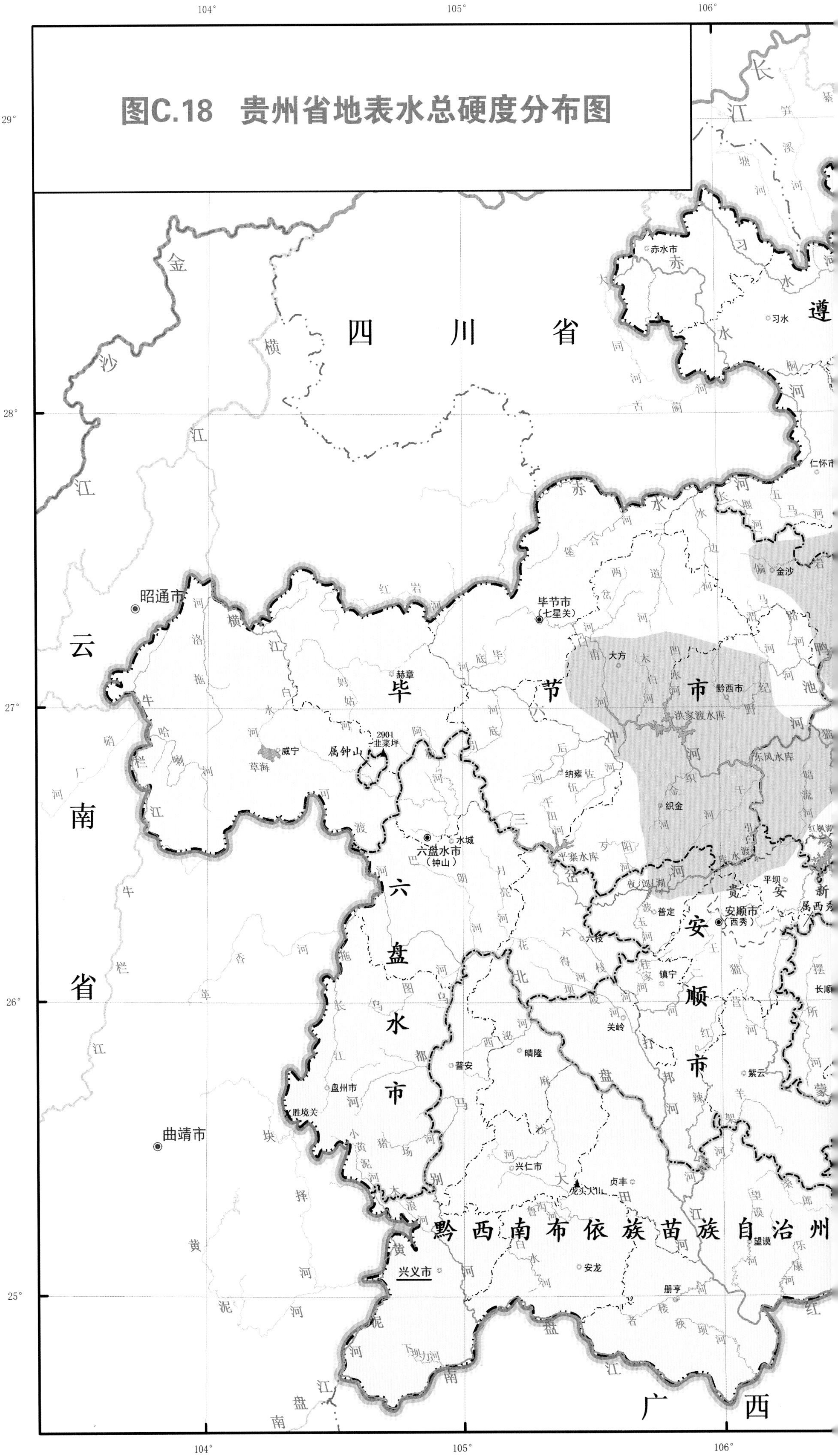

四川省

云南省

广西

毕节市 昭通市 曲靖市 赤水市 习水 仁怀市 金沙 大方 黔西市 毕节市（七星关） 赫章 威宁 草海 属钟山 2901 韭菜坪 纳雍 织金 六盘水市（钟山） 水城 平寨水库 洪家渡水库 东风水库 夜郎湖 普定 安顺市（西秀） 平坝 六枝 镇宁 关岭 晴隆 普安 盘州市 胜境关 紫云 兴仁市 贞丰 龙头大山 望谟 安龙 兴义市 册亨 长顺

六盘水市

安顺市

黔西南布依族苗族自治州

104° 105° 106°

29° 28° 27° 26° 25°

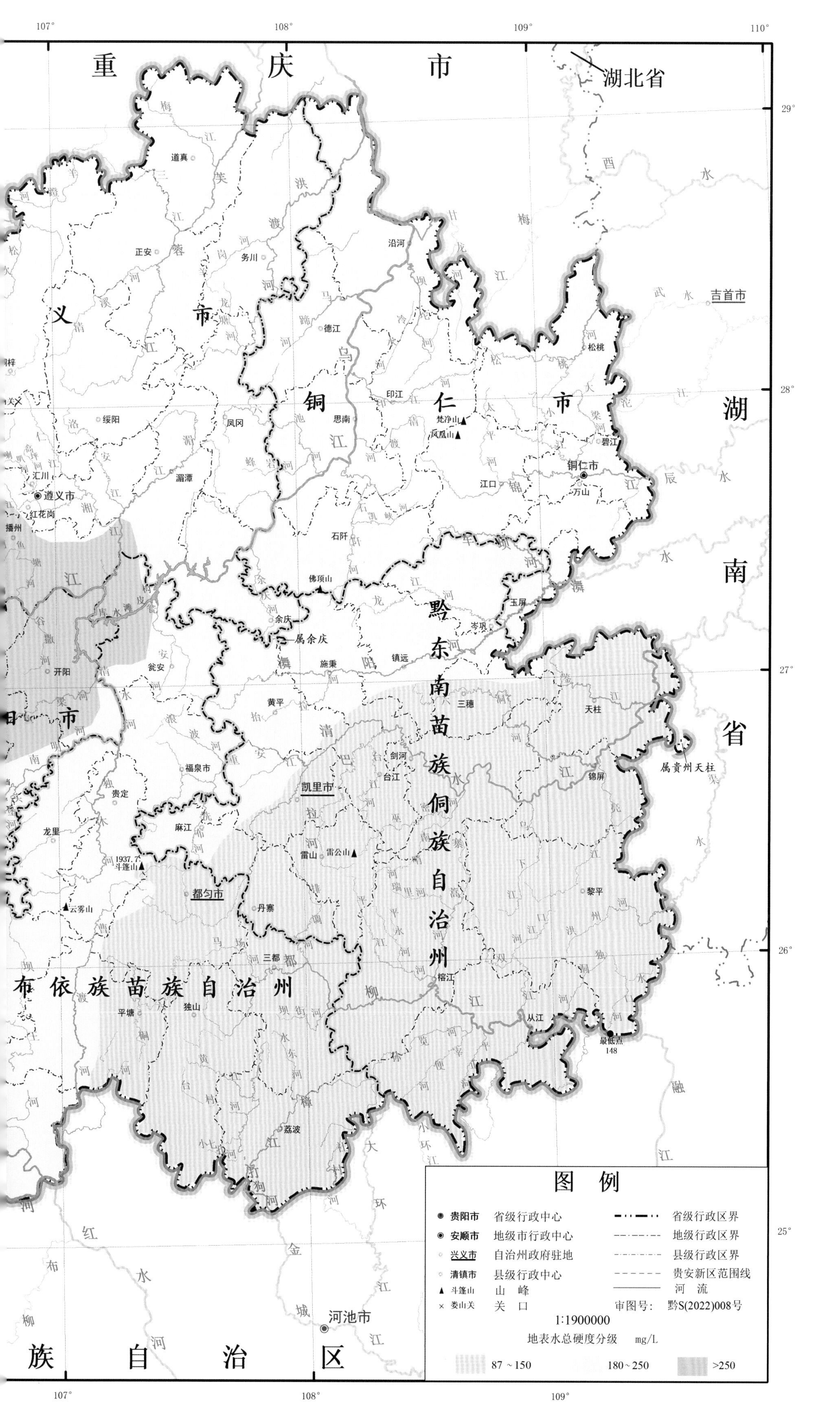

重庆市
湖北省
湖南省
义市
铜仁市
黔东南苗族侗族自治州
布依族苗族自治州
族自治区
吉首市
道真
正安
务川
沿河
德江
松桃
印江
思南
绥阳
凤冈
梵净山
凤凰山
碧江
铜仁市
万山
江口
湄潭
汇川
遵义市
红花岗
播州
石阡
佛顶山
玉屏
岑巩
余庆
属余庆
镇远
施秉
开阳
瓮安
黄平
三穗
天柱
属贵州天柱
剑河
台江
锦屏
凯里市
福泉市
贵定
麻江
龙里
雷山
雷公山
1937.7
斗篷山
都匀市
丹寨
云雾山
黎平
三都
榕江
从江
最低点
148
平塘
独山
荔波
河池市
图例
贵阳市 省级行政中心
安顺市 地级市行政中心
兴义市 自治州政府驻地
清镇市 县级行政中心
斗篷山 山峰
娄山关 关口
省级行政区界
地级行政区界
县级行政区界
贵安新区范围线
河流
审图号：黔S(2022)008号
1:1900000
地表水总硬度分级 mg/L
87～150
180～250
>250

图C.19　贵州省地表水化学类型分布图

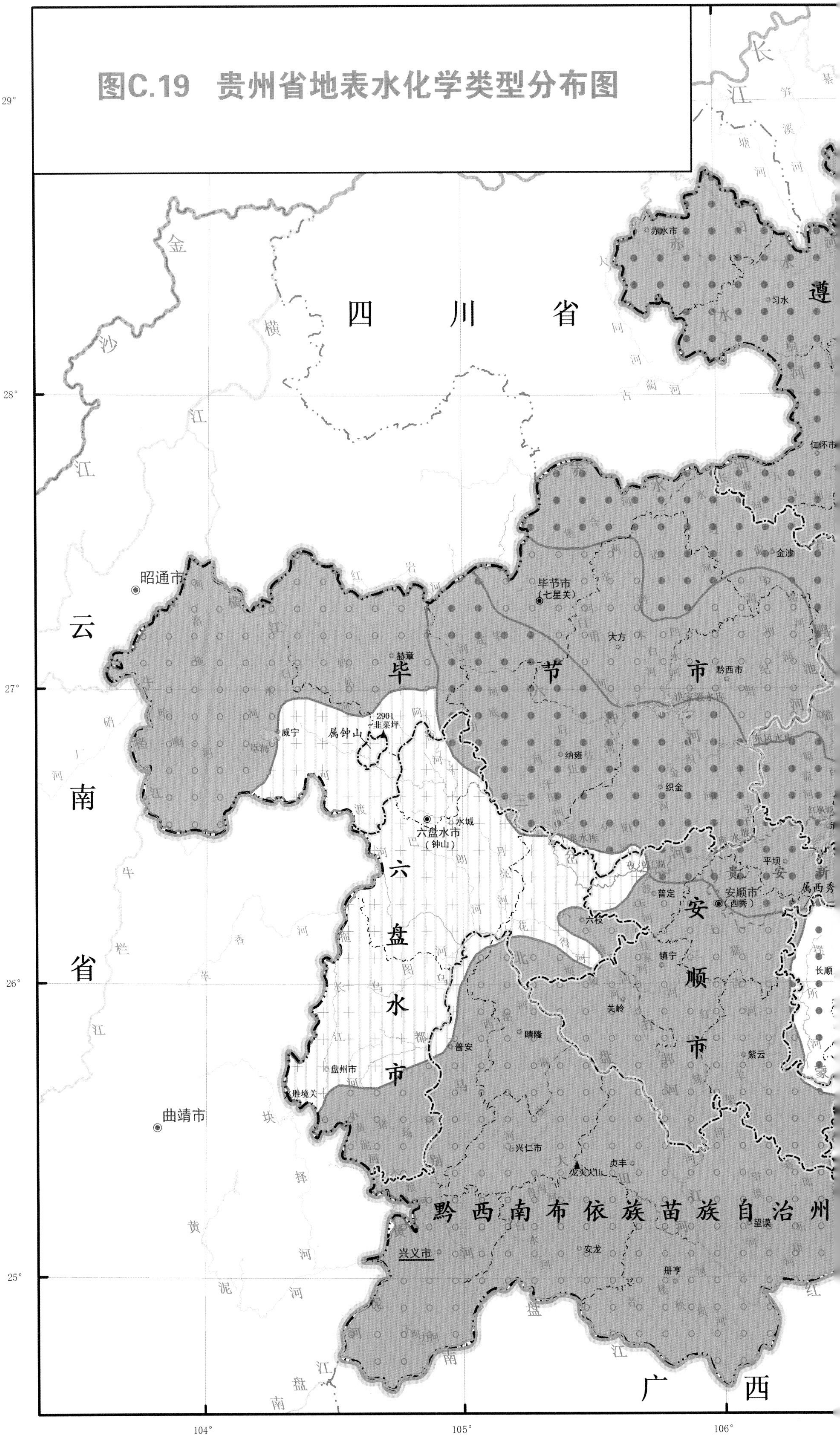

104°　105°　106°

29°　28°　27°　26°　25°

四　川　省

云　南　省

广　西

毕节市（七星关）　大方　黔西市　纳雍　织金　赫章　威宁

六盘水市（钟山）　水城　盘州市　属钟山　2901 韭菜坪

安顺市（西秀）　平坝　普定　镇宁　关岭　紫云　长顺

赤水市　习水　仁怀市　金沙　遵

兴义市　兴仁市　普安　晴隆　贞丰　安龙　册亨　望谟　龙头大山　胜境关

昭通市　曲靖市

毕　节　市

六　盘　水　市

安　顺　市

黔西南布依族苗族自治州

洪家渡水库　东风水库　夜郎湖　红枫湖

金沙江　赤水河　横江　牛栏江　南盘江　北盘江　三岔河　六冲河　乌江　黄泥河

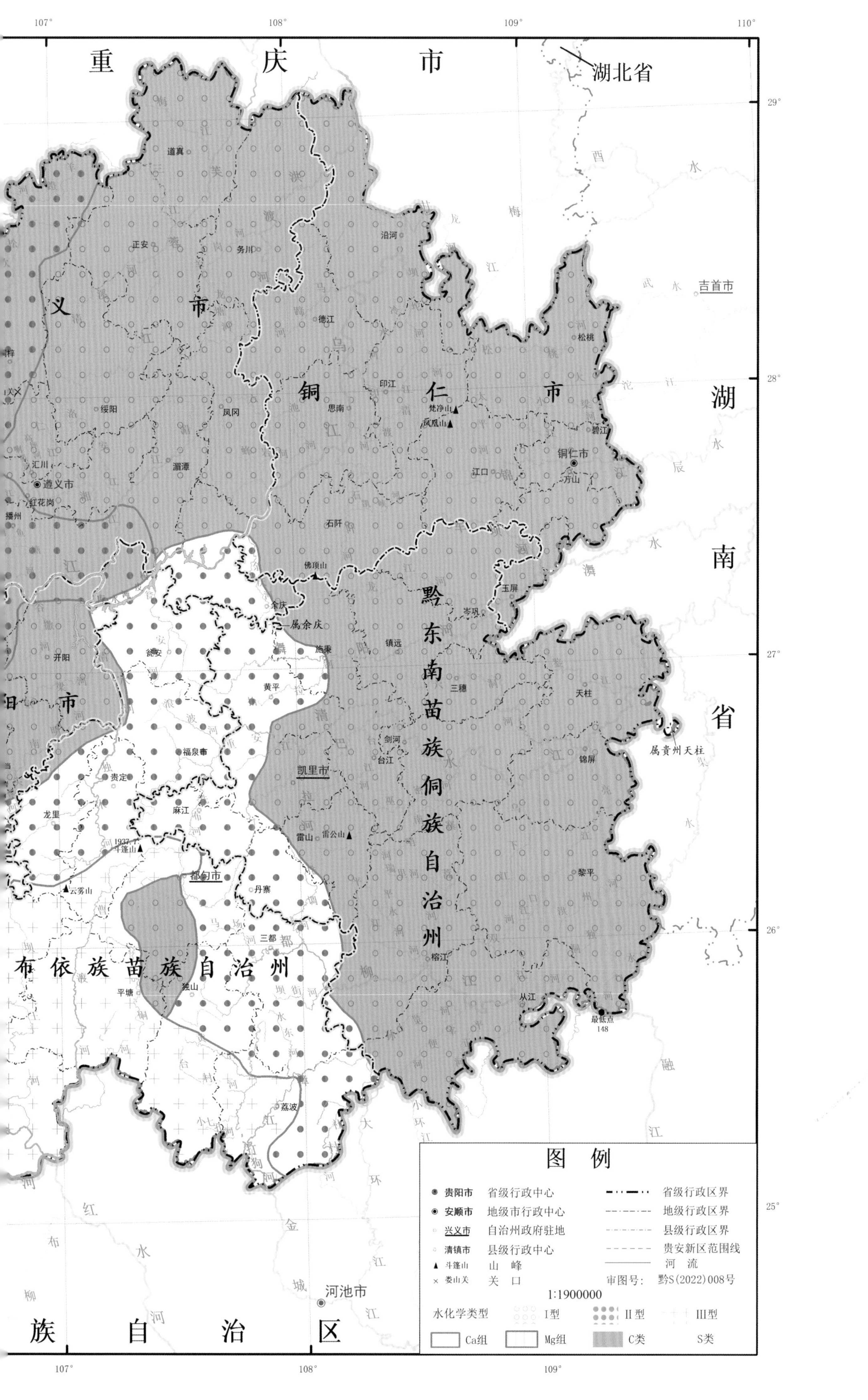

重 庆 市
湖北省
吉首市
湖南省
义 市
铜 仁 市
黔东南苗族侗族自治州
布依族苗族自治州
族 自 治 区
河池市
道真
正安
务川
沿河
德江
松桃
印江
思南
梵净山
凤凰山
绥阳
凤冈
湄潭
汇川
遵义市
红花岗
播州
铜仁市
碧江
万山
江口
石阡
佛顶山
玉屏
余庆
属余庆
岑巩
开阳
瓮安
施秉
镇远
黄平
三穗
天柱
属贵州天柱
剑河
台江
福泉市
贵定
凯里市
锦屏
龙里
麻江
雷山
雷公山
斗篷山
云雾山
都匀市
丹寨
黎平
三都
榕江
平塘
独山
从江
最低点 148
荔波
107°
108°
109°
110°
29°
28°
27°
26°
25°
图 例
贵阳市 省级行政中心
安顺市 地级市行政中心
兴义市 自治州政府驻地
清镇市 县级行政中心
斗篷山 山 峰
娄山关 关 口
省级行政区界
地级行政区界
县级行政区界
贵安新区范围线
河 流
审图号： 黔S(2022)008号
1:1900000
水化学类型
I型
II型
III型
Ca组
Mg组
C类
S类